普通高等学校机械制造及其自动化专业“十二五”规划教材

顾　问　杨叔子　李培根　李元元

互换性与技术测量

（第二版）

主　编　李蓓智

参　编　项　前　周亚勤　姚　凤
　　　　庞静珠　郑小虎　张建国
　　　　季　霞

中国·武汉

内容简介

本书系统且简明扼要地介绍了互换性与技术测量的基本概念与知识、最新的国家标准及其应用要点，并以减速器及其零件为主线，将尺寸公差与配合、几何公差及测量、表面粗糙度等的相关知识、标注要领和综合应用融为一体。全书包括绪论、技术测量基础、尺寸公差与配合、几何公差及测量、表面粗糙度、量规设计与工件的检测方法、常用结合件的互换性、渐开线圆柱齿轮的互换性和尺寸链及计算机辅助公差设计等内容。各章前设有引言，各章后设有重点、难点及习题。

本书不仅可以作为高等院校相关专业的教材，也可作为高等院校机械专业教师、机械制造尤其是装备制造企业工程技术人员的参考用书。

图书在版编目(CIP)数据

互换性与技术测量/李蓓智主编.—2版.—武汉：华中科技大学出版社，2016.4（2024.1重印）
普通高等学校机械制造及其自动化专业“十二五”规划教材
ISBN 978-7-5680-1705-3

Ⅰ.①互…　Ⅱ.①李…　Ⅲ.①零部件-互换性-高等学校-教材 ②零部件-技术测量-高等学校-教材
Ⅳ.①TG801

中国版本图书馆 CIP 数据核字(2016)第 080543 号

互换性与技术测量(第二版)　　李蓓智　主编

责任编辑：刘　勤　　责任校对：祝　菲
封面设计：原色设计　　责任监印：徐　露

出版发行：华中科技大学出版社(中国·武汉)　　电话：(027)81321913
武汉市东湖新技术开发区华工科技园　　邮编：430223

录　排：华中科技大学惠友文印中心
印　刷：广东虎彩云印刷有限公司
开　本：710mm×1000mm　1/16
印　张：17.5
字　数：344 千字
版　次：2024 年 1 月第 2 版第 8 次印刷
定　价：35.00 元

普通高等学校机械制造及其自动化专业“十二五”规划教材

编　委　会

第二版前言

《互换性与技术测量》一书自2011年6月正式出版以来，已用于东华大学、浙江理工大学与国内兄弟院校多所院校的机械工程本科生的互换性课程，以及课程设计和毕业设计。在五届学生使用教材和教学实践中，编者及时进行了勘误并发现了本教材的一些不足之处，如互换性概念和标准偏多、互换性技术与机械工程实际应用的结合强度不足，未能体现用于复杂机械结构的计算机辅助精度设计方法和软件。为此，编者对本教材进行了全面修订，对第7章、第8章和第9章做了较大修订工作，其要点如下。

1.第7章：采用了最新标准“滚动轴承配合 GB/T 275—2015”，对滚动轴承的互换性内容进行了修订；对键与花键结合的互换性、螺纹连接的互换性内容进行了较大部分的精简。

2. 第8章：对渐开线圆柱齿轮的互换性内容进行了较大部分的精简和修改，第二节删去渐开线圆柱齿轮精度的检测相关的内容，第三节修改为齿轮坯精度和齿轮副精度的评定指标，第四节对圆柱齿轮的精度设计例子中的错误进行了修改。

3. 第9章：尺寸链内容是《机械制造技术基础》中着重讲解的内容，本次修订介绍了尺寸链的基本概念，删除第三节统计法及其应用，并增加了复杂尺寸链的计算机辅助精度设计方法和软件介绍。

其中，第7章的第一、二、三节分别由东华大学张建国、季霞和郑小虎修订，第8章由东华大学庞静珠修订，第9章由东华大学周亚勤修订。

由于编者所及资料和水平有限，书中难免还有不足甚至错误之处，敬请读者批评指正！

编　者

2016年1月6日

第一版前言

设计任何一台机器，都不仅需要进行运动分析、结构设计、强度和刚度计算等，而且还要进行精度设计。精度设计就是基于互换性原则与标准，协调和解决好机器使用要求与制造代价这一对矛盾的设计。然而，我国的精度设计或互换性标准应用设计一直是薄弱环节，已经成为我国机械产品档次、性价比及其国际竞争能力不高的主要原因之一。

因此，“互换性与技术测量”作为一门与机械工业尤其是装备制造业发展密切相关的基础学科，一门高等院校机械类各专业必需的主干技术基础课程，一条联系设计类课程、制造类课程和检测控制类课程的纽带，一座从专业基础课程学习过渡至专业课程学习、专业课程设计、生产实习和毕业设计的桥梁，必须在基于互换性原则与标准，协调和解决好机器使用要求与制造代价这一对矛盾的理论与实践上下工夫。

在汲取很多教材经验的基础上，本书力争体现的特色在于：

(1) 通过典型案例及其相关问题引入每章正文，以启发学生或读者有针对性地进行学习和思考；

(2) 以学生通过先驱课程学习比较熟悉的减速器及其零件为对象，将本课程主要涉及的尺寸公差与配合、几何公差及测量、表面粗糙度、轴承和齿轮标注等的相关教学内容融为一体，加强相关章节的联系、呼应与协调；

(3) 在相关章节知识点理论讲解的基础上，通过加强应用案例的设计分析与实践，强调精度设计或互换性标准应用设计中的原则与要点、方案的对比分析，以及如何协调和解决机器使用要求与制造代价这一对矛盾等；

(4) 每章后面设有“本章重点与难点”，其重要意义在于，不仅要求学生明确并掌握重点与难点，更重要的是通过分析和强调一些不易区别、容易犯错误的问题和案例，使学生加深理解，掌握应用要领；

(5) 本书使用最新的国家标准并给出了相关的标注对照，以及采用了国际ISO标准。

全书共分九章，依次为绪论、技术测量基础、尺寸公差与配合、几何公差及测量、表面粗糙度、量规设计与工件的检测、常用结合件的互换性、渐开线圆柱

齿轮的互换性、尺寸链及计算机辅助公差设计。

本书囊括了“互换性与技术测量”涉及的主要方面，内容翔实，论述深入浅出，不仅可以作为高等院校相关专业的课程教材，也可作为高等院校机械专业教师、机械制造尤其是装备制造企业工程技术人员的参考用书。

本书由李蓓智任主编，参加编写的有东华大学李蓓智(第3章)、项前(第1、4章)、周亚勤(第2章)；浙江理工大学姚凤(第5、6章)；太原理工大学景毅(第7章7.1节和7.3节)、王晋凤(第7章7.2节)、梁群龙(第8章)、王成宾(第9章)。各章习题及其答案、PPT讲稿都由编写相关章节的老师编写，每章引言由李蓓智编写。

由于编者所及资料和水平有限，书中难免有不足甚至错误之处，敬请读者批评指正！

编　者

2010年8月于上海

目录

第1章 绪论

众所周知:任何一只U盘插到任意一台计算机的USB插口中都可以正常读/写和存储数据文件;在汽车装配线上,操作工或机械手按照汽车零部件的装配关系和技术要求,任取一个汽车零部件就可以完成相关装配任务,而最终形成一辆所要求的汽车。这样的例子不胜枚举。

为什么U盘和汽车零部件等具有如此好的通用性和便利性?这是因为这些零部件在设计制造时遵守了互换性原则及其相关标准。然而,不同的互换对象、不同的生产批量,可以有不同的互换性要求和遵守不同的互换性标准,甚至可以不完全遵守互换性原则。

本章要解决的问题是:如何定义互换性?为什么要遵守互换性原则?如何遵守?什么是标准化及优先数系?机械产品和机械制造及其自动化领域主要涉及哪些互换性标准及其项目?学习本章,学生应了解和明确本课程的研究对象及其基本任务。

1.1 互换性概述

1.1.1 互换性的定义及内容

(1) 互换性的定义　不经任何挑选或修配便能在同型号规格范围内互相替换的零部件的特性称为互换性。换言之,同一型号规格的一批零部件,任取其一,不需经过任何挑选或修配就能装在相关机器上,且满足其使用功能和性能要求。互换性是机器、仪器制造行业产品设计与制造应当遵循的重要原则之一。

(2) 互换性涉及的内容　机械零部件的几何参数,如尺寸、几何形状(宏观、

微观)及相互的位置关系等;力学性能,如硬度、强度等。本课程仅讨论几何参数的互换性。

1.1.2 互换性的分类

(1) 完全互换和不完全互换　按零部件互换程度,互换分为完全互换和不完全互换。完全互换是指零部件在装配时不需要经过任何挑选或修配或额外加工;不完全互换则允许在零部件加工之后,按测量的实际情况,如尺寸大小将其分为若干组,由此减小各组内零件实际情况的差异,装配时按对应组进行,以保证和提高装配精度和使用性能,或在保证同样装配精度和使用性能的前提下,降低零件的加工精度或难度。在不完全互换中,零件仅在相应组内互换,而不能跨组互换(因为分组装配必须是大批量生产,所以此部分内容在机械制造技术基础中的装配工艺中讨论)。

(2) 内互换和外互换　内互换是指标准部件中的零件互换,如滚动轴承的滚动体与外圈内滚道、内圈外滚道的互换;外互换是指标准部件与其他零部件的互换,如滚动轴承的外圈外径、内圈内径分别与其相配的机壳孔、轴颈的互换。

1.1.3 互换性的作用

(1) 在产品设计方面　产品设计中尽量运用互换性理念,采用具有互换性的通用、标准件及部件,不仅可以大大简化产品设计工作、减少计算工作量和缩短设计周期,而且有利于形成新的通用、标准部件,从而提高设计工作的一次成功率。

(2) 在零部件制造方面　具有互换性的零部件不仅有利于组织专业化生产、采用先进的制造工艺和高效的专用设备,而且有利于采用计算机辅助制造实现加工过程和装配过程的机械化和自动化,从而实现优质、高效和低耗的制造目标。

(3) 在使用和维修方面　具有互换性的零部件一旦磨损及损坏,可以及时更换,从而减少机器的维修时间和费用,保证机器连续运转和提高机器的使用价值。

总之,零部件的互换性对提高产品质量、运行可靠性及其经济效益等都具有重要意义,它已成为现代机械制造业普遍遵守的原则之一,对我国的现代化建设起着重要作用。但是,不是任何情况都必须采用互换性原则的,如钥匙。

1.1.4 互换性生产

1. 误差与公差

(1) 误差(error) 误差是指实际生产中,由于工艺系统相关因素的影响,机械零部件的实际几何参数与理想几何参数的差异。在加工和装配中产生的误差分别称为加工误差和装配误差。

(2) 公差(tolerance) 公差是指允许实际零件几何参数的最大变动量,即允许尺寸、几何形状和相互位置误差最大变动的范围,以控制加工误差和装配误差,它包括尺寸公差、形状公差、位置公差、表面粗糙度等,是由设计人员根据产品使用性能要求给定的。因此,建立各种几何参数的公差标准是实现对零件误差的控制和保证互换性的基础。

2. 测量、检验与检测

(1) 测量(measure) 测量是将被测量(未知量)与已知的标准量进行比较,并获得被测量具体数值的过程,也是对被测量定量认识的过程。

(2) 检验(inspection) 检验是判断被测物理量是否合格,即是否在规定范围内的过程,通常不一定要求测出具体值,也可理解为不要求知道具体数值的测量。

(3) 测试(test) 测试是具有试验性质的测量过程,也可理解为试验和测量过程。

(4) 检测(detect) 在工艺流程中,检测包括测量、检验和测试等意义比较宽广的参数测量过程。它不仅可用来评定产品质量,而且可用于分析产品不合格的原因,通过监督工艺过程,及时调整生产,预防废品产生。

综上所述,合理确定公差与正确进行检测是保证产品质量、实现互换性生产的两个必不可少的条件和手段。

1.2 标准化及优先数系

1.2.1 标准与标准化意义

(1) 标准的定义 标准是指对需要协调统一的重复性事物(如产品、零部件

等)和概念(如术语、规则、方法、代号、量值等)所作的统一规定。它是以科学技术和实践经验的综合成果为基础，经协商一致，制定并由公认机构批准，以特定形式发布，共同使用的和重复使用的一种规范性文件。

标准体现了科技与生产的先进性及相关方的协调一致性，目的在于促进共同效益。

(2) 标准的区分　我国的标准分为国家标准、行业标准、地方标准和企业标准四级。

按照标准的适用领域、有效作用范围和发布权力不同，一般分为：国际标准，如ISO和IEC，分别为国际标准化组织和国际电工委员会制定的标准；区域标准(或国家集团标准)，如EN、ANST、DIN，分别为欧共体、美国、德国制定的标准；国家标准，代号为GB；行业标准(或协会、学会标准)，如JB、YB为原机械部和冶金部标准；地方标准和企业(或公司)标准。

按法律属性不同，分为强制性标准和推荐性(非强制性)标准。代号为“GB”的属强制性标准，颁布后须严格执行；代号为“GB/T”、“GB/Z”的各为推荐性和指导性标准，均为非强制性标准。

(3) 标准化的定义　它是为了在一定范围内获得最佳秩序，对现实问题或潜在的问题制定共同使用和重复使用的条款的活动。该定义中的活动包括编制、发布和实施标准的过程。

标准化的主要作用在于它是现代化大生产的必要条件，是科学及现代化管理的基础，是提高产品质量、调整产品结构、保障安全性的依据。标准化是一个动态及相对性的概念，要求不断地修订完善，提高优化，即标准没有最终成果。标准是随着标准化程度的不断提高而变化的。

(4) 标准化与标准的关系　标准是标准化的产物，没有标准的实施就不可能有标准化。

(5) 标准化的意义　标准化是组织现代化大生产的重要手段，是实行科学管理的基础，也是对产品设计的基本要求之一。实施标准化的目的是获得最佳的社会经济成效。

标准化是以制定标准和贯彻标准为主要内容的全部活动过程，是我国很重要的一项技术政策。标准化程度的高低是评定产品的指标之一。

1.2.2　优先数与优先数系

在产品设计或生产中，为了满足不同的要求，同一产品的某一参数从大到小取不同的值时(形成不同规格的产品系列)，应采用一种科学的数值分级制度或称谓，人们由此总结了一种科学的统一的数值标准，即优先数和优先数系。优先数系是国际上统一的数值分级制度，是一种无量纲的分级数系，适用于各种量值的分级。优先数系中的任一个数值均称为优先数。19 世纪末，法国人雷诺(Renard)首先提出了优先数和优先数系，后人为了纪念雷诺将优先数系称为 Rr 数系。产品(或零件)的主要参数(或主要尺寸)按优先数形成系列，可使产品(或零件)形成系列化，便于分析参数间的关系，可减轻设计计算的工作量。如机床主轴转速的分级间距、钻头直径尺寸、粗糙度参数、公差标准中尺寸分段(250 mm 以后)等均采用某一优先数系。

工程技术上通常采用的优先数系，是一种十进制几何级数，即级数的各项数值中，包括 1，10，100，…，10^N 和 0.1，0.01，…，$1/10^N$ 这些数，其中的指数 N 是正整数。按 1～10，10～100，…和 1～0.1，0.1～0.01，…划分区间，称为十进段。级数的公比 $q=\sqrt[r]{10}$，这里 r 为每个十进段内的项数。国家标准《优先数和优先数系》(GB/T 321—2005)与国际标准 ISO 3、ISO 17、ISO 497 采用的优先数系相同，规定的 r 值有 5、10、20、40、80 五种，分别采用国际代号 R5、R10、R20、R40、R80 来表示。五种优先数系的公比如下：

R5 系列　　$q_5=\sqrt[5]{10}\approx1.584\ 9\approx1.60$

R10 系列　　$q_{10}=\sqrt[10]{10}\approx1.259\ 8\approx1.25$

R20 系列　　$q_{20}=\sqrt[20]{10}\approx1.122\ 0\approx1.12$

R40 系列　　$q_{40}=\sqrt[40]{10}\approx1.059\ 3\approx1.06$

R80 系列　　$q_{80}=\sqrt[80]{10}\approx1.029\ 2\approx1.03$

R5、R10、R20 和 R40 是常用系列，称为基本系列，而 R80 则作为补充系列。R5 系列的项值包含在 R10 系列中，R10 的项值包含在 R20 之中，R20 的项值包含在 R40 之中，R40 的项值包含在 R80 之中。优先数系的基本系列如表 1-1 所示。

表 1-1　优先数系的基本系列(常用值)(摘自 GB/T 321—2005)

R5	1.00		1.60		2.50		4.00		6.30		10.00
R10	1.00	1.25	1.60	2.00	2.50	3.15	4.00	5.00	6.30	8.00	10.00
R20	1.00	1.12	1.25	1.40	1.60	1.80	2.00	2.24	2.50	2.80	3.15
	3.35	4.00	4.50	5.00	5.60	6.30	7.10	8.00	9.00	10.00	—
R40	1.00	1.06	1.12	1.18	1.25	1.32	1.40	1.50	1.60	1.70	1.80
	1.90	2.00	2.12	2.24	2.36	2.50	2.65	2.80	3.00	3.15	3.35
	3.55	3.75	4.00	4.25	4.50	4.75	5.00	5.30	5.60	6.00	6.30
	6.70	7.10	7.50	8.00	8.50	9.00	9.50	10.00	—	—	—

优先数的主要优点：相邻两项的相对差均匀，疏密适中，而且运算方便，简单易记。在同一系列中，优先数(理论值)的积、商、整数(正或负)的乘方等仍为优先数。因此，优先数得到了广泛的应用。另外，为了使优先数系有更大的适应性来满足生产，可从基本系列中每隔几项选取一个优先数，组成新的系列，即派生系列。例如经常使用的派生系列 R10/3，就是从基本系列 R10 中每逢三项取出一个优先数组成的，当首项为 1 时，R10/3 系列为：1.00，2.00，4.00，8.00，16.00，…其公比 $q=(\sqrt[10]{10})^3\approx 1.999\ 423\approx 2$。

优先数系的应用很广，适用于各种尺寸、参数的系列化和质量指标的分级，对保证各种工业产品品种、规格的合理简化分档和协调具有重大的意义。选用基本系列时，应遵循先疏后密的原则，即应当按照 R5、R10、R20、R40 的顺序，优先采用公比较大的基本系列，以免规格太多。当基本系列不能满足分级要求时，可选用派生系列。选用时应优先采用公比较大和延伸项含有项值 1 的派生系列。

1.3 本课程的研究对象及任务

本课程是高等院校机械工程及自动化(或机械设计制造及自动化)专业及相关专业的主干技术基础课程。它包含几何量公差和误差检测两方面的内容，与机械设计、机械制造、质量控制等多方面密切相关，是机械工程技术人员和管理人员必备的基本知识技能。

本课程的研究对象是机械零部件几何参数的互换性，主要解决的问题是：如何通过规定合理的公差，有效地协调机器的使用要求及其制造代价这一对矛盾；如何运用技术测量方法与手段，贯彻实施国家公差标准。

本课程的学习任务和要求如下。

(1) 建立互换性的基本概念，掌握有关公差标准的基本内容、特点和表格的使用，能根据零件的使用要求，初步选用其公差等级、配合种类、形位公差及表面质量参数值等，并能在工程图样上进行正确的标注。

(2) 建立技术测量的基本概念，了解常用测量方法与测量器具的工作原理，通过实验，初步掌握测量操作技能，并分析测量误差与处理测量结果，掌握光滑极限量规的设计要领。

(3) 在掌握互换性与测量技术的基本理论、基本知识和基本技能的同时，进一步了解互换性和测量技术学科的现状和发展，了解本课程与其他课程的相互联系和相互支撑作用，不断提高进一步深入学习的能力，以及结合工程实践综合应用和扩展的能力。

本章重点与难点

1. 互换性的概念、分类及其在机械制造业中的作用。
2. 检测(检验与测量)的概念。
3. 加工误差的概念与分类。
4. 公差的基本概念。
5. 互换性、公差、测量技术和标准化之间的关系。
6. 优先数和优先数系的有关规定。

思考与练习

1. 填空题

(1) 按互换的范围，可以将互换性分为________和________。对于标准部件和非标准机构，互换性又可分为________和________。

(2) 公差指____________________，包括________、________、________等。公差用来控制误差，确定零件的________，保证________的实现。

(3) 加工误差可分为________、________、________和________。

(4) 公差等级系数为 0.50，0.63，0.8，1.00，1.25，1.60，2.00，属于________优先数系列。

(5) R5 数系的公比为 $\sqrt[5]{10}$，每逢 5 项，数值增大________倍。

2. 简答题

(1) 什么是互换性？实现互换性的条件是什么？

(2) 为什么说技术测量是实现互换性的重要手段？

(3) 公差、检测、标准化与互换性有何关系？

(4) 绘制零件图样时，用什么保证几何量的互换性？其特点是什么？

第2章 技术测量基础

为了使U盘和汽车零部件等产品具有非常好的通用性和使用便利性，在设计时不仅需要满足零部件的功能要求，还必须遵守互换性原则及其相关标准，即在设计图样上标注相关的尺寸、形状位置与表面粗糙度等技术要求。然而，经过机械加工以后的零部件是否符合设计图样的技术要求，必须通过技术测量才能进行判断(检测)。

机械制造中的技术测量(technical measurements)是指几何参数(包括长度、角度、几何特征的形状及其相互位置关系、表面粗糙度等)的测量。不同的几何参数具有不同的测量方法，需采用不同的测量器具；相同但位于不同的被测量对象(零部件)上的几何参数也有不同的测量方法，需采用不同的测量器具；同时还具有不同的误差传递关系，需遵守不同的测量基准准则。

通过本章的学习，要求学生掌握技术测量的基础知识，包括测量基准、测量尺寸传递系统和测量方法，各种计量器具的用途、使用要点及其适用范围，测量误差的分析和测量数据的处理方法等，并且要求在以上基础上，能够根据测量对象类型、测量参数和工序要求等，选择相应的测量基准、测量方法和测量器具，并通过测量，对所采集的测量数据进行处理和评价。

2.1 技术测量的基本知识

2.1.1 技术测量的一般概念

1. 技术测量

在机械制造中，技术测量主要是指对零件的几何量(包括长度、角度、表面粗糙度、几何形状和相互位置精度等)进行测量和检验,以确定零部件加工后是否符合设计图样上的技术要求。

2. 测量

测量是将被测量与作为计量单位的标准量在数值上进行比较,从而确定两者比值的过程。若以 x 表示被测量,以 E 表示标准量,以 q 表示测量值,则有 $q=x/E$。被测量的量值为

$$x = qE \tag{2-1}$$

例如,某一被测长度为 L,与标准量 E(mm)(假设此处 E 为 1 mm)进行比较,得到比值为 50,则被测长度 $L=qE=50$ mm。

3. 检定

检定是指评定计量器具的精度指标是否合乎该计量器具的检定规程的全部过程。例如,用量块来检定千分尺的精度指标等。

4. 测量的四个要素

一个完整的几何量测量过程应包括以下四个要素。

(1) 测量对象　本课程研究的被测对象是零件的几何量,包括长度、角度、形状和位置误差、表面粗糙度以及单键和花键、螺纹和齿轮等典型零件的各个几何参数等。

(2) 计量单位　计量单位是指几何量中的长度、角度单位。在我国的法定计量单位中,长度的基本单位为 m(米);在机械制造中,常用的长度单位为 mm(毫米);在精密测量中,常用的长度单位为 μm(微米)。平面角的角度单位为 rad(弧度)、μrad(微弧度)及°(度)、′(分)、″(秒)。

(3) 测量方法　测量方法是指测量时所采用的测量原理、计量器具和测量条件的综合。一般情况下,多指获得测量结果的方式、方法。

(4) 测量精度　测量精度是指测量结果与真值相一致的程度,即测量结果的可靠程度。

5. 测量的基本要求

对技术测量的基本要求是:采用正确的测量方法和测量器具,将测量误差控制在允许限度内,保证测量的精度;正确判断测量结果是否符合技术规范的要求,避免废品的产生;此外,还要求保证所需的测量效率和经济性。

2.1.2 测量基准

为了保证测量的精度,需要建立国际统一、稳定可靠的测量基准。

1. 长度尺寸基准

在我国法定计量单位中,长度的基本单位是米(m)。米的长度单位以保存在巴黎的由金属制成的米原器为实物基准。由于金属内部的不稳定性,以及受环境的影响,国际米原器的可靠性并不理想。随着激光稳频技术的发展,国际上从1973年起就开始考虑用稳定激光的波长作为长度的自然基准,并在1983年第17届国际计量大会上正式通过了米的新定义:“米是光在真空中1/299 792 458 s时间间隔内行程的长度。”

国际计量大会推荐用稳频激光辐射来复现米定义。1985年3月起,我国用碘吸收稳频的0.633 μm氦氖激光辐射波长作为国家长度基准,其频率稳定度为1×10^{-9},国际上少数国家已将频率稳定度提高到10^{-14}。我国于20世纪90年代初开始采用单粒子存储技术,已将辐射频率稳定度提高到10^{-17}的水平。

2. 角度尺寸基准

角度计量也属于长度计量范畴,弧度可用长度比值求得,一个圆周角定义为360°,因此对角度不必再建立一个自然基准。在实际应用中,为了稳定和测量的需要,仍然需要建立角度量值基准。以往常以角度量块作为基准,近年来,随着角度计量要求的不断提高,常以多面棱体(见图2-1)作为角度基准。

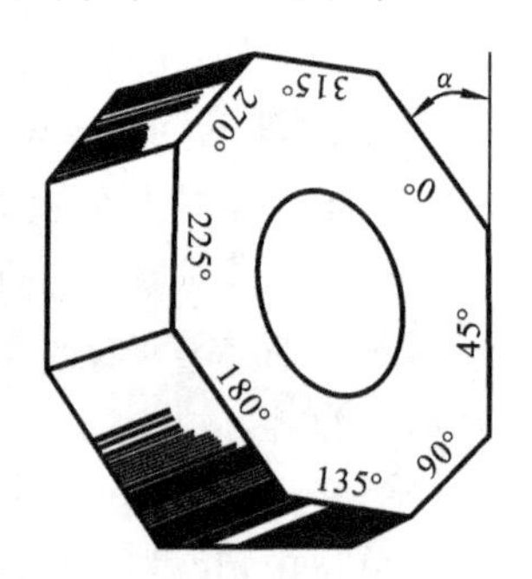

图2-1 正八面棱体

2.1.3 测量尺寸传递系统

1. 长度量值传递系统

使用波长作为长度基准,虽然可以达到足够的精度,但在实际生产和科学研究中,不可能都直接利用激光辐射的光波长度基准去校对测量器具或进行零件尺寸的测量。因此,为保证生产中使用的计量器具和工件的量值统一,需要将基准的量值准确地逐级传递到生产中应用的计量器具和工件上去。为此,必须建立一套从长度的最高基准到被测工件的长度量值传递系统,如图2-2所示。

长度量值从国家基准波长开始,分两个平行的系统向下传递,一个是端面量具(量块)系统,另一个是线纹量具(线纹尺)系统。量块和线纹尺都是量值传递媒介,其中尤以量块的应用更为广泛。

2. 角度量值传递系统

随着角度计量要求的不断提高,出现了高精度的测角仪和多面棱体。角度量值传递系统如图2-3所示。

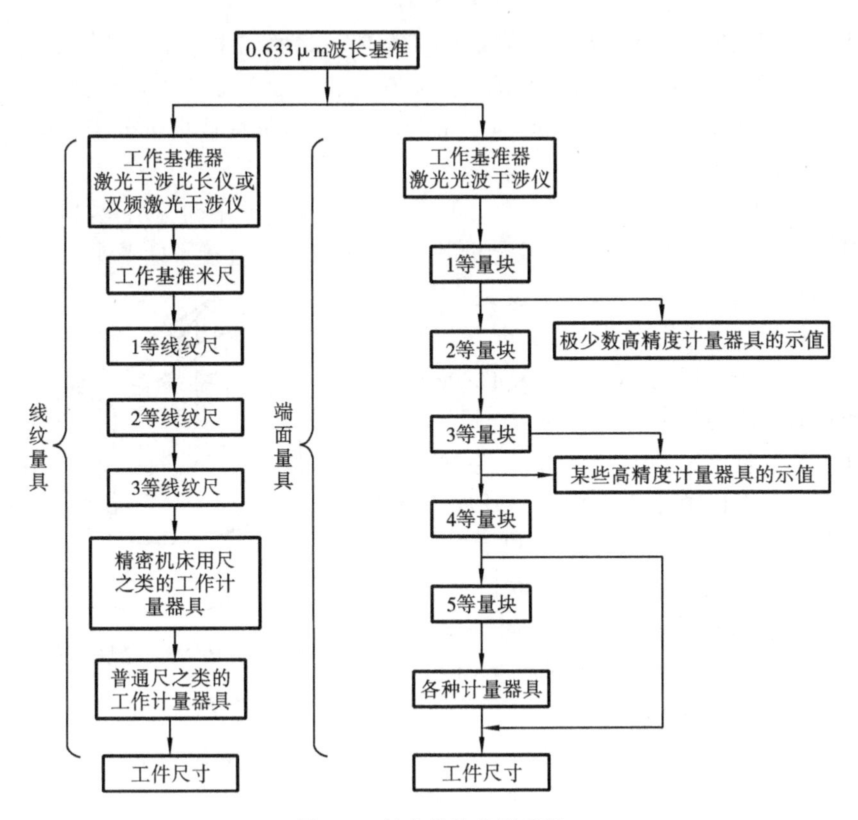

图 2-2　长度量值传递系统

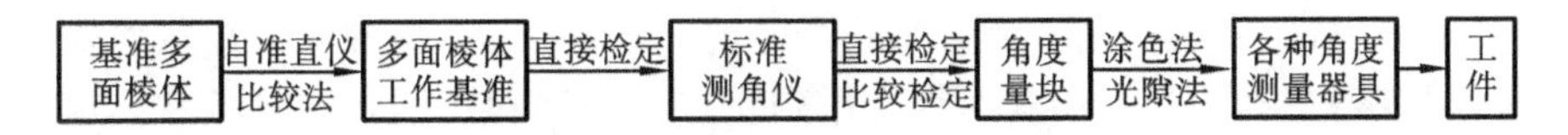

图 2-3　角度量值传递系统

3. 量块

(1) 量块的定义　量块又称块规，是一种无刻度的平面平行长度端面量具。其制造材料多为特殊合金钢，一般用铬锰钢，或用线膨胀系数小、性质稳定、耐磨、不易变形的其他材料制成。其主要为长方六面体结构，六个平面中，两个互相平行的极为光滑平整的面为测量面，如图 2-4 所示。

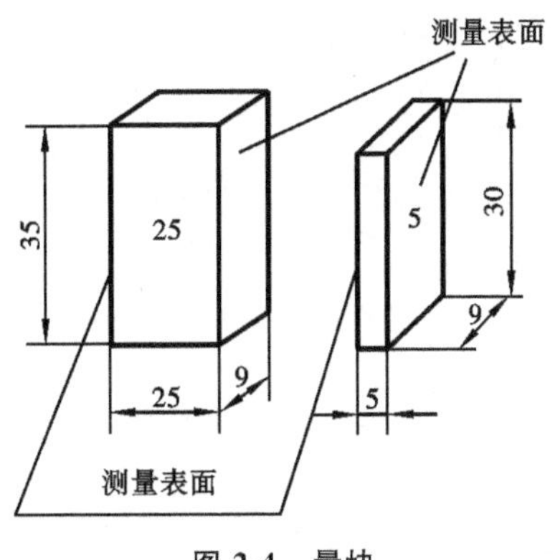

图 2-4　量块

量块具有可黏合的特性，用酒精或乙醚把量块测量面擦净，以少许压力把两个量块的测量面相互推合，两者即可牢固地连接起来。此种现象产生的原因是：量块测量面经过精细加工，其平面度误差和微观形貌误差都非常小，当表面上留有极薄的一层油膜(约 0.02 μm 厚)时，在推合作用下，量块便由于分子之间的吸力而黏合在一起。

(2) 量块的作用　量块主要用作尺寸传递系统中的中间标准量具，或在用相对法测量时作为标准件调整仪器的零位，也可以用它直接测量零件。

(3) 量块的尺寸　量块长度是指其一个测量面上任意一点(距边缘 0.8 mm 区域除外)到与另一测量面相研合的平晶表面的垂直距离。两测量面之间的距离为量块的工作尺寸，按量块尺寸鉴定测量方法，此工作尺寸定义为量块的中心长度。测量面上中心点的量块长度 L 为量块的中心长度，如图 2-5 所示。量块上标出的数字为量块长度的标称值，称为标称长度。尺寸<6 mm 的量块，长度标记刻在测量面上；尺寸≥6 mm 的量块，长度标记刻在非测量面上，且该表面的左、右侧面为测量面。

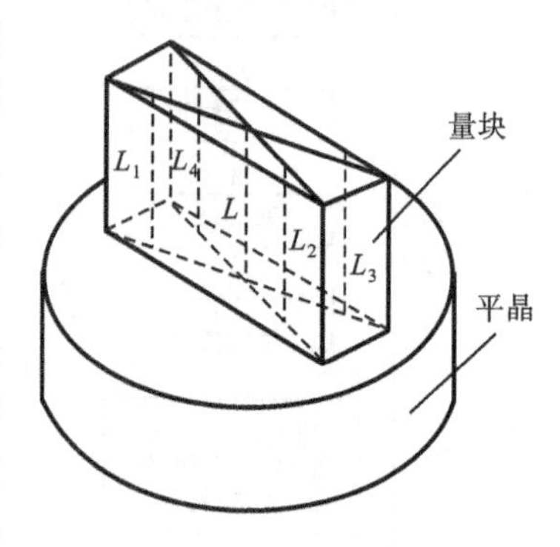

图 2-5　量块长度

量块按一定的尺寸系列成套生产，国家量块标准中规定了 17 种成套的量块系列，表 2-1 为从标准中摘录的几套量块的尺寸系列。

由于量块具有可黏合的特性，因此可以在一定范围内，按照需要将不同工作尺寸的量块组合起来。在组合量块尺寸时，应力求以最少的块数组成所需的尺寸，以获得更高的尺寸精度。组合原则：力求使量块数不多于 4～5 块。应从所给尺寸的最后一位数字开始考虑，每选一块使尺寸的位数减少一位。例如，需要组成尺寸 51.995 mm，若使用 83 块一套的量块，参考表 2-1，可按如下步骤选择量块尺寸。

51.995	…………………	需要的量块尺寸
−1.005	…………………	第一块量块尺寸
50.99		
−1.49	…………………	第二块量块尺寸
49.5		
−9.5	…………………	第三块量块尺寸
40	…………………	第四块量块尺寸

表 2-1 成套量块的尺寸

套别	总块数	级别	尺寸系列/mm	间隔/mm	块数
2	83	0,1,2,(3)	0.5	—	1
			1	—	1
			1.005	—	1
			1.01,1.02,…,1.49	0.01	49
			1.5,1.6,…,1.9	0.1	5
			2.0,2.5,…,9.5	0.5	16
			10,20,…,100	10	10
3	46	0,1,2	1	—	1
			1.001,1.002,…,1.009	0.001	9
			1.01,1.02,…,1.09	0.01	9
			1.1,1.2,…,1.9	0.1	9
			2,3,…,9	1	8
			10,20,…,100	10	10
5	10	0,1	0.991,0.992,…,1	0.001	10
6	10	0,1	1,1.001,…,1.009	0.001	10

注：带()的等级，量块根据订货情况供应。

(4) 量块的精度　量块的精度虽然很高，但其测量面并非理想平面，两测量面也非绝对平行。根据不同的使用要求，量块做成不同的精度等级。划分量块精度的标准有两种：按“级”划分和按“等”划分。

按 GB/T 6093—2001 的规定，量块按制造精度从高到低分为 0、K(标准级)、1、2、3 级。量块的分级主要是按量块长度的极限偏差(量块中心长度与标称长度之间的最大偏差)、长度变动量(量块长度的最大值与最小值之差)允许值、量块测量面的平面度、粗糙度及量块的研合性等质量指标进行的。各级量块长度的极限偏差和长度变动量允许值如表 2-2 所示。

按 JJG 146—2003《量块检定规程》的规定，量块按检定精度从高到低分为 1、2、3、4、5 等。量块精度等级的划分主要是根据量块长度的测量不确定度、长度变动量允许值、平面平行性允许偏差和研合性等指标进行的。各等量块的长度测量不确定度及长度变动量最大允许值如表 2-3 所示。

表 2-2　各级量块的精度指标(摘自 GB/T 6093—2001)　(μm)

标称长度/mm	K 级		0 级		1 级		2 级		3 级	
	①	②	①	②	①	②	①	②	①	②
～10	0.20	0.05	0.12	0.10	0.20	0.16	0.45	0.30	1.0	0.50
>10～25	0.30	0.05	0.14	0.10	0.30	0.16	0.60	0.30	1.2	0.50
>25～50	0.40	0.06	0.20	0.10	0.40	0.18	0.80	0.30	1.6	0.55
>50～75	0.50	0.06	0.25	0.12	0.50	0.18	1.00	0.35	2.0	0.55
>75～100	0.60	0.07	0.30	0.12	0.60	0.20	1.20	0.35	2.5	0.60
>100～150	0.80	0.08	0.40	0.14	0.80	0.20	1.60	0.40	3.0	0.65
>150～200	1.00	0.09	0.50	0.16	1.00	0.25	2.00	0.40	4.0	0.70
>200～250	1.20	0.10	0.60	0.16	1.20	0.25	2.40	0.45	4.0	0.75

注:①量块长度的极限偏差(±);
②量块长度变动量最大允许值。

表 2-3　各等量块的精度指标(摘自 JJG 146—2003)　(μm)

标称长度/mm	1 等		2 等		3 等		4 等		5 等	
	①	②	①	②	①	②	①	②	①	②
～10	0.02	0.05	0.06	0.10	0.11	0.16	0.22	0.30	0.6	0.5
>10～25	0.02	0.05	0.07	0.10	0.12	0.16	0.25	0.30	0.6	0.5
>25～50	0.03	0.06	0.08	0.10	0.15	0.18	0.30	0.30	0.8	0.55
>50～75	0.04	0.06	0.09	0.12	0.18	0.18	0.35	0.35	0.9	0.55
>75～100	0.04	0.07	0.10	0.12	0.20	0.20	0.40	0.35	1.0	0.6
100～150	0.05	0.08	0.12	0.14	0.25	0.20	0.50	0.40	1.2	0.65
150～200	0.06	0.09	0.15	0.16	0.30	0.25	0.60	0.40	1.5	0.7
200～259	0.07	0.10	0.18	0.16	0.35	0.25	0.70	0.45	1.8	0.75

注:①量块长度测量的不确定度最大允许值;
②量块长度变动量最大允许值。

(5) 量块的使用和检验　量块按“级”使用时,是以量块的标称长度为工作尺寸的,即不计量块的制造误差和磨损误差,但它们将被引入测量结果中,使测量精度受到影响,但因不需加修正值,因此使用方便。

量块按“等”使用时,是以量块经检定后所给出的实际中心长度尺寸作为工作尺寸的,忽略的只是检定量块实际尺寸时的测量误差。在测量计算上,按

"等"选用量块比按"级"选用量块要麻烦一些，但由于免除了量块尺寸制造误差的影响，故可用制造精度较低的量块进行较精密的测量。

根据量值传递要求，各"等"量块的尺寸均需在标准温度（+20 ℃）条件下，用相应精确度的量仪进行测量，其中，1 等量块直接以激光波长为标准，在激光干涉仪上用绝对量法进行测量，其他各等量块通常均以高一等量块为标准，在规定量仪上用相对量法进行测量。

2.1.4 计量器具和测量方法

1. 计量器具

1）计量器具的分类

测量仪器和测量工具统称为计量器具，计量器具可按其测量原理、结构特点及用途等分为以下四类。

（1）基准量具　测量中体现标准量，用来校对或调整计量器具，或作为标准尺寸进行相对测量的量具称为基准量具，如量块、多面棱体等。

（2）极限量规　极限量规是用以检验零件尺寸、形状或相互位置的无刻度的专用检验工具，它只能判断零件是否合格，而不能得到具体的数值测量结果，如塞规、卡规、螺纹量规、功能量规等。

（3）检验夹具　检验夹具也是一种专用检验工具，它在和相应的计量器具配套使用时，可方便地检验出被测件的各项参数。如检验滚动轴承用的各种检验夹具，可同时测出轴承套圈的尺寸及径向或端面跳动等。

（4）通用计量器具　它是能够将被测量转换成可直接观测的指示值或等效信息的测量工具。按其工作原理可分类如下：

① 游标类量具，如游标卡尺、游标高度尺等；

② 螺旋类量具，如千分尺、公法线千分尺等；

③ 机械量仪，如百分表、千分表、杠杆-齿轮式比较仪、扭簧比较仪等；

④ 光学量仪，如光学比较仪、光学测角仪、光栅测长仪、激光干涉仪、工具显微镜等；

⑤ 电动量仪，如电感式比较仪、电动轮廓仪、容栅测位仪等；

⑥ 气动量仪，如水柱式气动量仪、浮标式气动量仪等；

⑦ 微机化量仪，如微机控制的数显万能测长仪和三坐标测量机等。

根据一般习惯，常将结构简单，主要在车间使用的计量器具称为量具，而将结构复杂、精确度高，主要在计量室和实验室使用的计量器具称为量仪。

计量器具还可按计量学观点，分为单值的与多值的；按同时能量得的尺寸

数目,分为单尺寸的与多尺寸的;或者按测量过程中机械化与自动化程度,分为非自动的、半自动的及自动的。

2) 计量器具的度量指标

计量器具的度量指标是表征计量器具的性能和功用的指标,是选择和使用计量器具,研究和判断测量方法正确性的依据。

(1) 刻度间距　计量器具的刻度尺或度盘上相邻两刻线中心之间的距离。为了便于读数,刻度间距不宜太小,一般取1～2.5 mm。

(2) 分度值(刻度值)　分度值是指计量器具的标尺或度盘上每一个刻度间距所代表的量值。如千分尺的分度值为 0.001 mm,百分表的分度值为0.01 mm。数显式仪器的分度值称为分辨率。一般来说,分度值越小,计量器具的精度越高。

(3) 示值范围　它是指计量器具所显示或指示的最小值到最大值的范围。

(4) 测量范围　它是指在允许误差范围内,计量器具所能测量零件的最小值到最大值的范围。

(5) 灵敏度　它是指计量器具对被测量变化的反应能力。若用 ΔL 表示被观测变量的增量,Δx 表示被测量的增量,则灵敏度 $S=\Delta L/\Delta x$。

(6) 灵敏限(迟钝度)　它是指引起计量器具示值可察觉变化的那个被测值的最小变动量。迟钝度表示计量器具对被测值微小变动的不敏感程度。产生迟钝度的原因有计量器具传动元件间的间隙、元件接触处的弹性变形、摩擦阻力等。不能用迟钝度大的计量器具来测量精密零件尺寸的微小变动(如测跳动等)。

(7) 测量力　它是指测量过程中,计量器具的测头与被测表面之间的接触力。在接触测量中,希望测量力是一定量的恒定值。测量力太大会使零件产生变形,测量力不恒定会使示值不稳定。

(8) 示值误差　它是指计量器具示值与被测量真值之间的差值。例如,用千分尺测一薄片厚度,示值为 1.49 mm,而薄片实际厚度为 1.485 mm,则示值误差为+0.005 mm。

(9) 校正值　为消除系统误差用代数法加到测量结果上的值,它与示值误差的绝对值相等而符号相反。如上例,校正值为−0.005 mm。

(10) 示值变动性(示值不稳定性)　它是指在测量条件不变的情况下,对同一被测量进行多次重复测量时,其读数的最大变动量。

(11) 回程误差　它是指在相同测量条件下,对同一被测量进行往返两个方向测量时,计量器具的示值变化。

(12) 不确定度　它是指在规定条件下测量时,由于测量误差的存在,对测量值不能肯定的程度。计量器具的不确定度是一项综合精度指标，它包括计量器具的示值误差、示值变动性、回程误差、灵敏限，以及调整标准件误差等综合影响。

2. 测量方法及其分类

广义的测量方法是指测量时所采用的测量原理、计量器具和测量条件的总和。而在实际工作中，往往单纯从获得测量结果的方式来理解测量方法，它可按不同特征分类。

(1) 按测得示值方式不同可分为绝对测量和相对测量。

绝对测量是指在计量器具的读数装置上可表示出被测量的全值的测量。例如，用游标卡尺测量零件的直径。

相对测量又称比较测量，在计量器具的读数装置上只表示出被测量相对已知标准量的偏差值。由于标准量是已知的，因此被测量的全值即为读数装置所指示的偏差值与标准量的代数和。例如，用经过量块调整的比较仪测量零件直径。

(2) 按所测之量是否为要测之量，测量方法可分为直接测量与间接测量。

直接测量是指用计量器具直接测量被测量的整个数值或相对于标准量的偏差。例如，用千分尺测轴径。

间接测量是指测量与被测量有函数关系的其他量，再通过函数关系式求出被测量。例如，在测量大尺寸圆柱形零件的直径 D 时，可以先量出其圆周长度 L，然后通过关系式 $D=L/\pi$ 求得零件的直径 D。

(3) 按零件上同时测得被测参数的多少，测量方法可分为综合测量与单项测量。

综合测量是指同时测量零件几个相关参数的综合效应或综合参数。例如，齿轮的综合测量、螺纹的综合测量等。

单项测量是指分别测量零件的各个参数。例如，分别测量齿轮的齿厚、齿形、齿距，分别测量螺纹的实际中径、螺距、半角等。

综合测量一般效率较高，对保证零件的互换性更为可靠，常用于完工零件的检验。单项测量能分别确定每一被测参数的误差，一般用于刀具与量具的测量、废品分析以及工序检验等。

(4) 按被测工件表面与量仪之间是否有机械作用的测量力，测量方法可分为接触测量和非接触测量。

接触测量是指仪器的测量头与被测零件表面直接接触，并有机械作用的测量力存在的测量。接触形式有点接触（如用球形测头测平面）、线接触（如用平面测头测外圆柱体直径)及面接触(如用平面测头测平面)。

非接触测量是指仪器的测量头与被测零件之间没有机械作用的测量力存在的测量。例如,光学投影测量、气动测量等。

接触测量对零件表面油污、切削液及微小振动等不是很敏感。但由于有测量力,会引起零件表面、测量头和量仪传动系统的弹性变形,量头的磨损,以及零件表面被划伤等问题。

(5) 按技术测量在机械制造工艺过程中所起的作用,测量方法可分为被动测量与主动测量。

被动测量是指零件加工完成后进行的测量。此时,测量结果主要用于发现并剔除废品。

主动测量是指零件加工过程中进行的测量。此时,直接用测量结果来控制零件的加工过程,决定是否需要继续加工或调整机床,故能及时有效地避免废品的产生。

主动测量的推行,使技术测量与加工工艺以最密切的形式结合起来,因此,有利于充分发挥技术测量的积极作用。

此外,按照被测量或零件在测量过程中所处的状态,测量方法可分为静态测量和动态测量;按照测量过程中决定测量精度的因素或条件是否相对稳定,测量方法可分为等精度测量和不等精度测量。

2.2 测量数据的处理

2.2.1 测量误差及其成因

1. 测量误差

测量误差(error of measurement)δ是指测得值与被测量真值之差。若以x表示测得值,Q表示被测量真值,则有

$$\delta = x - Q \tag{2-2}$$

一般来说,被测量的真值是不知道的。在实际测量时,常用相对真值或不存在系统误差情况下的多次测量的算术平均值来代替真值使用。

由式(2-2)所定义的测量误差又称绝对误差,由于x可能大于或小于Q,因

此，δ 可能是正值或负值，故被测量的真值可表示为

$$Q = x \pm |\delta| \tag{2-3}$$

式(2-3)反映测得值偏离真值大小的程度，利用公式(2-3)可以由测得值和测量误差来估算真值所在的范围。

相对误差 ε 是测量的绝对误差的绝对值与被测量真值之比，常用百分数表示，即

$$\varepsilon = \frac{|\delta|}{Q} \times 100\% \approx \frac{|\delta|}{x} \times 100\% \tag{2-4}$$

当被测的量值相等(或很接近)时，$|\delta|$ 的大小可反映测量准确度；当被测的量值不相等(尤其相差悬殊时)时，ε 可反映测量准确度。例如，某两轴径的测得值分别是 200 mm 和 80 mm，它们的绝对误差分别是 +0.004 mm 和 −0.003 mm，则由式(2-4)算出它们的相对误差分别是 0.002%和 0.003 75%，因此，前者的测量准确度更高。

2. 测量误差产生的原因

为了提高测量的准确度，应该尽量减小测量误差。要减小测量误差，就要了解测量误差产生的原因。

(1) 计量器具误差　它是指计量器具本身固有的误差，由于计量器具设计、制造和使用调整的不准确而引起的误差，与被测零件和外部测量条件无关。例如：在设计计量器具时，有时为了简化结构，采用近似设计而引起的误差；计量器具传动系统元件制造不准确所引起的放大比的误差；分度盘安置偏心而引起的误差等。

(2) 基准件误差　它是指作为标准量的基准件本身存在的误差，如量块的制造误差等。

(3) 测量方法误差　它是指由于测量方法不完善(包括计算公式不准确、测量方法的选择不当、测量时定位装夹不合理)而引起的误差。此外，若测量基准、量头形状选择得不正确，也会引起测量误差。

(4) 测量环境误差　它是指测量时的环境条件不符合标准条件所引起的误差。环境条件包括温度、湿度、气压、照明、振动以及灰尘等。其中，温度对测量结果的影响最大，因此，要求精密测量(如三坐标测量机)的环境尽量保持恒温(标准温度为+20 ℃)。

(5) 人为误差　它是指由测量者的主观因素引起的误差，如由于测量人员技术不熟练、视力分辨能力差、估读判断不准等引起的误差。

总之，引起测量误差的原因很多，测量者分析误差时，应找出产生测量误差

的主要原因,采取相应的措施,设法消除或减小其对测量结果的影响,保证测量的精度。

2.2.2 测量数据处理方法

为了提高测量的精度,不仅要分析测量误差产生的原因,而且要分析测量误差的特征和规律,以便对测量数据进行正确的处理。测量误差按其性质可分为随机误差、系统误差及粗大误差三类。

1. 随机误差及其处理与评定

在相同的测量条件下,多次测量同一量值时,误差的绝对值和符号以不可预定的方式变化的误差称为随机误差。

随机误差主要是由测量过程中的各种随机因素引起的。例如,测量过程中,温度的波动、振动、测力不稳等引起的误差都是随机误差。随机误差的数值通常不大,虽然某一次测量的随机误差大小、符号不能预料,但是进行多次重复测量,对测量结果进行统计、预算,就可以看出随机误差符合一定的统计规律。

1) 随机误差的分布规律和特性

根据大量的观察实践,发现多数随机误差,特别是在各不占优势的独立随机因素综合作用下的随机误差的分布曲线多数服从正态分布规律。正态分布曲线如图 2-6 所示。由此可归纳出随机误差的分布特性。

(1) 单峰性　绝对值小的误差比绝对值大的误差出现的概率大。

(2) 对称性　绝对值相等的正、负误差出现的概率相等。

(3) 有界性　在一定的测量条件下,随机误差的绝对值不会超过一定界限。

(4) 抵偿性　随着测量次数的增加,随机误差的算术平均值趋于零。

2) 随机误差的处理与评定

随机误差从理论上讲是不可能消除的,但可用概率论和数理统计的方法,通过对一系列测得值的处理来减小其对测量结果的影响,并评定其影响程度。

根据随机误差服从正态分布的特性,可导出反映随机误差特性的正态分布曲线的数学表达式为

$$y=\frac{1}{\sigma\sqrt{2\pi}}e^{-\delta^2/(2\sigma^2)} \tag{2-5}$$

式中:y——概率密度;

δ——随机误差;

σ——标准偏差。

由图 2-6 可见,$\delta=0$ 时概率密度最大,且 $y_{max}=1/(\sigma\sqrt{2\pi})$,概率密度的最大

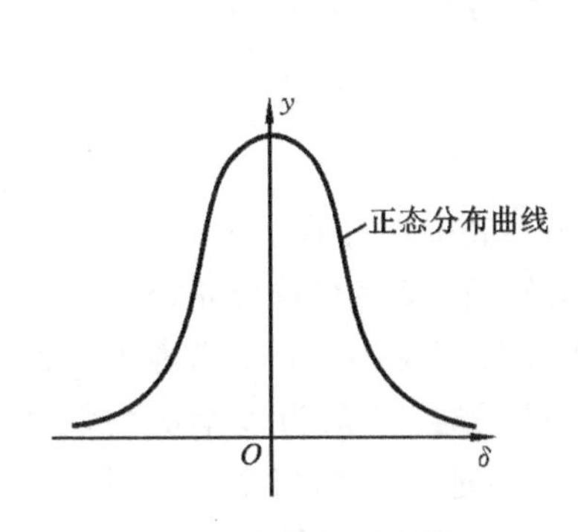

图 2-6 正态分布曲线

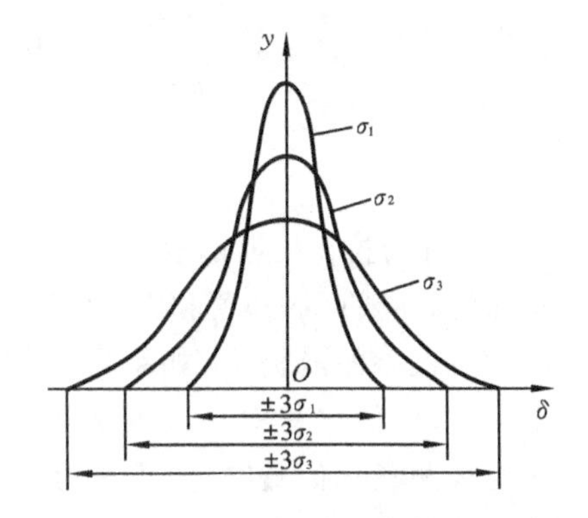

图 2-7 标准偏差对概率密度的影响

值 y_{max} 与标准偏差 σ 成反比，如图 2-7 所示的 3 条正态分布曲线中，$\sigma_1<\sigma_2<\sigma_3$，则 $y_{1max}>y_{2max}>y_{3max}$，由此可见：$\sigma$ 越小，y_{max} 越大，分布曲线越陡峭，测得值越集中，亦即测量精度越高；反之，σ 越大，y_{max} 越小，分布曲线越平坦，测得值越分散，亦即测量精度越低。所以标准偏差 σ 表征了随机误差的分散程度，也就是测量精度的高低。

标准偏差和算术平均值可通过有限次的等精度测量实验求出，其计算式为

$$\sigma=\sqrt{\frac{\sum_{i=1}^{n}(x_i-\overline{x})^2}{n-1}} \tag{2-6}$$

$$\overline{x}=\frac{1}{n}\sum_{i=1}^{n}x_i \tag{2-7}$$

式中：x_i——某次测量值；

$\overline{x}$——n 次测量的算术平均值；

n——测量次数，一般 n 取 10～20。

测得值 x_i 与算术平均值 $\overline{x}$ 之差称为残余误差（简称残差），以 v_i 表示，有

$$v_i=x_i-\overline{x} \tag{2-8}$$

由概率论可知，全部随机误差的概率之和等于 1，即

$$P=\int_{-\infty}^{+\infty}y\mathrm{d}\delta=\frac{1}{\sigma\sqrt{2\pi}}\int_{-\infty}^{+\infty}\mathrm{e}^{-\delta^2/(2\sigma^2)}\mathrm{d}\delta=1 \tag{2-9}$$

随机误差出现在区间（$-\delta$，$+\delta$）内的概率为

$$P=\frac{1}{\sigma\sqrt{2\pi}}\int_{-\delta}^{+\delta}\mathrm{e}^{-\delta^2/(2\sigma^2)}\mathrm{d}\delta$$

若令 $t=\dfrac{\delta}{\sigma}$，则有 $\mathrm{d}t=\dfrac{\mathrm{d}\delta}{\sigma}$，于是有

$$P=\frac{1}{\sqrt{2\pi}}\int_{-t}^{+t}\mathrm{e}^{-t^2/2}\mathrm{d}t=\frac{2}{\sqrt{2\pi}}\int_{0}^{t}\mathrm{e}^{-t^2/2}\mathrm{d}t=2\varphi(t)$$

式中
$$\varphi(t)=\frac{1}{\sqrt{2\pi}}\int_{0}^{t}\mathrm{e}^{-t^2/2}\mathrm{d}t \tag{2-10}$$

$\varphi(t)$称为拉普拉斯函数。表 2-4 所示为从 $\varphi(t)$表中查得的 $t=1,2,3,4$ 等 4 个特殊值对应的 $2\varphi(t)$值和 $1-2\varphi(t)$值。由此可知,在仅存在符合正态分布规律的随机误差的前提下,如果用仪器对某被测工件只测量一次,或者虽然测量了多次,但任取其中一次的测得值作为测量结果时,可认为该单次测量结果 x_i与被测量真值 Q(或算术平均值 $\bar{x}$)之差不会超过$\pm 3\sigma$ 的概率为99.73%,而超出此范围的概率只有 0.27%。由此,绝对值大于 3σ 的随机误差出现的可能性几乎等于零。因此,把相应于置信概率 99.73%的$\pm 3\sigma$ 作为测量极限误差,即

$$\delta_{\lim}=\pm 3\sigma \tag{2-11}$$

显然,$\delta_{\lim}$可称为测量列中单次测量值的极限误差。

表 2-4　拉普拉斯函数 $\varphi(t)$

t	$\delta=\pm t\sigma$	不超出$\vert\delta\vert$的概率 $P=2\varphi(t)$	超出$\vert\delta\vert$的概率 $\alpha=1-2\varphi(t)$
1	1σ	0.682 6	0.317 4
2	2σ	0.954 4	0.045 6
3	3σ	0.997 3	0.002 7
4	4σ	0.999 36	0.000 64

为了减小随机误差的影响,可以多次测量并取其算术平均值作为测量结果。显然,算术平均值 $\bar{x}$ 比单次测量值 x_i更加接近被测量真值 Q。若在相同条件下对同一量值重复进行若干组"n 次测量",则每组"n 次测量"所获得的算术平均值 $\bar{x}$ 也不会完全相同,具有分散性,但它的分散程度比 x_i的分散程度小,用$\sigma_{\bar{x}}$表示算术平均值的标准偏差,其数值与测量次数 n 有关,即

$$\sigma_{\bar{x}}=\frac{\sigma}{\sqrt{n}} \tag{2-12}$$

若以多次测量的算术平均值表示测量结果,则 $\bar{x}$ 与真值 Q 之差不会超过$\pm 3\sigma_{\bar{x}}$的概率为 99.73%,即算术平均值的测量极限误差 $\delta_{\lim\bar{x}}$为

$$\delta_{\lim\bar{x}}=\pm 3\sigma_{\bar{x}} \tag{2-13}$$

2. 系统误差及其发现与消除

在相同条件下,多次测量同一量值时,误差的绝对值与符号保持恒定,或者

在条件改变时，按某一确定规律变化的误差称为系统误差。系统误差可分为定值的系统误差和变值的系统误差两种。

在测量时，对每次测得值的影响都相同的称为定值系统误差。例如：用量块调整比较仪时，量块按标称尺寸使用时其制造误差引起的测量误差；千分尺的零位不正确而引起的测量误差。在测量时，对每次测得值的影响是按一定规律变化的称为变值系统误差。例如，在万能工具显微镜上测量长丝杠的螺距误差时，由于温度有规律地升高而引起丝杠长度变化的误差。这两种数值大小和变化规律已知的系统误差，称为已定系统误差。大小和符号是不易被确切掌握的，但是可以估计其数值范围的误差，称为未定系统误差。例如，万能工具显微镜的光学刻线尺的误差为$\pm(1+L/200)\ \mu$m(L 是以 mm 为单位的被测件长度)，若测量时对刻线尺的误差不作修正，则该项误差可视为未定系统误差。

从理论上讲，系统误差是可以消除的，特别是多数定值系统误差，通常都易于发现，并能够消除。但在实际测量时，系统误差不一定能够完全被消除，应设法发现并消除或减小系统误差。

1）定值系统误差的发现

定值系统误差不能从一系列测得值的处理中发现，只能通过另外的实验对比方法去发现。例如，在用比较仪测量零件尺寸时，由于量块尺寸偏差引起的定值系统误差，可用高精度仪器对量块尺寸进行鉴定来发现，或者用高精度量块进行对比测量来发现。

2）变值系统误差的发现

变值系统误差有可能从一系列测得值的处理和分析观察中发现。要判断同一组测得值中是否含有变值系统误差，可用“残差代数和检验法”，将测量同一量值所得的测得值，按测量顺序排列，并分为前半组和后半组。若残差的符号大体上正、负相间，且前、后两个半组各自的残差代数和均接近于零，表明残差有相消性，则不存在显著的变值系统误差；若残差的符号有明显的规律性，如从正逐渐变成负，或从负逐渐变成正，且前、后两个半组的残差代数和相差较大，则可能存在递增或递减的线性系统误差；若残差的符号呈周期性变化，虽然两个半组的残差代数和各自接近于零，则仍然可能存在周期性系统误差。变值系统误差一般均可以通过分析实验，找出其产生原因，并设法消除，然后重新测量。

3）系统误差的消除方法

(1) 从产生系统误差的根源消除　这是消除系统误差的最根本的方法。例如，调整好量具的零位，正确选择测量基准，保证被测零件和量具都处于标准温度条件下等。

(2) 用加修正值的方法消除　对于标准器具或标准件以及计量器具的刻度，都可事先用更精密的标准件检定其实际值与标准值的偏差，然后将此偏差作为修正值在测量结果中予以消除。例如，按“等”使用量块时，按修正值使用测长仪的读数，计算出测量时温度偏离标准温度而引起的系统误差。

(3) 用两次读数法消除　若用两种测量方法测量，产生的系统误差的符号相反、大小相等或相近，则可以用这两种测量方法测得值的算术平均值作为结果，从而消除系统误差。例如，用水平仪测量某一平面倾角，由于水平仪气泡原始零位不准确而产生的系统误差为正值，若将水平仪调头再测一次，则产生的系统误差为负值，且两者大小相等，因此可取两次读数的算术平均值作为结果。

(4) 利用被测量值之间的内在联系消除　有些被测量各测量值之间存在必然的联系。例如，多面棱体的各角度之和等于 360°，因此在用自准仪检定其各角度时，可根据其角度之和为 360°这一封闭条件，消除检定中的系统误差。在用齿距仪按相对法测量齿轮的齿距累积误差时，可根据齿轮从第一个齿距误差累积到最后一个齿距误差的累积误差应为零这一关系，来修正测量中的系统误差。

3. 粗大误差及其判别与剔除

粗大误差(也称过失误差)是指超出在规定测量条件下的预计的误差。粗大误差主要是由某些不正常的原因造成的。例如，测量者主观上的粗心大意、读数或记录错误等，测量仪器和被测件客观上的突然振动等。由于粗大误差一般数值比较大，它会显著地歪曲测量结果，因此是不允许存在的。在正常的测量过程中，应该而且能够判别出粗大误差并将其剔除。

发现和剔除粗大误差的方法，通常是用重复测量或改用另一种测量方法加以核对。对于等精度多次测量值，判断和剔除粗大误差的简便方法是 3σ 准则。所谓 3σ 准则，即在测量列中，凡是测量值与算术平均值之差的绝对值大于 3σ 的，即认为该测量值具有粗大误差，应从测量列中将其剔除。

4. 测量精度的分类

在测量领域中，根据随机误差和系统误差的影响，把测量精度分为如下三类。

(1) 精密度　它反映测量结果中随机误差的影响程度。若随机误差小，则精密度高。

(2) 正确度　它反映测量结果中系统误差的影响程度。若系统误差小,则正确度高。

(3) 准确度　它反映测量结果中系统误差和随机误差综合的影响程度。若系统误差和随机误差都小,则准确度高。

系统误差和随机误差的区别及其对测量结果的影响,还可以以打靶为例进行说明。如图 2-8 所示,圆心为靶心。图 2-8(a)中,弹着点密集但偏离靶心,说明随机误差小而系统误差大,精密度高而正确度低;图 2-8(b)中,弹着点围绕靶心分布,但很分散,说明系统误差小而随机误差大,正确度高而精密度低;图 2-8(c)中,弹着点既分散又偏离靶心,说明随机误差和系统误差都大,精密度和正确度都低;图 2-8(d)中,弹着点围绕靶心分布且弹着点密集,说明系统误差和随机误差都小,精密度和正确度都高,因而准确度也高。

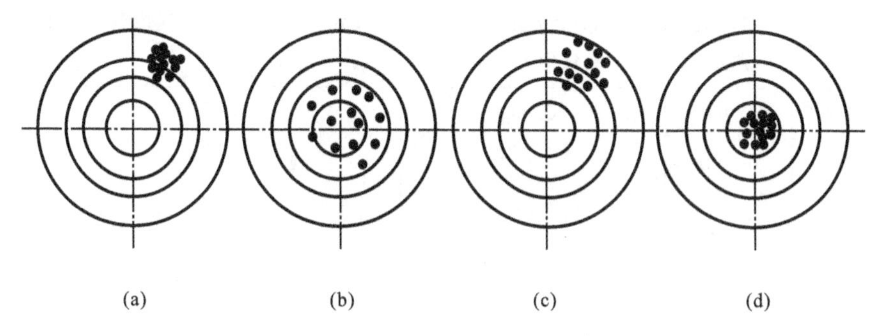

图 2-8　测量精度的分类

2.2.3　数据处理案例及其结果分析

在实际测量时,通常对某一被测量进行连续多次的重复测量,获得一系列的测量数据(测量值),然后对测量值进行数据处理,以消除或减少测量误差的影响,得到被测量最可信赖的数值和评定这一数值所包含的误差。

1. 等精度测量案例及分析

等精度测量是指采用相同的测量基准、测量工具和测量方法,在相同的测量环境下,由同一测量者所进行的测量。下面通过一例子说明等精度测量的数据处理步骤。

例 2-1　以一个 30 mm 的 5 等量块为标准,用立式光学比较仪对一圆柱轴进行 10 次等精度测量,测量值见表 2-5 第二列,已知量块长度的修正值为 −1.0 μm,试对其进行数据处理,并写出测量结果。

解 (1) 对量块的系统误差进行修正,将全部测量值分别加上量块的修正值－0.001 mm,见表 2-5 第三列。

(2) 求算术平均值、残余误差、标准偏差。

算术平均值

$$\overline{x}=\frac{1}{n}\sum_{i=1}^{n}x_i=\frac{1}{10}\sum_{i=1}^{10}x_i=30.038\ \mathrm{mm}$$

残余误差 $v_i=x_i-\overline{x}$,计算结果见表 2-5 第四列。

标准偏差

$$\sigma=\sqrt{\frac{\sum_{i=1}^{n}(x_i-\overline{x})^2}{n-1}}=\sqrt{\frac{70}{10-1}}\ \mu\mathrm{m}\approx 2.8\ \mu\mathrm{m}$$

表 2-5 等精度测量的数据处理表

测量序号	测量值 x_i'/mm	去除系统误差后的测量值 x_i/mm	残余误差 v_i/μm	残余误差的平方 $v_i^2/\mu\mathrm{m}^2$
1	30.040	30.039	+1	1
2	30.038	30.037	−1	1
3	30.039	30.038	0	0
4	30.037	30.036	−2	4
5	30.041	30.040	+2	4
6	30.042	30.041	+3	9
7	30.034	30.033	−5	25
8	30.043	30.042	+4	16
9	30.036	30.035	−3	9
10	30.040	30.039	+1	1
		$\overline{x}=\frac{1}{10}\sum_{i=1}^{10}x_i=30.038$	$\sum_{i=1}^{10}(x_i-\overline{x})=0$	$\sum_{i=1}^{10}(x_i-\overline{x})^2=70$

(3) 用 3σ 准则判断粗大误差。

根据上面的计算,$\sigma=2.8\ \mu\mathrm{m}$,$3\sigma=8.4\ \mu\mathrm{m}$,表 2-5 第四列 v_i 最大绝对值 $|v_i|=5<8.4\ \mu\mathrm{m}$,因此,测量列中没有粗大误差。

(4) 计算测量列算术平均值的标准偏差。

$$\sigma_{\overline{x}}=\frac{\sigma}{\sqrt{n}}=\frac{2.8}{\sqrt{10}}\ \mu\mathrm{m}\approx 0.9\ \mu\mathrm{m}$$

(5) 计算测量列算术平均值的测量极限偏差。

$$\delta_{\lim \overline{x}}=\pm 3\sigma_{\overline{x}}=\pm 2.7\ \mu\mathrm{m}$$

因此，以单次测量值作为结果的精度为$\pm 3\sigma=\pm 8.4\ \mu\mathrm{m}$，以算术平均值作为结果的精度为$\pm 3\sigma_{\overline{x}}=\pm 2.7\ \mu\mathrm{m}$。

(6) 分析测量结果。

该轴直径的最终测量结果表示为$x=\overline{x}\pm 3\sigma_{\overline{x}}=(30.038\pm 0.0027)$ mm，即该轴的直径真值有99.73%的概率在30.035 3～30.040 7 mm之间。

由上面的例子分析，得出等精度测量的数据处理步骤如下：

① 检查测量结果列中有无显著的系统误差存在，如已定系统误差或能掌握确定规律的系统误差(线性系统误差、周期性变化的系统误差)，应查明原因，在测量前加以减小与消除，或者在测量值中加以修正；

② 计算测量列的算术平均值、残余误差和标准偏差；

③ 判断粗大误差，若存在粗大误差，则应将其剔除后，再重新计算新测量列的算术平均值、残余误差和标准偏差；

④ 计算测量列算术平均值的标准偏差值；

⑤ 计算测量列算术平均值的测量极限偏差；

⑥ 写出测量结果的表达式。

2. 测量误差合成

对于比较重要的测量，不但要给出正确的测量结果，而且还应给出该测量结果的准确程度，亦即给出测量方法的极限误差$\delta_{\lim}$。对于一般的简单的测量，可以从量具的使用说明书或检定规程中查得量具的测量不确定度，以此作为测量极限误差。而对于一些较为复杂的测量，或者对于专门设计的测量装置，没有现成的资料可查，需要分析测量误差的组成项并计算其数值，然后按照一定的方法综合成该测量方法的极限误差，这个过程就称为测量误差的合成。测量误差的合成包括两类：直接测量法测量误差的合成和间接测量法测量误差的合成。

1) 直接测量法测量误差的合成

直接测量法测量误差的主要来源有仪器误差、测量方法误差、基准件误差等，这些误差都称为测量总误差的误差分量。这些误差按其性质区分，既有已定系统误差，又有随机误差和未定系统误差，通常它们可按下列方法合成。

(1) 已定系统误差按代数和法合成，即

$$\delta_x = \delta_{x1} + \delta_{x2} + \cdots + \delta_{xn} = \sum_{i=1}^{n} \delta_{xi} \tag{2-14}$$

式中:δ_{xi}——各误差分量的系统误差。

(2) 对于符合正态分布、彼此独立的随机误差和未定系统误差,按方根法合成,即

$$\delta_{\lim} = \pm \sqrt{\delta_{\lim 1}^2 + \delta_{\lim 2}^2 + \cdots + \delta_{\lim n}^2} = \pm \sqrt{\sum_{i=1}^{n} \delta_{\lim i}^2} \tag{2-15}$$

式中:$\delta_{\lim i}$——各误差分量的随机误差和未定系统误差。

2) 间接测量法测量误差的合成

间接测量时被测量 y 与直接测量的量 $x_1, x_2, \cdots, x_n$ 有一定的函数关系,即

$$y = f(x_1, x_2, \cdots, x_n)$$

当测量值 $x_1, x_2, \cdots, x_n$ 有系统误差 $\delta_{x1}, \delta_{x2}, \cdots, \delta_{xn}$ 时,则被测量 y 有测量误差 δ_y,且

$$\delta_y = \frac{\partial f}{\partial x_1}\delta_{x1} + \frac{\partial f}{\partial x_2}\delta_{x2} + \cdots + \frac{\partial f}{\partial x_n}\delta_{xn} \tag{2-16}$$

当测量值 $x_1, x_2, \cdots, x_n$ 有随机误差 $\delta_{\lim 1}, \delta_{\lim 2}, \cdots, \delta_{\lim n}$ 时,则被测量 y 有随机误差 $\delta_{\lim y}$,且

$$\delta_{\lim y} = \pm \sqrt{\sum_{i=1}^{n} \left(\frac{\partial f}{\partial x_i}\right)^2 \delta_{\lim i}^2} \tag{2-17}$$

例 2-2 图 2-9 中,用三针法测量螺纹的中径 d_2,其函数关系式为 $d_2 = M - 1.5d_0$,已知测得值 $M = 16.31$ mm,$\delta_M = +30$ μm,$\delta_{\lim M} = \pm 8$ μm,$d_0 = 0.866$ mm,$\delta_{d_0} = -0.2$ μm,$\delta_{\lim d_0} = \pm 0.1$ μm,试求单一中径的值及其测量极限误差。

解 $d_2 = M - 1.5d_0$

$= (16.31 - 1.5 \times 0.866)$ mm

$= 15.011$ mm

(1) 求被测量 d_2 的系统误差。

$$\delta_{d_2} = \frac{\partial f}{\partial M}\delta_M + \frac{\partial f}{\partial d_0}\delta_{d_0}$$

$= [1 \times 0.03 - 1.5 \times (-0.000\ 2)]$ mm

≈ 0.03 mm

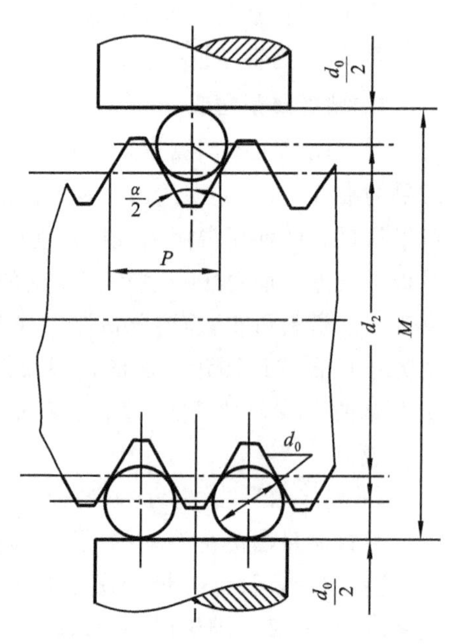

图 2-9 三针法测中径

(2) 求被测量 d_2 的测量极限误差。

$$\delta_{\lim d_2} = \pm\sqrt{\left(\frac{\partial f}{\partial M}\right)^2 \delta^2_{\lim M} + \left(\frac{\partial f}{\partial d_0}\right)^2 \delta^2_{\lim d_0}}$$

$$= \pm\sqrt{1 \times 8^2 + (-1.5)^2 \times 0.1^2}\ \mu\text{m}$$

$$\approx \pm 8\ \mu\text{m}$$

(3) 求测量结果。

$$(d_2 - \delta_{d_2}) \pm \delta_{\lim d_2} = [(15.011 - 0.03) \pm 0.008]\ \text{mm}$$

$$= (14.981 \pm 0.008)\ \text{mm}$$

2.3　技术测量的基本原则

1. 测量误差公理

在测量的全过程中，测量误差始终存在，这就是测量误差公理，它是建立所有测量原理、原则的基础。按照测量误差公理，测量误差是不可能避免的，但可以用精密测量方法减小其影响。

推论1　不可能确切得知被测量的真值。

推论2　可以在一定置信水平下得知被测量的真值所处的置信区间。

2. 最近真值原理

被测量的真值可以用最近真值表示，并可以通过测量获知。

推论1　通常，如将被测量的总体均值作为真值，则其样本均值可以用做最近真值。

推论2　通常，测量仪器的精度应该比被测量的期望测量精度高5～10倍。

3. 最小变形原则

应使被测量物体与测量器具之间的相对变形最小。引起这种变形的主要因素有测量温度与测量力。

推论1　当对物体的尺寸进行精密测量时，必须知道其温度。

推论2　长度的精密测量取决于温度的精密测量和控制。

推论3　为了避免测量力的影响，可采用非接触测量或比较式接触测量。

4. 基准统一原则

基准统一原则是指设计、装配、工艺、测量等基准原则上应该一致。设计时,应选择装配基准为设计基准;加工时,应选择设计基准为工艺基准;测量时,应按测量目的选定基准:对中间(工艺)测量,应选工艺基准为测量基准;对终结(验收)测量,应选装配基准为测量基准。

5. 阿贝测长原则

在长度测量中,测量过程就是将被测零件的尺寸与作为标准长度的线纹尺、量块的尺寸进行比较的过程。测量时,测量装置需要移动,而移动方向的准确性通常由导轨保证。由于导轨有制造和安装等误差,使测量装置在移动过程中产生方向偏差。为了减小这种方向偏差对测量结果的影响,1890 年,德国人阿贝(Ernst Abbe)提出了以下指导性原则:"将被测物与标准尺沿测量轴线成直线排列。"这就是著名的阿贝测长原则,意即被测尺寸与作为标准的尺寸应在同一条直线上。按此原则,制成了阿贝比长仪、阿贝立式测长仪、阿贝卧式测长仪等一系列精密仪器。

6. 测量误差补偿原则

测量误差补偿原则是指要用测量误差补偿法提高测量结果的精确度。测量误差的补偿,可以在测量过程中进行,也可以在测量过程完成后进行。

推论 1 在测量过程完成后,用修正值补偿测量误差。

推论 2 在测量过程中,针对测量误差的规律,进行测量误差的补偿。

7. 重复原则

在测量过程中,由于存在许多未知的、不明显的因素的影响,使每次测量结果都有误差,甚至产生粗大误差。为了保证测量结果的可靠性,防止出现粗大误差,可对同一被测量重复进行测量,若测量结果相同或变化不大,一般可表明测量结果的可靠性较高,此即重复原则。重复原则是测量实践中判断测量结果可靠性的常用准则,用重复原则还可以判断测量条件是否稳定。

8. 随机原则

在测量过程中,造成测量误差的因素有很多,要确定每一因素对测量结果影响的确切数值往往很困难,甚至不可能。因此,在实际测量中,通常主要对影响较大的因素进行分析计算,若属系统误差,则应设法消除其对测量结果的影响,而对其他大多数因素造成的测量误差,包括不予修正的微小系统误差,可按随机误差处理。对于随机误差,虽然不能确定其数值大小和符号,但可应用概率与数理统计原理,通过对一系列测量值的处理,减小其对测量结果的影响,并加以评定,此即随机原则。

9. 测量的公差原则

当测量目的是判别被测参数是否符合所规定的公差要求时,则测量方法及其精度应适合公差的规定，此即测量的公差原则。

上述的原则主要从测量的技术方面提出。此外，在实际测量中，还应考虑测量经济性、效率及预防性等原则。

本章重点与难点

通过本章的学习，掌握技术测量的基本概念，能对测量结果进行正确的数据处理和评定。

1. 技术测量的基本知识

1）技术测量、测量、检验与检定的定义与区别

技术测量主要研究对零件的几何量进行测量和检验，以确定零部件加工后是否符合设计图样上的技术要求。

测量(measurement)是指为确定被测对象的量值而进行的实验过程。

检验是确定被测几何量是否在规定的极限范围内，从而判断其是否合格的实验过程。

检定是指为评定计量器具的精度指标是否合乎该计量器具的检定规程的全部过程。

2）测量的四个要素

测量对象；计量单位；测量方法；测量精度。

3）了解测量基准和测量尺寸传递系统

4）量块的基本概念

量块的定义：量块又称块规，是一种无刻度的平面平行长度端面量具。其制造材料多为特殊合金钢，形状主要有长方六面体结构，六个平面中，两个互相平行的极为光滑平整的面为测量面。

量块的作用：量块主要用作尺寸传递系统中的中间标准量具，或在采用相对法测量时作为标准件调整仪器的零位，也可以用它直接测量零件。

量块的尺寸：尺寸＜6 mm 的量块，长度标记刻在测量面上；尺寸≥6 mm 的量块，长度标记刻在非测量面上，且该表面的左、右侧面为测量面。

量块的组合原则：力求以最少的块数组成所需的尺寸，以获得更高的尺寸精度，使量块数不多于 4～5 块，应从所给尺寸的最后一位数字开始考虑，每选一块应使尺寸的位数减少一位。

量块的精度：量块按制造精度从高到低分为 0、K、1、2、3 级，量块按检定精

度从高到低分为1、2、3、4、5等。

量块的使用：量块按“级”使用时，是以量块的标称长度为工作尺寸的，即不计量块的制造误差和磨损误差，但它们将被引入到测量结果中，使测量精度受到影响，但因不需加修正值，因此使用方便；量块按“等”使用时，是以量块经检定后所给出的实际中心长度尺寸作为工作尺寸的，忽略的只是检定量块实际尺寸时的测量误差。

5）了解计量器具与测量方法的分类

2. 测量数据的处理

1）测量误差的定义与产生原因

测量误差是测得值与被测量真值之差，又称为绝对误差。

相对误差ε是测量的绝对误差的绝对值与被测量真值之比，常用百分数表示。

测量误差产生的原因：计量器具误差；基准件误差；测量方法误差；测量环境误差；人为误差。

2）随机误差及其处理与评定

了解随机误差的分布规律与特性；熟练掌握随机误差的处理与评定。

3）系统误差及其发现与消除

了解和掌握定值系统误差和变值系统误差的发现方法及系统误差的消除方法。

4）粗大误差及其判别与剔除

正确理解粗大误差的定义；判断和剔除粗大误差的简便方法是3σ准则。

3. 了解技术测量的基本原则

思考与练习

1. 测量的实质是什么？一个完整的测量过程包括哪几个要素？
2. 试用83块一套的量块组合出尺寸51.985 mm和27.355 mm。
3. 什么是测量误差？测量误差有几种表示形式？为什么规定相对误差？
4. 测量误差按性质可分为哪几类？随机误差的分布规律和特征是什么？
5. 某计量器具在示值50 mm处的示值误差为+0.004 mm，若用该计量器具测量工件时，读数正好是50 mm，试确定该工件的实际尺寸是多少？
6. 用两种方法分别测量尺寸为100 mm和80 mm的零件，测量绝对误差分别为 8 μm 和 7 μm，试判断这两种方法的测量精度哪种高。

7. 某计量仪器已知其标准偏差为 σ=0.002 mm，用此计量仪器对某零件进行 4 次等精度测量，测量值分别为 68.019 mm、68.020 mm、68.018 mm、68.019 mm，试求测量结果。

8. 在相同条件下，用立式光学比较仪重复测量某轴的同一部位的直径 10 次。按测量顺序记录测量值(单位为 mm)为

30.042　30.043　30.040　30.043　30.042

30.043　30.040　30.042　30.043　30.042

设测量列中不存在定值系统误差，试确定：

(1) 测量列算术平均值；

(2) 判断有无变值系统误差；

(3) 判断有无粗大误差，若有则剔除；

(4) 测量列算术平均值的标准偏差；

(5) 测量列算术平均值的测量极限误差；

(6) 写出测量结果的表达式。

第3章 尺寸公差与配合

图 3-1 所示为一种通过一对圆柱齿轮达到减速目的的减速器结构。在机械制图课程中，通过绘制减速器及其零件图，我们已经掌握了机械制图的基本要领；在机械原理课程中，通过齿轮机构及减速器等，我们了解和掌握了机构学和机械动力学的基本原理和设计要点。

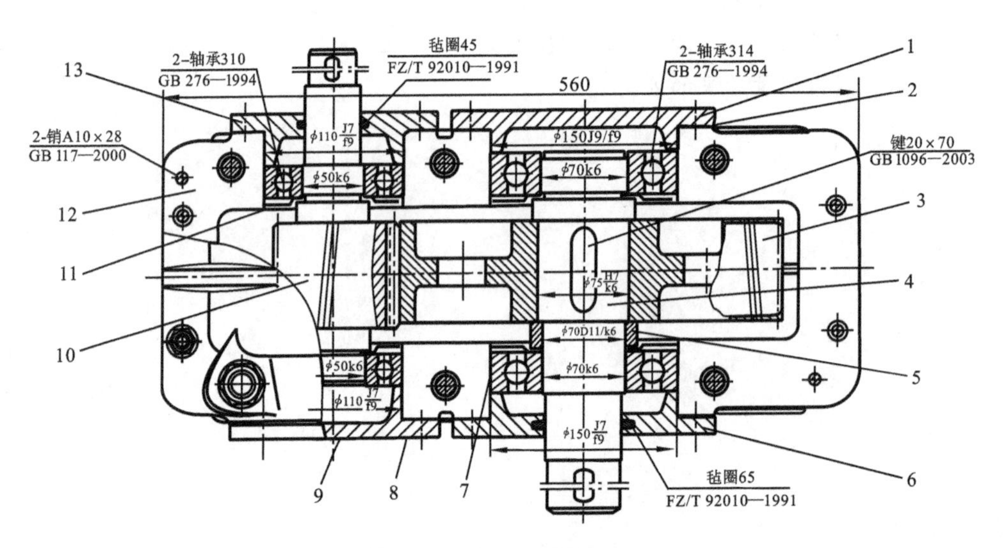

图 3-1 齿轮减速器装配图

1，9—端盖；2，8—调整垫片；3—大齿轮；4—主轴；5—轴套；
6，13—可通端盖；7，11—封油环；10—齿轮轴；12—箱体

但是，如何保证减速器中每一种零件的互换性？如何根据相互配合的零件关系确定它们的公差与配合？例如，如何既能使大齿轮（件 3）顺利地装到主轴（件 4）上去，又能使其满足齿轮机构的传动精度和使用可靠性等技术要求？为什么规定齿轮孔与传动轴颈的配合为基孔制的 k 配合，即 $\phi 75\ \frac{H7}{k6}$（见图 3-1）？

为什么端盖(件 1)止口与箱体(12)孔的配合$\left(\phi150\ \frac{J7}{f9}\right)$既不是基孔制,也不是基轴制? 为什么滚动轴承(GB/T 276—1994)内环孔与轴颈的配合只出现轴的配合代号(ϕ70k6)? 配合代号中数字的大小说明了什么? 所有这些选择合理吗? 如果合理,它们遵守了什么原则与标准?

通过本章学习,要求学生掌握的基本内容是:①公差与配合的基本概念及其国家标准;②领会和应用国家标准规定的标准公差和基本偏差;③根据几何要素的尺寸及公差与配合代号,确定相应尺寸的上下极限偏差,并计算它们的最大、最小间隙或过盈量;④根据机械产品及其零部件的使用要求,设计相关几何要素的公差与配合。

对于本章,要明确以下几点:①公差值用于控制零件相关尺寸的最大变动量或加工精度;②选择公差等级的原则是有效协调使用要求和制造要求这一对矛盾,即既要依据使用要求,又要考虑不同几何要素的加工方法及其经济加工精度;③基本偏差用于决定一对相互配合的轴与孔(或被包容面与包容面)的配合性质,包括决定基准制条件下的最小间隙量或最大过盈量等。

3.1 概　　述

为使零件具有互换性,必须保证零件的尺寸、几何形状和相互位置,以及表面特征技术要求的一致性。就尺寸而言,互换性要求尺寸的一致性,但并不要求零件都准确地制成一个指定的尺寸,而只要求尺寸在某一合理的范围内。对于相互结合的零件,这个范围既要保证相互结合的尺寸之间形成一定的关系,以满足不同的使用要求,又要在制造上是经济合理的。这样就形成了“极限与配合”的概念。由此可见,“极限”用于协调机器零件使用要求与制造经济性之间的矛盾,“配合”则反映零件组合时相互之间的关系。

尺寸公差与配合的标准化是一项综合性的技术基础工作,是推行科学管理、推动企业技术进步和提高企业管理水平的重要手段。标准化的极限与配合制,有利于机器的设计、制造、使用与维修,有利于保证产品精度、使用性能和寿命等,也有利于刀具、量具、夹具和机床等工艺装备的标准化。为适应科学技术飞速发展,适应国际贸易、技术和经济交流以及采用国际标准配需要,我国已逐步与国际标准(ISO)接轨。国家技术监督局不断发布、实施新标准,代替旧标准,已初步建立并形成了与国际标准相适应的基础公差体系,以满足经济发展和对外交流的需要。

3.2 基本术语及定义

3.2.1 术语及定义

1. 要素

(1) 尺寸要素(feature of size) 由一定大小的线性尺寸或角度尺寸确定的几何形状。

(2) 实际(组成)要素(real (integral) feature) 由接近实际(组成)要素所限定的工件实际表面的组成要素部分。

(3) 提取组成要素(extracted integral feature) 按规定方法,由实际(组成)要素提取有限数目的点所形成的实际(组成)要素的近似替代。

(4) 拟合组成要素(associated integral feature) 按规定方法,由提取组成要素形成的并具有理想形状的组成要素。

2. 尺寸

尺寸(size)是以特定单位表示线性尺寸大小的数值,如直径、半径、宽度、深度、中心距等。在机械制造中,常用(mm、μm)作为特定单位。

3. 孔和轴

孔(hole)是指工件的圆柱形内表面,也包括其他内表面中由单一尺寸确定的部分。孔的直径尺寸用 D 表示。

轴(shaft)是指工件的圆柱形外表面,也包括其他外表面中由单一尺寸确定的部分。轴的直径尺寸用 d 表示。

从装配关系看,孔是包容面,轴是被包容面;从广义上看,孔和轴既可以是圆柱形的,也可以是非圆柱形的。图 3-2 中由标注尺寸 D_1、D_2、D_3、D_4 所确定的部分称为孔,而由 d_1、d_2、d_3 所确定的部分称为轴。

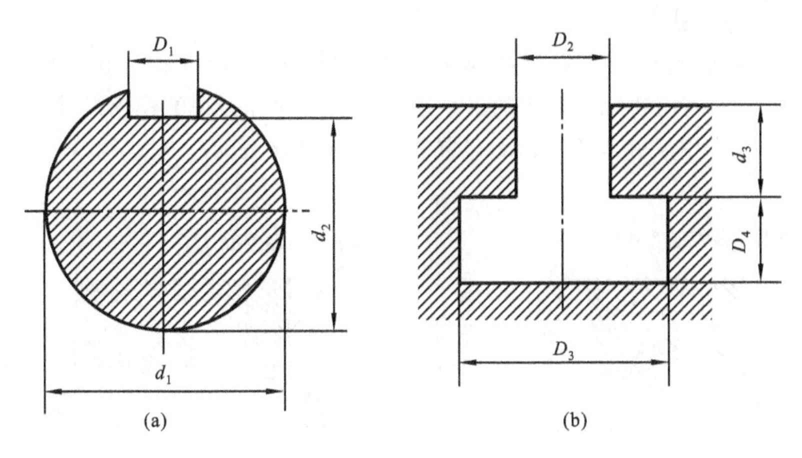

图 3-2 孔与轴示意图

孔和轴的定义明确了《公差与配合》国家标准的应用范围。例如，键连接的配合表面为由单一尺寸形成的内、外表面，即键宽表面为轴，孔槽和轴槽宽表面皆为孔。这样，键连接的公差与配合可直接应用相应的国家标准。

4. 公称尺寸

公称尺寸(nominal size)是指由图样规定的理想形状要素的尺寸(也称基本尺寸)，可以在设计中根据强度、刚度、运动、工艺、结构、造型等不同要求来确定。公称尺寸只表示尺寸的基本大小，并不一定是在实际加工中要求得到的尺寸，有配合关系的孔与轴其基本尺寸相同。一般按标准尺寸系列选择公称尺寸，以减少定值刀具、量具、夹具的数量。

5. 实际尺寸

实际尺寸(actual size)是指通过测量获得的某一孔、轴的尺寸。孔的实际尺寸以 D_a表示，轴的实际尺寸以 d_a 表示。

由于存在测量器具、方式、人员和环境等因素造成的测量误差，所以实际尺寸并非尺寸的真值。通常把测得的任意两相对点之间的尺寸，即一个孔或轴的任意横截面中的任一距离，称为局部实际尺寸(又称实际局部尺寸)。除特别指明，所谓实际尺寸均指局部实际尺寸，即用两点法测得的尺寸。同时，由于工件存在形状误差，测量器具与被测工件接触状态不同，即使是同一表面，不同部位的实际尺寸也不相同。

GB/T 1800.1—2009 中，用“实际组成要素”、“提取组成要素的局部尺寸”代替“实际尺寸”和“局部实际尺寸”等概念。

6. 作用尺寸

在配合面全长上，与实际孔内接的最大理想轴的尺寸称为孔的作用尺寸(function size)，与实际轴外接的最小理想孔的尺寸称为轴的作用尺寸，如图3-3所示。孔的作用尺寸以 D_f 表示，轴的作用尺寸以 d_f 表示。

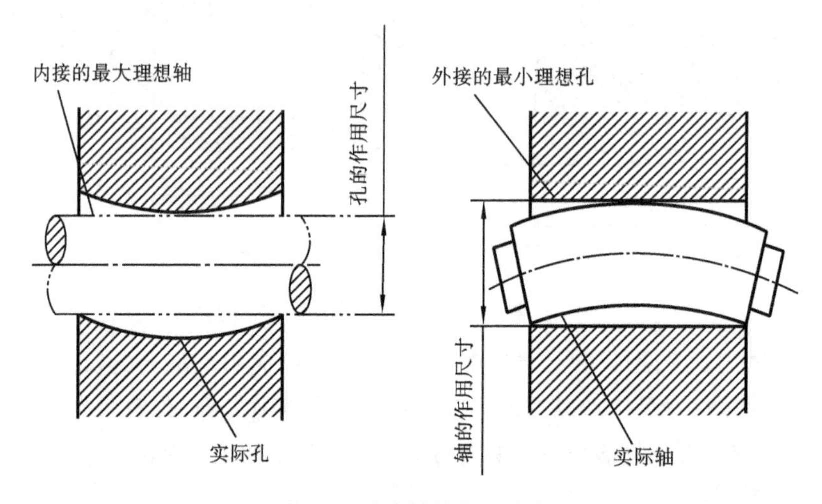

图 3-3　孔或轴的作用尺寸

7. 极限尺寸

极限尺寸(limit of size)是一个孔或轴允许的尺寸变化的极端值。孔或轴允许的最大尺寸称为上极限尺寸；孔或轴允许的最小尺寸称为下极限尺寸。

孔的上、下极限尺寸分别以 D_s 和 D_i 表示；轴的上、下极限尺寸分别以 d_s 和 d_i 表示。实际尺寸应位于其中，也可达到极限尺寸。设计时规定极限尺寸是为了限制工件尺寸的变动，以满足使用要求。在一般情况下，完工零件的尺寸合格条件是任一局部实际尺寸均不得超出上、下极限尺寸，其表示式为

对于孔：$D_s \geqslant D_a \geqslant D_i$

对于轴：$d_s \geqslant d_a \geqslant d_i$

3.2.2　公差与偏差的术语及定义

1. 尺寸偏差

尺寸偏差(deviation，简称偏差)是指某一尺寸减其基本尺寸所得的代数差。实际尺寸减其基本尺寸所得的代数差称为实际偏差；上极限尺寸减其基本尺寸所得的代数差称为上极限偏差；下极限尺寸减其基本尺寸所得的代数差称为下极限偏差。上极限偏差与下极限偏差统称为极限偏差。偏差可以为正、负

或零值。

孔：上极限偏差 $ES=D_s-D$，下极限偏差 $EI=D_i-D$，实际偏差 $E_a=D_a-D$

轴：上极限偏差 $es=d_s-d$，下极限偏差 $ei=d_i-d$，实际偏差 $e_a=d_a-d$

2. 尺寸公差

尺寸公差(size tolerance，简称公差)是指允许尺寸的变动量。公差等于上极限尺寸与下极限尺寸代数差的绝对值，也等于上、下极限偏差之代数差的绝对值。公差取绝对值，不存在负值，也不允许为零。

孔公差：$T_h=D_s-D_i=ES-EI$

轴公差：$T_s=d_s-d_i=es-ei$

3. 公差带图

公差带图(tolerance zone diagram)由零线和公差带组成。由于公差或偏差的数值比基本尺寸的数值小得多，在图中不便用同一比例表示，同时为了简化，在分析有关问题时，不画出孔、轴的结构，只画出放大的孔、轴公差区域和位置，采用这种表达方法的图形称为公差带图。

零线(zero line)是公差带图中确定偏差位置的一条基准直线。通常，零线位置表示基本尺寸，正偏差位于零线上方，负偏差位于零线的下方。

公差带(tolerance zone)是公差带图中，由代表上、下极限偏差的两平行直线所限定的区域。

在国家标准中，公差带图包括了“公差带大小”与“公差带位置”两个参数，前者由标准公差确定，后者由基本偏差确定。

4. 标准公差

标准公差(standard tolerance)是指极限与配合制标准中所规定的(确定公差带大小的)任一公差。

5. 基本偏差

基本偏差(fundamental deviation)是指极限与配合制标准中所规定的确定公差带相对于零线位置的那个极限偏差。它可以是上偏差或下偏差，一般为靠近零线的那个极限偏差。

3.2.3 配合的术语及定义

1. 配合

配合(fit)是指基本尺寸相同的，相互结合的孔和轴公差带之间的关系，如图 3-4 所示。根据孔和轴公差带之间的关系不同，配合分为间隙配合、过盈配合

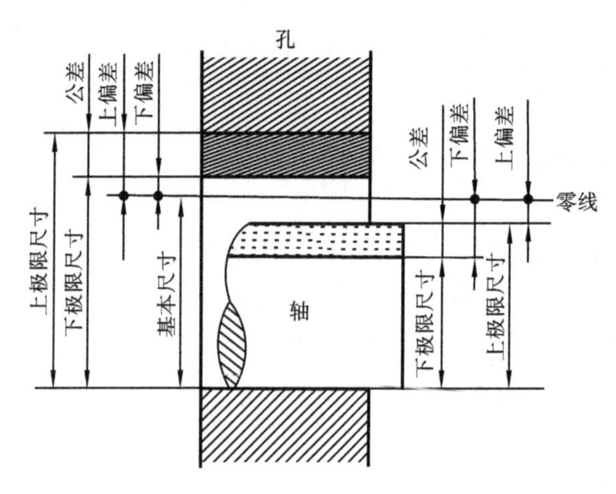

图 3-4　公差与配合示意图

和过渡配合三大类。

2. 间隙或过盈

间隙与过盈(clearance or interference)是指孔的尺寸减去相配合的轴的尺寸所得的代数差。此差值为正时称为间隙,用 X 表示;为负时称为过盈,用 Y 表示。

3. 间隙配合

间隙配合(clearance fit)是指具有间隙(包括最小间隙为零)的配合。此时,孔的公差带在轴的公差带之上,如图 3-5(a)所示。

孔的上极限尺寸减去轴的下极限尺寸所得的差称为最大间隙,用 $X_{\max}$ 表示,即

$$X_{\max}=D_{\mathrm{s}}-d_{\mathrm{i}}=\mathrm{ES}-\mathrm{ei}$$

孔的下极限尺寸减去轴的上极限尺寸所得的差称为最小间隙,用 $X_{\min}$ 表示,即

$$X_{\min}=D_{\mathrm{i}}-d_{\mathrm{s}}=\mathrm{EI}-\mathrm{es}$$

配合公差(或间隙公差)是允许间隙的变动量,等于最大间隙与最小间隙之差,也等于相互配合的孔公差与轴公差之和。配合公差用 T_{f} 表示,即

$$T_{\mathrm{f}}=X_{\max}-X_{\min}=T_{\mathrm{h}}+T_{\mathrm{s}}$$

4. 过盈配合

具有过盈(interference fit)(包括最小过盈等于零的情况)的配合称为过盈配合。此时,孔的公差带在轴的公差带之下(见图 3-5(b))。

孔的下极限尺寸减轴的上极限尺寸所得的差称为最大过盈,用 $Y_{\max}$ 表示,即

$$Y_{max} = D_i - d_s = EI - es$$

孔的上极限尺寸减轴的下极限尺寸所得的差称为最小过盈，用 Y_{min} 表示，即

$$Y_{min} = D_s - d_i = ES - ei$$

配合公差(或过盈公差)是允许过盈的变动量，它等于最小过盈与最大过盈之差的绝对值，也等于相互配合的孔公差与轴公差之和，即

$$T_f = Y_{min} - Y_{max} = T_h + T_s$$

5. 过渡配合

可能具有间隙，也可能具有过盈的配合称为过渡配合(transition fit)。此时，孔的公差带与轴的公差带相互交叠(见图 3-5(c))。

在过渡配合中，其配合的极限情况是最大间隙与最大过盈。

$$X_{max} = D_s - d_i = ES - ei$$

$$Y_{max} = D_i - d_s = EI - es$$

配合公差(variation fit)等于最大间隙与最大过盈之代数差的绝对值，也等于相互配合的孔公差与轴公差之和，即

$$T_f = X_{max} - Y_{max} = T_h + T_s$$

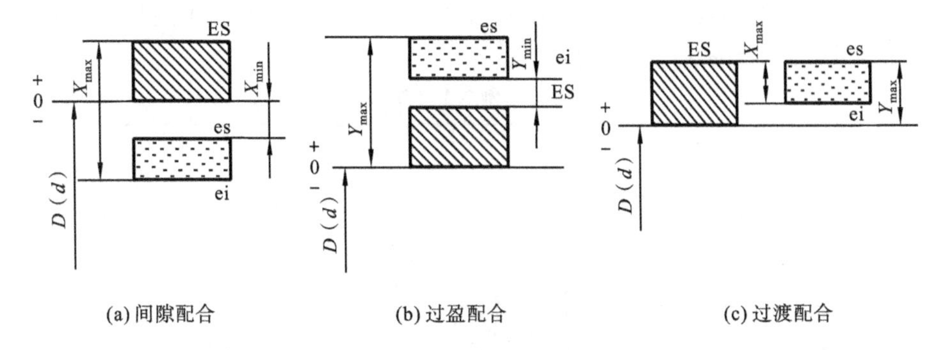

(a) 间隙配合　　(b) 过盈配合　　(c) 过渡配合

图 3-5　三类配合的公差带

6. 配合公差带图

配合公差带图是用来直观地表达配合性质，即配合松紧及其变动情况的图。在配合公差带图中，横坐标为零线，表示间隙或过盈为零；零线上方的纵坐标为正值，代表间隙，零线下方的纵坐标为负值，代表过盈。配合公差带两端的坐标值代表极限间隙或极限过盈，它反映配合的松紧程度；上、下两端间的距离为配合公差，它反映配合的松紧变化程度，如图 3-6 所示。

例 3-1　求下列三对配合孔、轴的基本尺寸、极限尺寸、公差、极限间隙或极限过盈及配合公差，指出各属于何类配合，并画出其尺寸公差带图与配合公差带图。

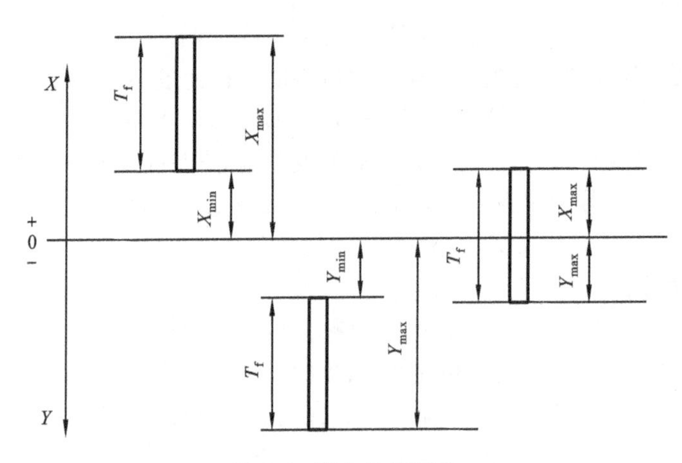

图 3-6　配合公差带图

(1) 孔 $\phi 30^{+0.021}_{0}$ mm 与轴 $\phi 30^{-0.020}_{-0.033}$ mm 相配合。

(2) 孔 $\phi 30^{+0.021}_{0}$ mm 与轴 $\phi 30^{+0.021}_{+0.008}$ mm 相配合。

(3) 孔 $\phi 30^{+0.021}_{0}$ mm 与轴 $\phi 30^{+0.048}_{+0.035}$ mm 相配合。

解　根据题目要求,求得各项参数如表 3-1 所示,尺寸公差带图与配合公差带图分别如图 3-7 和图 3-8 所示。

表 3-1　例 3-1 计算表

求解项目 \ 相配合的孔、轴		(1)		(2)		(3)	
		孔	轴	孔	轴	孔	轴
基本尺寸		30	30	30	30	30	30
极限尺寸	$D_s(d_s)$	30.021	29.980	30.021	30.021	30.021	30.048
	$D_i(d_i)$	30.000	29.967	30.000	30.008	30.000	30.035
极限偏差	ES(es)	+0.021	−0.020	+0.021	+0.021	+0.021	+0.048
	EI(ei)	0	−0.033	0	+0.008	0	+0.035
公差 $T_h(T_s)$		0.021	0.013	0.021	0.013	0.021	0.013
极限间隙或极限过盈	X_{max}	+0.054		+0.013		—	
	X_{min}	+0.020		—		—	
	Y_{max}	—		−0.021		−0.048	
	Y_{min}	—		—		−0.014	
配合公差 T_f		0.034		0.034		0.034	
配合类型		间隙配合		过渡配合		过盈配合	

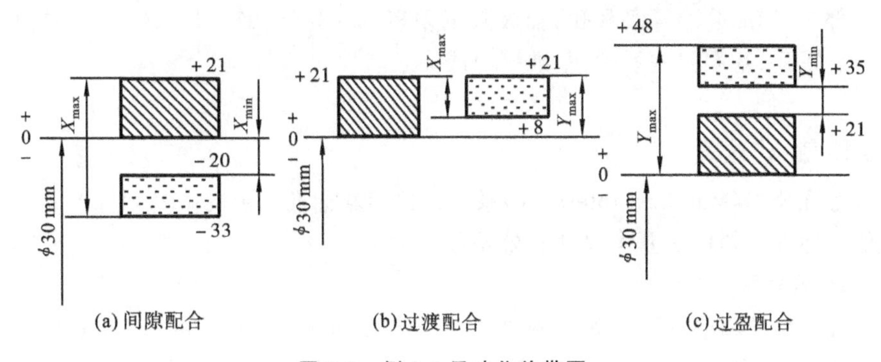

图 3-7 例 3-1 尺寸公差带图

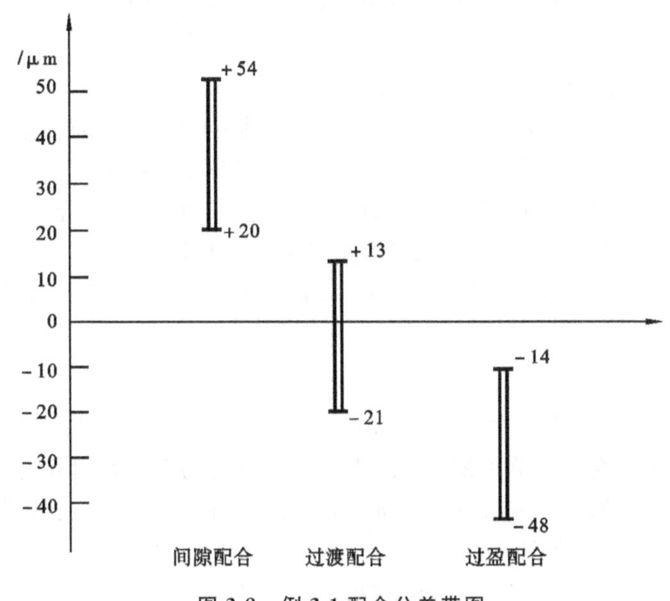

图 3-8 例 3-1 配合公差带图

3.3 极限与配合制

经标准化的公差与偏差制度称为极限制(limit system),它规定了一系列标准的孔、轴公差数值和极限偏差数值。配合制(fit system)则是同一极限的孔和轴组成配合的一种制度。国家标准《产品几何技术规范(GPS) 极限与配合

第2部分:标准公差等级和孔、轴极限偏差表》(GB/T 1800.1—2009)主要由标准公差系列、基本偏差系列、基准制组成。

3.3.1 标准公差

标准公差(standard tolerance)系列是按国家标准制定的一系列标准的公差数值。标准公差值由基本尺寸和公差等级确定。

1. 公差等级

确定尺寸精确程度的等级称为公差等级(tolerance grades)。各级标准公差用代号IT及数字表示,国家标准将标准公差分为20级,从IT01～IT18等级依次降低。IT(ISO Tolerance的缩写)表示国际公差,如IT7称为标准公差7级。

2. 公差单位

公差单位(tolerance factor,也称公差因子)是随基本尺寸的变化而变化,用来计算标准公差的一个基本单位。在相同加工条件下,基本尺寸不同的孔或轴加工后产生的加工误差也不同,并呈现一定的规律。由于公差是用来控制误差的,所以公差与基本尺寸之间的关系也应符合以上规律。

大量统计发现,当基本尺寸≤500 mm时,加工误差与基本尺寸呈立方抛物线的关系,公差单位i(单位μm)的计算式为

$$i = 0.45\sqrt[3]{D} + 0.001D$$

式中,D(mm)为基本尺寸的计算值。第一项主要反映加工误差,第二项主要用于补偿测量时温度不稳定和偏离标准温度以及量规的变形等引起的测量误差。

当基本尺寸为500～3 150 mm时,加工误差与基本尺寸接近线性关系,公差单位I(单位μm)的计算式为

$$I = 0.004D + 2.1$$

3. 公差等级系数α

在基本尺寸一定的情况下,α的大小反映了加工方法的难易程度,也是决定标准公差(IT=αi)大小的唯一参数,成为从IT5～IT18各级标准公差包含的公差因子数。为了使公差值标准化,公差等级系数α选取优先数系R5系列,即$q^5=\sqrt[5]{10}\approx1.6$,如从IT6～IT18,每隔5项增大10倍。对于基本尺寸≤500 mm的更高等级IT01,IT0,IT1,主要考虑测量误差,其公差计算用线性关系式表示,而IT2～IT4的公差值大致在IT1～IT5的公差值之间,按几何级数分布。基本尺寸≤500 mm标准公差的计算式如表3-2所示。对于基本尺寸在500～3 150 mm之间的尺寸范围,国家标准也规定了20个等级,标准公差的计算式如表3-3所示。

表 3-2 基本尺寸≤500 mm 的标准公差的计算式

公差等级	公差值	公差等级	公差值	公差等级	公差值
IT01	$0.3+0.008D$	IT5	$7i$	IT12	$160i$
IT0	$0.5+0.012D$	IT6	$10i$	IT13	$250i$
IT1	$0.8+0.020D$	IT7	$16i$	IT14	$400i$
IT2	$IT1\left(\frac{IT5}{IT1}\right)^{1/4}$	IT8	$25i$	IT15	$640i$
		IT9	$40i$	IT16	$1000i$
IT3	$IT1\left(\frac{IT5}{IT1}\right)^{1/2}$	IT10	$64i$	IT17	$1600i$
IT4	$IT1\left(\frac{IT5}{IT1}\right)^{3/4}$	IT11	$100i$	IT18	$2500i$

表 3-3 基本尺寸在 500～3 150 mm 之间的标准公差的计算式

公差等级	公差值	公差等级	公差值	公差等级	公差值
IT01	$1I$	IT5	$7I$	IT12	$160I$
IT0	$\sqrt{2}I$	IT6	$10I$	IT13	$250I$
IT1	$2I$	IT7	$16I$	IT14	$400I$
IT2	$IT1\left(\frac{IT5}{IT1}\right)^{1/4}$	IT8	$25I$	IT15	$640I$
		IT9	$40I$	IT16	$1\ 000I$
IT3	$IT1\left(\frac{IT5}{IT1}\right)^{1/2}$	IT10	$64I$	IT17	$1\ 600I$
IT4	$IT1\left(\frac{IT5}{IT1}\right)^{3/4}$	IT11	$100I$	IT18	$2\ 500I$

4. 尺寸分段

由于公差单位是基本尺寸的函数，按标准公差计算式计算标准公差值时，如果每一个基本尺寸都要计算出一个公差值，将会使编制的标准公差表格非常庞大。为简化公差表格，标准规定对基本尺寸进行分段，使得同一公差等级、同一尺寸分段内各基本尺寸的标准公差值是相同的，每个尺寸分段内的基本尺寸D，统一按照首尾两尺寸 D_1、D_2的几何平均值代入计算，即 $D=\sqrt{D_1D_2}$。

例 3-2 基本尺寸为 $\phi 20$ mm，求 IT7 与 IT8 公差值。

解 $\phi 20$ mm 属于 18～30 mm 尺寸段。

直径 $D=\sqrt{18\times 30}$ mm≈23.24 mm

公差单位

$$i = 0.45\sqrt[3]{D} + 0.001D$$

$$= 0.45\sqrt[3]{23.24} + 0.001 \times 23.24\ \mu\text{m} \approx 1.31\ \mu\text{m}$$

标准公差　　　　$IT7 = 16i = 16 \times 1.31\ \mu\text{m} \approx 21\ \mu\text{m}$

$IT8 = 25i = 25 \times 1.31\ \mu\text{m} \approx 33\ \mu\text{m}$

根据以上方法分别计算出各尺寸段各级标准公差值，构成标准公差数值表(见表 3-4)。

表 3-4　标准公差数值

基本尺寸 /mm	公差等级																			
	IT01	IT0	IT1	IT2	IT3	IT4	IT5	IT6	IT7	IT8	IT9	IT10	IT11	IT12	IT13	IT14	IT15	IT16	IT17	IT18
	/μm														/mm					
≤3	0.3	0.5	0.8	1.2	2	3	4	6	10	14	25	40	60	100	0.14	0.25	0.40	0.60	1.0	1.4
>3~6	0.4	0.6	1	1.5	2.5	4	5	8	12	18	30	48	75	120	0.18	0.30	0.48	0.75	1.2	1.8
>6~10	0.4	0.6	1	1.5	2.5	4	6	9	15	22	36	58	90	150	0.22	0.36	0.58	0.90	1.5	2.2
>10~18	0.5	0.8	1.2	2	3	5	8	11	18	27	43	70	110	180	0.27	0.43	0.70	1.10	1.8	2.7
>18~30	0.6	1	1.5	2.5	4	6	9	13	21	33	52	84	130	210	0.33	0.52	0.84	1.30	2.1	3.3
>30~50	0.6	1	1.5	2.5	4	7	11	16	25	39	62	100	160	250	0.39	0.62	1.00	1.60	2.5	3.9
>50~80	0.8	1.2	2	3	5	8	13	19	30	46	74	120	190	300	0.46	0.74	1.20	1.90	3.0	4.6
>80~120	1	1.5	2.5	4	6	10	15	22	35	54	87	140	220	350	0.54	0.87	1.40	2.20	3.5	5.4
>120~180	1.2	2	3.5	5	8	12	18	25	40	63	100	160	250	400	0.63	1.00	1.60	2.50	4.0	6.3
>180~250	2	3	4.5	7	10	14	20	29	46	72	115	185	290	460	0.72	1.15	1.85	2.90	4.6	7.2
>250~315	2.5	4	6	8	12	16	23	32	52	81	130	210	320	520	0.81	1.30	2.10	3.20	5.2	8.1
>315~400	3	5	7	9	13	18	25	36	57	89	140	230	360	570	0.89	1.40	2.30	3.60	5.7	8.9
>400~500	4	6	8	10	15	20	27	40	63	97	155	250	400	630	0.97	1.55	2.50	4.00	6.3	9.7
>500~630	4.5	6	9	11	16	22	32	44	70	110	175	280	440	700	1.10	1.75	2.8	4.4	7.0	11.0
>630~800	5	7	10	13	18	25	36	50	80	125	200	320	500	800	1.25	2.0	3.2	5.0	8.0	12.5
>800~1000	5.5	8	11	15	21	29	40	56	90	140	230	360	560	900	1.40	2.3	3.6	5.6	9.0	14.0
>1000~1250	6.5	9	13	18	24	33	47	66	105	165	260	420	660	1050	1.65	2.6	4.2	6.6	10.5	16.5
>1250~1600	8	11	15	21	29	39	55	78	125	195	310	500	780	1250	1.95	3.1	5.0	7.8	12.5	19.5
>1600~2000	9	13	18	25	35	46	65	92	150	230	370	600	920	1500	2.30	3.7	6.0	9.2	15.0	23.0

续表

基本尺寸/mm	公差等级																		
	IT01	IT0	IT1	IT2	IT3	IT4	IT5	IT6	IT7	IT8	IT9	IT10	IT11	IT12	IT13	IT14	IT15	IT16	IT17	IT18
	/μm														/mm					
>2000~2500	11	15	22	30	41	55	78	110	175	280	440	700	1100	1750	2.80	4.4	7.0	11.0	17.5	28.0
>2500~3150	13	18	26	36	50	68	96	135	210	330	540	860	1350	2100	3.30	5.4	8.6	13.5	21.0	33.0
>3150~4000	16	23	33	45	60	84	115	165	260	410	660	1050	1650	2600	4.10	6.6	10.5	16.5	26.0	41.0
>4000~5000	20	28	40	55	74	100	140	200	320	500	800	1300	2000	3200	5.00	8.0	13.0	20.0	32.0	50.0
>5000~6300	25	35	49	67	92	125	170	250	400	620	980	1550	2500	4000	6.20	9.8	15.5	25.0	40.0	62.0
>6300~8000	31	43	62	84	115	155	215	310	490	760	1200	1950	3100	4900	7.60	12.0	19.5	31.0	49.0	76.0
>8000~10000	33	53	76	105	140	195	270	380	600	940	1500	2400	3800	6000	9.40	15.0	24.0	38.0	60.0	94.0

注：基本尺寸≤1 mm时，无IT4~IT18。

3.3.2 基本偏差

基本偏差(fundamental deviation)是用来确定公差带相对于零线的位置的，不同的公差带位置与基准件将形成不同的配合。基本偏差的数量将决定配合种类的数量。为了满足各种不同松紧程度的配合需要，国家标准对孔和轴分别规定了28种基本偏差。

1. 基本偏差代号及其规律

基本偏差系列如图3-9所示。基本偏差的代号用拉丁字母表示，大写字母代表孔，小写字母代表轴。在26个字母中，除去易与其他含义混淆的I(i)、L(l)、O(o)、Q(q)、W(w)5个字母外，采用了21个单写字母和7个双字母CD(cd)、EF(ef)、FG(fg)、JS(js)、ZA(za)、ZB(zb)、ZC(zc)。

图3-9中，轴a~h的基本偏差是es，孔A~H的基本偏差是EI，它们的绝对值依次减小，其中h和H的基本偏差为零。

轴js和孔JS的公差带相对于零线对称分布，故基本偏差可以是上偏差，也可以是下偏差，其值为标准公差的一半(即±IT/2)。

轴j~zc基本偏差是ei，孔J~ZC基本偏差是ES，其绝对值依次增大。

孔和轴的基本偏差原则上不随公差等级变化，只有极少数基本偏差(如j、js、k等)例外。图3-9中各公差带只画出了由基本偏差决定的一端，另一端取决于基本偏差与标准公差值的组合。

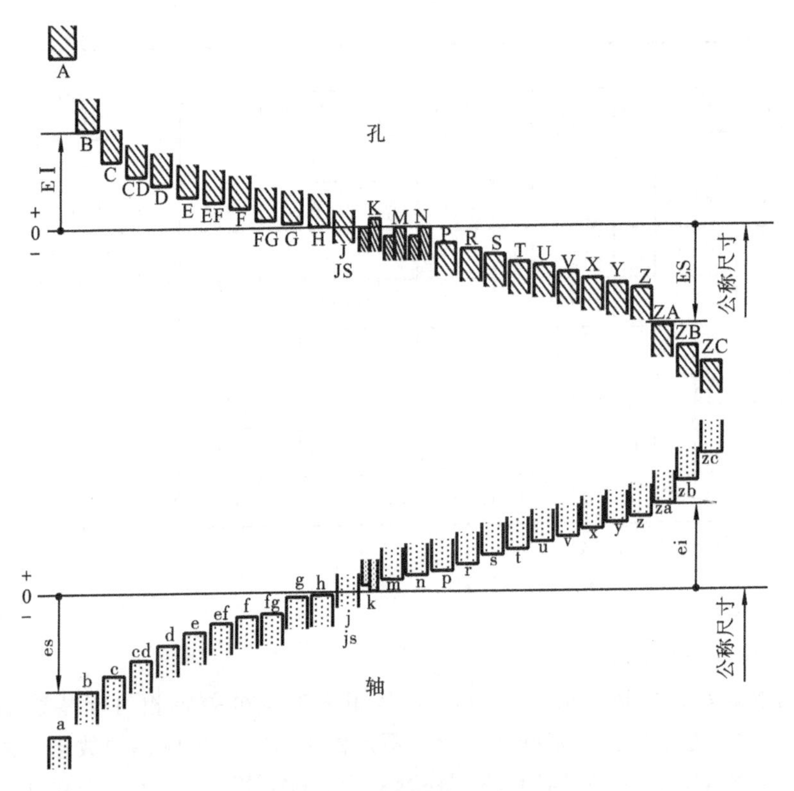

图 3-9 基本偏差系列

2. 公差带代号与配合代号

孔、轴公差带代号用基本偏差代号与公差等级代号组成，如 H7、F8 等为孔的公差带代号，h6、f7 等为轴的公差带代号。零件图上表示方法是：

孔 $\phi50H8$，$\phi50^{+0.039}_{0}$，$\phi50H8(^{+0.039}_{0})$

轴 $\phi50f7$，$\phi50^{-0.025}_{-0.050}$，$\phi50f7(^{-0.025}_{-0.050})$

配合代号用孔、轴公差带的组合表示，分子为孔，分母为轴。例如：H8/f7 或$\frac{H8}{f7}$，表示方法为 $\phi50H8/f7$ 或 $\phi50\,\frac{H8}{f7}$。

3. 轴的基本偏差

轴的基本偏差是以基孔制为基础，根据配合要求，依据生产实践和大量试验的统计分析结果，整理出一系列公式而计算出来的。计算公式如表 3-5 所示。

为了方便使用，将各尺寸段的基本偏差按表 3-5 计算公式进行计算，并按一定规则圆整尾数，列成轴的基本偏差数值表格(见表 3-6)。

表 3-5 基本尺寸≤500 mm 轴的基本偏差公式(摘自 GB/T 1800.1—2009)

基本偏差代号	适用范围	基本偏差为上极限偏差 es/μm	基本偏差代号	适用范围	基本偏差为上极限偏差 ei/μm
a	$D\leqslant 120$ mm	$-(265+1.3D)$	j	IT5～IT8	没有公式
	$D>120$ mm	$-3.5D$	k	≤IT3	0
b	$D\leqslant 160$ mm	$-(140+0.85D)$		IT4～IT7	$+0.6\sqrt[3]{D}$
	$D>160$ mm	$-1.8D$		≥IT8	0
c	$D\leqslant 40$ mm	$-52D^{0.2}$	m	—	+(IT7～IT6)
	$D>40$ mm	$-(95+0.8D)$	n	—	$+5D^{0.34}$
cd	$D\leqslant 10$ mm	$-\sqrt{c\cdot d}$	p	—	+IT7+(0～5)
d	—	$-16D^{0.44}$	r	—	$+\sqrt{p\cdot s}$
e	—	$-11D^{0.41}$	s	$D\leqslant 50$ mm	+IT8+(1～4)
ef	$D\leqslant 10$ mm	$-\sqrt{e\cdot f}$		$D>50$ mm	+IT7+0.4D
f	—	$-5.5D^{0.41}$	t	$D>24$ mm	+IT7+0.63D
fg	$D\leqslant 10$ mm	$-\sqrt{f\cdot g}$	u	—	+IT7+D
g	—	$-2.5D^{0.34}$	v	$D>14$ mm	+IT7+1.25D
h	—	0	x	—	+IT7+1.6D
—	—	—	y	$D>18$ mm	+IT7+2D
—	—	—	z	—	+IT7+2.5D
—	—	—	za	—	+IT8+3.15D
—	—	—	zb	—	+IT9+4D
—	—	—	zc	—	+IT10+5D

$$js=\pm\frac{IT}{2}$$

注:①D 为基本尺寸的分段计算值(mm);

②除 j 和 js 外,表中所列公式与公差等级无关。

表 3-6　基本尺寸小于 500 mm 轴的基本偏差数值(GB/T 1800.1—2009)　(μm)

基本偏差代号		上偏差 es											js②	下偏差 ei																		
		a①	b①	c	cd	d	e	ef	f	fg	g	h		j			k		m	n	p	r	s	t	u	v	x	y	z	za	zb	zc
基本尺寸/mm		所有的级												5级与6级	7级	8级	4至7级	≤3 >7	所有的级													
大于	至																															
—	3	−270	−140	−60	−34	−20	−14	−10	−6	−4	−2	0	偏差=±IT/2	−2	−4	−6	0	0	+2	+4	+6	+10	+14	—	+18	—	+20	—	+26	+32	+40	+60
3	6	−270	−140	−70	−46	−30	−20	−14	−10	−6	−4	0		−2	−4	—	+1	0	+4	+8	+12	+15	+19	—	+23	—	+28	—	+35	+42	+50	+80
6	10	−280	−150	−80	−56	−40	−25	−18	−13	−8	−5	0		−2	−5	—	+1	0	+6	+10	+15	+19	+23	—	+28	—	+34	—	+42	+52	+67	+97
10	14	−290	−150	−95	—	−50	−32	—	−16	—	−6	0		−3	−6	—	+1	0	+7	+12	+18	+23	+28	—	+33	—	+40	—	+50	+64	+90	+130
14	18																									+39	+45	—	+60	+77	+108	+150
18	24	−300	−160	−110	—	−65	−40	—	−20	—	−7	0		−4	−8	—	+2	0	+8	+15	+22	+28	+35	—	+41	+47	+54	+63	+73	+98	+136	+188
24	30																							+41	+48	+55	+64	+75	+88	+118	160	+218
30	40	−310	−170	−120	—	−80	−50	—	−25	—	−9	0		−5	−10	—	+2	0	+9	+17	+26	+34	+43	+48	+60	+68	+80	+94	+112	+148	+200	+274
40	50	−320	−180	−130																				+54	+70	+81	+97	+114	+136	+180	+242	+325
50	65	−340	−190	−140	—	−100	−60	—	−30	—	−10	0		−7	−12	—	+2	0	+11	+20	+32	+41	+53	+66	+87	+102	+122	+144	+172	+226	+300	+405
65	80	−360	−200	−150																		+43	+59	+75	+102	+120	+146	+174	+210	+274	+360	+480
80	100	−380	−220	−170	—	−120	−72	—	−36	—	−12	0		−9	−15	—	+3	0	+13	+23	+37	+51	+71	+91	+124	+146	+178	+214	+258	+335	+445	+585
100	120	−410	−240	−180																		+54	+79	+104	+144	+172	+210	+254	+310	+400	+525	+690
120	140	−460	−260	−200	—	−145	−85	—	−43	—	−14	0		−11	−18	—	+3	0	+15	+27	+43	+63	+92	+122	+170	+202	+248	+300	+365	+470	+620	+800
140	160	−520	−280	−210																		+65	+100	+134	+190	+228	+280	+340	+415	+535	+700	+900
160	180	−580	−310	−230																		+68	+108	+146	+210	+252	+310	+380	+465	+600	+780	+1000
180	200	−660	−340	−240	—	−170	−100	—	−50	—	−15	0		−13	−21	—	+4	0	+17	+31	+50	+77	+122	+166	+236	+284	+350	+425	+520	+670	+880	+1150
200	225	−740	−380	−260																		+80	+130	+180	+258	+310	+385	+470	+575	+740	+960	+1250
225	250	−820	−420	−280																		+84	+140	+196	+284	+340	+425	+520	+640	+820	+1050	+1350
250	280	−920	−480	−300	—	−190	−110	—	−56	—	−17	0		−16	−26	—	+4	0	+20	+34	+56	+94	+158	+218	+315	+385	+475	+580	+710	+920	+1200	+1500
280	315	−1050	−540	−330																		+98	+170	+240	+350	+425	+525	+650	+490	+1000	+1300	+1700
315	355	−1200	−600	−360	—	−210	−125	—	−62	—	−18	0		−18	−28	—	+4	0	+21	+37	+62	+108	+190	+268	+390	+475	+590	+730	+900	+1150	+1500	+1900
355	400	−1350	−680	−400																		+114	+208	+294	+435	+530	+660	+820	+1000	+1300	+1650	+2100
400	450	−1500	−760	−440	—	−230	−135	—	−68	—	−20	0		−20	−32	—	+5	0	+23	+40	+68	+126	+232	+330	+490	+595	+740	+920	+1100	+1450	+1850	+2400
450	500	−1650	−840	−480																		+132	+252	+360	+540	+660	+820	+1000	+1250	+1600	+2100	+2600

注:①基本尺寸≤1 mm 时,基本偏差 a 和 b 均不采用;
②js 的数值,在 7～11 级时,如果以微米表示的 IT 数值是一个奇数,则取 js=±(IT−1)/2。

4. 孔的基本偏差

基本尺寸≤500 mm时，孔的28种基本偏差，除JS与js相同，其极限偏差为±IT/2以外，其余基本偏差的数值都是由相应代号的轴的基本偏差的数值按照一定的规则换算得到的(见表3-7)。

一般同一字母的孔的基本偏差与轴的基本偏差相对于零线是完全对称的，即孔与轴的基本偏差对应(例如A对应a)时，两者的基本偏差的绝对值相等，而符号相反，即

$$EI = -es \quad 或 \quad ES = -ei$$

该规则适用于所有的基本偏差，称为通用规则，但以下情况例外。

(1) 基本尺寸段为3～500 mm，标准公差等级大于IT8的孔的基本偏差N，其数值(ES)等于零。

(2) 在基本尺寸段为3～500 mm的基孔制或基轴制中，给定某一公差等级的孔要与更精一级的轴相配(例如H7/p6和P7/h6)，并要求具有同等的间隙或过盈。此时，计算的孔的基本偏差应附加一个Δ值，称为特殊规则，即

$$ES = -ei + \Delta$$

式中：Δ是基本尺寸段内给定的某一标准公差等级IT_n与更精一级的标准公差等级$IT_{(n-1)}$的差值。例如：对于基本尺寸段为18～30 mm的P7，有

$$\Delta = IT_n - IT_{n-1} = IT_7 - IT_6 = (21 - 13)\ \mu m = 8\ \mu m$$

注意：特殊规则仅适用于基本尺寸>3 mm、标准公差等级≤IT8的孔的基本偏差K、M、N和标准公差等级≤IT7的基本偏差P至ZC。

孔的基本偏差，一般是最靠近零线的那个极限偏差，即A至H为孔的下偏差(EI)，K至ZC为孔的上偏差(ES)(见表3-7)。

除J和JS以外，基本偏差的数值与选用标准公差等级无关。

例3-3 查表确定ϕ20H7/k6和ϕ20K7/h6两配合的孔、轴极限偏差，画出尺寸公差带图，并进行比较。

解 查表3-4，基本尺寸20 mm在尺寸段>18～30 mm内，IT6=13 μm，IT7=21 μm。

计算H7的极限偏差

$$EI = 0, \quad ES = EI + IT7 = (0 + 21)\ \mu m = +21\ \mu m$$

计算k6的极限偏差，查表3-6得

$$ei = +2\ \mu m, \quad es = ei + IT6 = (2 + 13)\ \mu m = 15\ \mu m$$

间隙或过盈计算：

$$X_{max} = ES - ei = (21 - 2)\ \mu m = 19\ \mu m$$

$$Y_{max} = EI - es = (0 - 15)\ \mu m = -15\ \mu m$$

ϕ20H7/k6的尺寸公差带如图3-10所示。

表 3-7　基本尺寸小于 500 mm 的孔的基本偏差数值(GB/T 1800.1—2009)　(μm)

基本偏差		下偏差 EI											JS	J			K		M		N		P~ZC
		A	B	C	CD	D	E	EF	F	FG	G	H		J			K		M		N		P~ZC
基本尺寸/mm		公差等级																					
大于	至	所有的级												6	7	8	≤8	>8	≤8	>8	≤8	>8	≤7
—	3	+270	+140	+60	+34	+20	+14	+10	+6	+4	+2	0	偏差=±IT/2	+2	+4	+6	0	0	−2	−2	−4	−4	在>7级的相应数值上增加一个Δ值
3	6	+270	+140	+70	+46	+30	+20	+14	+10	+6	+4	0		+5	+6	+10	−1+Δ	—	−4+Δ	−4	−8+Δ	0	
6	10	+280	+150	+80	+56	+40	+25	+18	+13	+8	+5	0		+5	+8	+12	−1+Δ	—	−6+Δ	−6	−10+Δ	0	
10	14	+290	+150	+95	—	+50	+32	—	+16	—	+6	0		+6	+10	+15	−1+Δ	—	−7+Δ	−7	−12+Δ	0	
14	18																						
18	24	+300	+160	+110	—	+65	+40	—	+20	—	+7	0		+8	+12	+20	−2+Δ	—	−8+Δ	−8	−15+Δ	0	
24	30																						
30	40	+310	+170	+120	—	+80	+50	—	+25	—	+9	0		+10	+14	+24	−2+Δ	—	−9+Δ	−9	−17+Δ	0	
40	50	+320	+180	+130																			
50	65	+340	+190	+140	—	+100	+60	—	+30	—	+10	0		+13	+18	+28	−2+Δ	—	−11+Δ	−11	−20+Δ	0	
65	80	+360	+200	+150																			
80	100	+380	+220	+170	—	+120	+72	—	+36	—	+12	0		+16	+22	+34	−3+Δ	—	−13+Δ	−13	−23+Δ	0	
100	120	+410	+240	+180																			
120	140	+460	+260	+200	—	+145	+85	—	+43	—	+14	0		+18	+26	+41	−3+Δ	—	−15+Δ	−15	−27+Δ	0	
140	160	+520	+280	+210																			
160	180	+580	+310	+230																			
180	200	+660	+340	+240	—	+170	+100	—	+50	—	+15	0		+22	+30	+47	−4+Δ	—	−17+Δ	−17	−31+Δ	0	
200	225	+740	+380	+260																			
225	250	+820	+420	+280																			
250	280	+920	+480	+300	—	+190	+110	—	+56	—	+17	0		+25	+36	+55	−4+Δ	—	−20+Δ	−20	−34+Δ	0	
280	315	+1050	+540	+330																			
315	355	+1200	+600	+360	—	+210	+125	—	+62	—	+18	0		+29	+39	+60	−4+Δ	—	−21+Δ	−21	−37+Δ	0	
355	400	+1350	+680	+400																			
400	450	+1500	+760	+440	—	+230	+135	—	+68	—	+20	0		+33	+43	+66	−5+Δ	—	−23+Δ	−23	−40+Δ	0	
450	500	+1650	+840	+480																			

基本偏差		上偏差 ES												Δ/μm					
		P	R	S	T	U	V	X	Y	Z	ZA	ZB	ZC						
基本尺寸/mm		公差等级																	
大于	至	>7												3	4	5	6	7	8
—	3	−6	−10	−14	—	−18	—	−20	—	−26	−32	−40	−60	0					
3	6	−12	−15	−19	—	−23	—	−28	—	−35	−42	−50	−80	1	1.5	1	3	4	6
6	10	−15	−19	−23	—	−28	—	−34	—	−42	−52	−67	−97	1	1.5	2	3	6	7
10	14	−18	−23	−28	—	−33	—	−40	—	−50	−64	−90	−130	1	2	3	3	7	9
14	18						−39	−45	—	−60	−77	−108	−150						
18	24	−22	−28	−35	—	−41	−47	−54	−63	−73	−98	−136	−188	1.5	2	3	4	8	12
24	30				−41	−48	−55	−64	−75	−88	−118	−160	−218						
30	40	−26	−34	−43	−48	−60	−68	−80	−94	−112	−148	−200	−274	1.5	3	4	5	9	14
40	50				−54	−70	−81	−97	−114	−136	−180	−242	−325						
50	65	−32	−41	−53	−66	−87	−102	−122	−144	−172	−226	−300	−405	2	3	5	6	11	16
65	80		−43	−59	−75	−102	−120	−146	−174	−210	−274	−360	−480						
80	100	−37	−51	−71	−91	−124	−146	−178	−214	−258	−335	−445	−585	2	4	5	7	13	19
100	120		−54	−79	−104	−144	−172	−210	−254	−310	−400	−525	−690						
120	140	−43	−63	−92	−122	−170	−202	−248	−300	−365	−470	−620	−800	3	4	6	7	15	23
140	160		−65	−100	−134	−190	−228	−280	−340	−415	−535	−700	−900						
160	180		−68	−108	−146	−210	−252	−310	−380	−465	−600	−780	−1000						
180	200	−50	−77	−122	−166	−236	−284	−350	−425	−520	−670	−880	−1150	3	4	6	9	17	26
200	225		−80	−130	−180	−258	−310	−385	−470	−575	−740	−960	−1250						
225	250		−84	−140	−196	−284	−340	−425	−520	−640	−820	−1050	−1350						
250	280	−56	−94	−158	−218	−315	−385	−475	−580	−710	−920	−1200	−1550	4	4	7	9	20	29
280	315		−98	−170	−240	−350	−425	−525	−650	−790	−1000	−1300	−1700						
315	355	−62	−108	−190	−268	−390	−475	−590	−730	−900	−1150	−1500	−1900	4	5	7	11	21	32
355	400		−114	−208	−294	−435	−530	−660	−820	−1000	−1300	−1650	−2100						
400	450	−68	−126	−232	−330	−490	−595	−740	−920	−1100	−1450	−1850	−2400	5	5	7	13	23	34
450	500		−132	−252	−360	−540	−600	−820	−1000	−1250	−1600	−2100	−2600						

注：①1 mm 以下，各级的 A 和 B 以及大于 8 级的均不采用；
②JS 的数值，在 7～11 级时，如果以微米表示的 IT 数值是奇数，则取 JS=±(IT−1)/2；
③标准公差≤IT8 级的 K、M、N 及≤IT7 级的 P 到 ZC 时，从续表的右侧选取 Δ 值(例：大于 18～30 mm 的 P7，Δ=8，因此 ES=−14)；
④特殊情况，当基本尺寸大于 250～315 mm 时，M6 的 ES=−9(不等于−11)。

计算 K7 的极限偏差，查表 3-6 得

$$ES = -2 + \Delta, \quad \Delta = IT7 - IT6 = (21 - 13)\ \mu m = 8\ \mu m$$

$$ES = (-2 + 8)\ \mu m = +6\ \mu m, \quad EI = ES - IT7 = (6 - 21)\ \mu m = -15\ \mu m$$

计算 h6 的极限偏差

$$es = 0\ \mu m, \quad ei = es - IT6 = (0 - 13)\ \mu m = -13\ \mu m$$

间隙或过盈计算

$$X_{max} = ES - ei = [6 - (-13)]\ \mu m = 19\ \mu m$$

$$Y_{max} = EI - es = (-15 - 0)\ \mu m = -15\ \mu m$$

ϕ20K7/h6 的尺寸公差带图如图 3-10 所示。

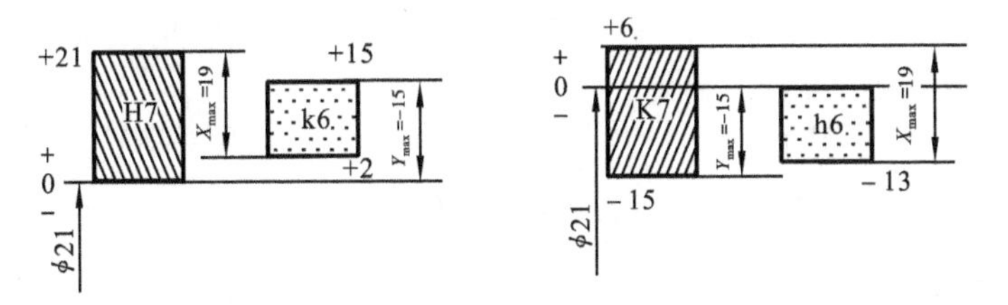

图 3-10　ϕ20H7/k6 和 ϕ20K7/h6 尺寸公差带图

根据以上查表计算结果，ϕ20H7/k6 和 ϕ20K7/h6 具有相同的间隙和过盈，即相同的配合性质。这是由于标准规定孔的基本偏差是按照它与高一级的轴(IT6)相配时，要求基轴制配合与相应的基孔制配合的配合性质相同，由相应代号的轴的基本偏差(k)换算得来的($ES = -ei + \Delta$)，而本例中 ϕ20H7/k6 和 ϕ20K7/h6两配合的孔、轴的公差等级关系正好满足这种条件(轴比孔高一级)。

3.3.3　基准制

为了以尽可能少的标准公差带形成最多种的配合，国家标准中规定了基准制。所谓基准制是指以两个相配合的零件中的一个零件为基准件，并确定其公差带位置，而改变另一个零件(非基准件)的公差带位置，从而形成各种配合的一种制度。基准制包括基孔制和基轴制。

1. 基孔制

基孔制(hole-basis system of fits)是指基本偏差为一定的孔的公差带，与不同基本偏差的轴的公差带形成各种配合的一种制度，如图 3-11(a)所示。

在基孔制中，孔是基准件，称为基准孔；轴是非基准件，称为配合轴。同时规定，基准孔的基本偏差是下偏差，且等于零，EI=0，并以基本偏差代号 H 表示，应优先选用。

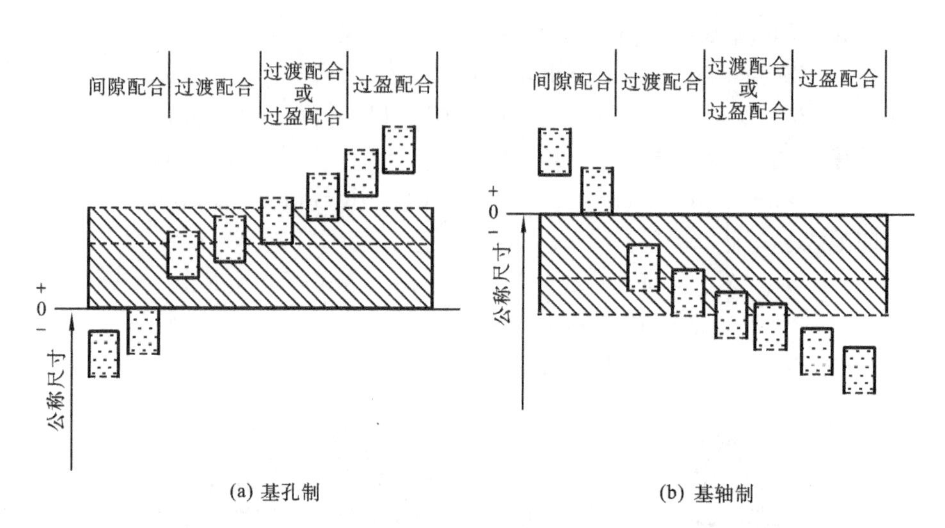

(a) 基孔制　　(b) 基轴制

图 3-11　基准制

2. 基轴制

基轴制(shaft-basis system of fits)是指基本偏差为一定的轴的公差带,与不同基本偏差的孔的公差带形成各种配合的一种制度,如图 3-11(b)所示。

在基轴制中,轴是基准件,称为基准轴;孔是非基准件,称为配合孔。同时规定,基准轴的基本偏差是上偏差,且等于零,es=0,并以基本偏差代号 h 表示。

3.3.4 公差带与配合的标准化

1. 优先、常用和一般用途公差带

原则上 GB/T 1801—2009 允许任一孔、轴组成配合,但同时应用所有可能的公差带显然是不经济的。为了简化标准和使用方便,根据实际需要规定了优先、常用和一般用途的孔、轴公差带,以利于生产和减少刀具、量具的规格、数量,便于技术工作。

图 3-12、图 3-13 分别为基本尺寸≤500 mm 的轴、孔优先、常用和一般用途公差带。图中,圆圈表示优先公差带,方框表示常用公差带,轴的优先公差带有 13 种,常用公差带有 59 种,一般用途公差带有 116 种;孔的优先公差带有 13 种,常用公差带有 43 种,一般用途公差带有 105 种。

2. 优先和常用配合

列出在 GB/T 1801—2009 推荐的基本尺寸≤500 mm 范围内,对基孔制规定的 13 种优先配合和 59 种常用配合(见表 3-8),对基轴制规定的 13 种优先配合和 47 种常用配合(见表 3-9),以供选择使用。

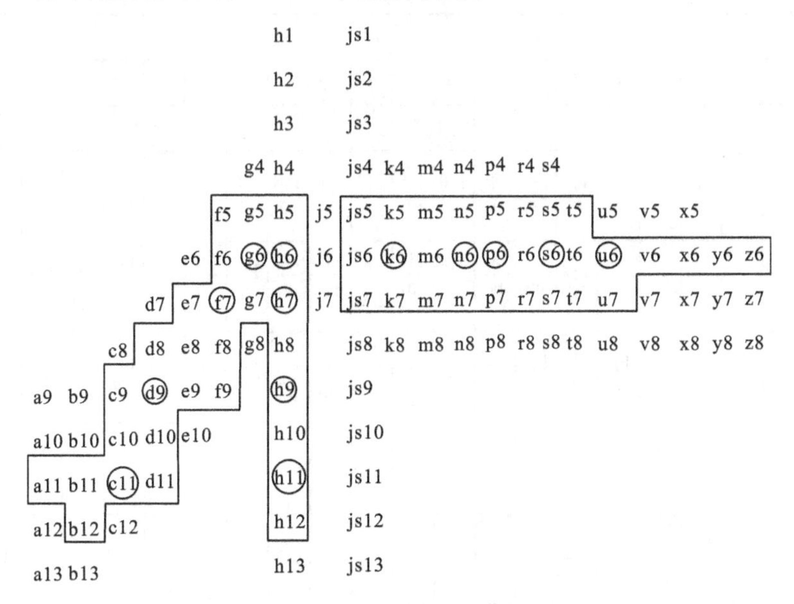

图 3-12　公称尺寸≤500 mm 的轴优先、常用和一般用途公差带(GB/T 1801—2009)

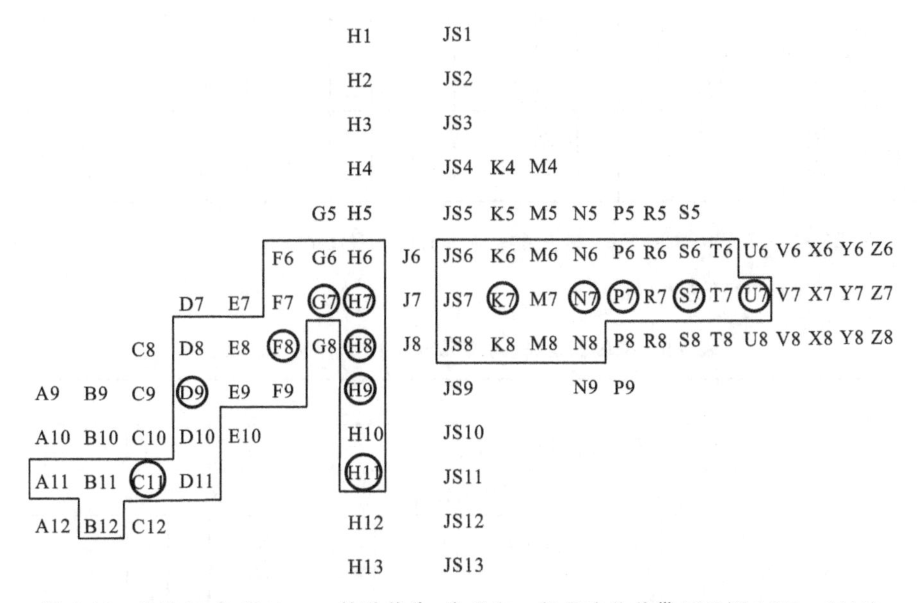

图 3-13　公称尺寸≤500 mm 的孔优先、常用和一般用途公差带(GB/T 1801—2009)

表 3-8　基孔制优先、常用配合(GB/T 1801—2009)

基准孔	轴																				
	a	b	c	d	e	f	g	h	js	k	m	n	p	r	s	t	u	v	x	y	z
	间隙配合								过渡配合			过盈配合									
H6	—	—	—	—	—	$\frac{H6}{f5}$	$\frac{H6}{g5}$	$\frac{H6}{h5}$	$\frac{H6}{js5}$	$\frac{H6}{k5}$	$\frac{H6}{m5}$	$\frac{H6}{n5}$	$\frac{H6}{p5}$	$\frac{H6}{r5}$	$\frac{H6}{s5}$	$\frac{H6}{t5}$	—	—	—	—	—
H7	—	—	—	—	—	$\frac{H7}{f6}$	◤$\frac{H7}{g6}$	◤$\frac{H7}{h6}$	$\frac{H7}{js6}$	◤$\frac{H7}{k6}$	$\frac{H7}{m6}$	◤$\frac{H7}{n6}$	◤$\frac{H7}{p6}$	$\frac{H7}{r6}$	◤$\frac{H7}{s6}$	$\frac{H7}{t6}$	◤$\frac{H7}{u6}$	$\frac{H7}{v6}$	$\frac{H7}{x6}$	$\frac{H7}{y6}$	$\frac{H7}{z6}$
H8	—	—	—	—	$\frac{H8}{e7}$	◤$\frac{H8}{f7}$	$\frac{H8}{g7}$	◤$\frac{H8}{h7}$	$\frac{H8}{js7}$	$\frac{H8}{k7}$	$\frac{H8}{m7}$	$\frac{H8}{n7}$	$\frac{H8}{p7}$	$\frac{H8}{r7}$	$\frac{H8}{s7}$	$\frac{H8}{t7}$	$\frac{H8}{u7}$	—	—	—	—
	—	—	—	$\frac{H8}{d8}$	$\frac{H8}{e8}$	$\frac{H8}{f8}$	—	$\frac{H8}{h8}$	—	—	—	—	—	—	—	—	—	—	—	—	—
H9	—	—	$\frac{H9}{c9}$	◤$\frac{H9}{d9}$	$\frac{H9}{e9}$	$\frac{H9}{f9}$	—	◤$\frac{H9}{h9}$	—	—	—	—	—	—	—	—	—	—	—	—	—
H10	—	—	$\frac{H10}{c10}$	$\frac{H10}{d10}$	—	—	—	$\frac{H10}{h10}$	—	—	—	—	—	—	—	—	—	—	—	—	—
H11	$\frac{H11}{a11}$	$\frac{H11}{b11}$	◤$\frac{H11}{c11}$	$\frac{H11}{d11}$	—	—	—	◤$\frac{H11}{h11}$	—	—	—	—	—	—	—	—	—	—	—	—	—
H12	—	$\frac{H12}{b12}$	—	—	—	—	—	$\frac{H12}{h12}$	—	—	—	—	—	—	—	—	—	—	—	—	—

注：① $\frac{H6}{n5}$、$\frac{H7}{p6}$ 在公称尺寸≤3 mm 和 $\frac{H8}{r7}$ 在≤100 mm 时，为过渡配合；

②标注◤的配合为优先配合。

表 3-9　基轴制优先、常用配合(GB/T 1801—2009)

基准轴	孔																				
	A	B	C	D	E	F	G	H	JS	K	M	N	P	R	S	T	U	V	X	Y	Z
	间隙配合								过渡配合			过盈配合									
h5	—	—	—	—	—	$\frac{F6}{h5}$	$\frac{G6}{h5}$	$\frac{H6}{h5}$	$\frac{JS6}{h5}$	$\frac{K6}{h5}$	$\frac{M6}{h5}$	$\frac{N6}{h5}$	$\frac{P6}{h5}$	$\frac{R6}{h5}$	$\frac{S6}{h5}$	$\frac{T6}{h5}$	—	—	—	—	—
h6	—	—	—	—	—	$\frac{F7}{h6}$	◤$\frac{G7}{h6}$	◤$\frac{H7}{h6}$	$\frac{JS7}{h6}$	◤$\frac{K7}{h6}$	$\frac{M7}{h6}$	◤$\frac{N7}{h6}$	◤$\frac{P7}{h6}$	$\frac{R7}{h6}$	◤$\frac{S7}{h6}$	$\frac{T7}{h6}$	◤$\frac{U7}{h6}$	—	—	—	—

续表

基准轴	孔																				
	A	B	C	D	E	F	G	H	JS	K	M	N	P	R	S	T	U	V	X	Y	Z
	间隙配合								过渡配合			过盈配合									
h7	—	—	—	—	$\frac{E8}{h7}$	◤$\frac{F8}{h7}$	—	◤$\frac{H8}{h7}$	$\frac{JS8}{h7}$	$\frac{K8}{h7}$	$\frac{M8}{h7}$	$\frac{N8}{h7}$	—	—	—	—	—	—	—	—	—
h8	—	—	—	$\frac{D8}{h8}$	$\frac{E8}{h8}$	$\frac{F8}{h8}$	—	$\frac{H8}{h8}$	—	—	—	—	—	—	—	—	—	—	—	—	—
h9	—	—	—	◤$\frac{D9}{h9}$	$\frac{E8}{h9}$	$\frac{F9}{h9}$	—	◤$\frac{H9}{h9}$	—	—	—	—	—	—	—	—	—	—	—	—	—
h10	—	—	—	$\frac{D10}{h10}$	—	—	—	$\frac{H10}{h10}$	—	—	—	—	—	—	—	—	—	—	—	—	—
h11	$\frac{A11}{h11}$	$\frac{B11}{h11}$	◤$\frac{C11}{h11}$	$\frac{D11}{h11}$	—	—	—	◤$\frac{H11}{h11}$	—	—	—	—	—	—	—	—	—	—	—	—	—
h12	—	$\frac{B12}{h12}$	—	—	—	—	—	$\frac{H12}{h12}$	—	—	—	—	—	—	—	—	—	—	—	—	—

注：标注◤的配合为优先配合。

3.4 尺寸公差与配合的选择

公差与配合的选择是机械设计与机械制造的重要环节。其基本原则是经济地满足使用性能要求，并获得最佳技术经济效益。

极限与配合国家标准的应用，就是根据使用要求正确合理地选择符合标准规定的孔、轴的公差带大小和公差带位置，即在基本尺寸确定之后，来选择公差等级、配合制和配合种类（基本偏差）的问题。

3.4.1 配合制的选择

国家标准规定了两种配合制，基孔制配合和基轴制配合。一般来说，表3-6、表 3-7 中的孔、轴基本偏差数值，可保证在一定条件下，基孔制和基轴制配合的

性质相同，即极限间隙或极限过盈相同，如 H7/f6 与 F7/h6 有相同的最大、最小间隙。所以，在一般情况下，无论选用基孔制还是基轴制配合，均可满足同样的使用要求。因此说，配合制的选择基本上与使用要求无关，主要应从生产、工艺的经济性和结构的合理性等方面综合考虑。

1. 基孔制

一般情况下，应优先选用基孔制。由于一定的基本尺寸和公差等级，基准孔的极限尺寸是一定的，不同的配合是由不同的极限尺寸的配合轴形成的。若在机械产品的设计中采用基孔制配合，可以最大限度地减少孔的尺寸种类，随之减少定尺寸刀具、量具(如钻头、铰刀、拉刀、塞规等)的规格种类，从而获得显著的经济效益，有利于刀具、量具的标准化、系列化，也将给经济合理地使用它们带来方便。

2. 基轴制

在下列情况采用基轴制较经济合理。

(1) 在农业和纺织机械中，经常使用具有一定精度 IT8 级的冷拔光轴，不必切削加工。这时应采用基轴制。

(2) 与标准件配合时，必须按标准件来选择基准制。如滚动轴承的外圈与壳体孔的配合必须采用基轴制。

(3) 一根轴和多个孔相配时，考虑结构需要，宜采用基轴制。如图 3-14 所示，活塞销 1 同时与活塞 2 和连杆 3 上的孔配合，连杆要转动，故采用间隙配合，活塞销与活塞孔配合应紧一些，故采用过渡配合。如采用基孔制，则如图 3-14(b)所示，活塞销需做成中间小、两头大的形状，这样既不便于加工，也不便于装配。若采用基轴制，如图 3-14(c)所示，活塞销可制成光轴，则便于加工和装配，降低成本。

当然，还可采用活塞销 1 与活塞 2 仍为基孔制配合(ϕ30H6/m5)，为不使活塞销形成台阶，又与连杆形成间隙配合，连杆 3 选用基轴制配合的孔(ϕ30F6)，则它与基孔制配合的轴(ϕ30 m5)形成所需的间隙配合，如图 3-14(d)所示，ϕ30F6/m5 就形成不同基准制的配合，或称为非基准制的配合。

在某些特殊场合，采用基孔制与基轴制配合均不适宜。如轴承盖与孔的配合为 J7/f9、挡环与轴的配合为 F8/k6 等；又如为保证电镀后 ϕ50H9/f8 的配合，且保证其镀层厚度为 10±2 μm，则电镀前孔、轴必须分别按 ϕ50F9 和 ϕ50e8 加工。以上均是不同基准制的配合在生产中的应用实例。

3.4.2 公差等级的选择

选择公差等级时，要正确处理使用要求、制造工艺和成本之间的关系。选

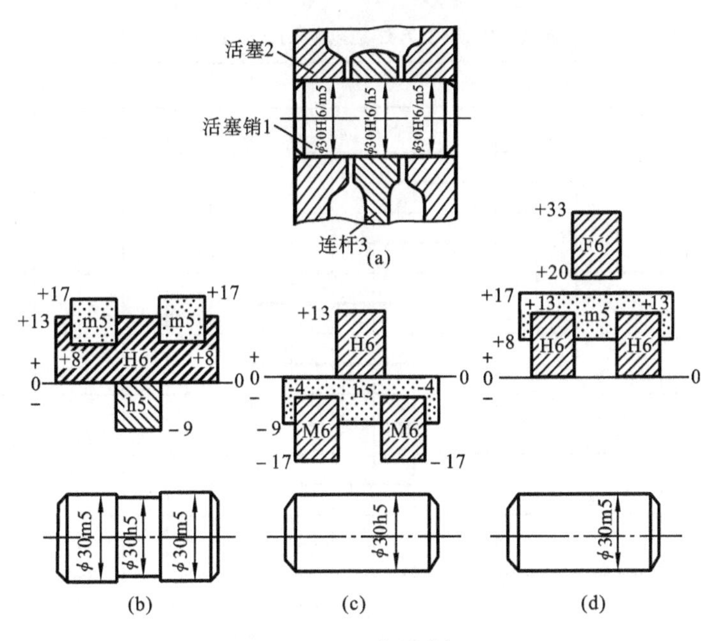

图 3-14 配合制选择

用的基本原则是：在满足使用要求的前提下，尽量选用较低的公差等级。

公差等级可采用计算法或类比法进行选择。

1. 计算法

用计算法选择公差等级的依据是 $T_f = T_h + T_s$（极值法），$T_f = \sqrt{T_h^2 + T_s^2}$（概率法），至于 T_h 与 T_s 的分配可按工艺等价原则来考虑。

(1) 对于≤500 mm 的基本尺寸，当公差等级在 IT8 及其以上精度时，推荐孔比轴低一级，如 H8/f7、H7/g6 等；当公差等级为 IT8 级时，也可采用同级孔、轴配合，如 H8/f8 等；当公差等级在 IT9 及以下时，一般采用同级孔、轴配合，如 H9/d9、H11/c11 等。

(2) 对于>500 mm 的基本尺寸，一般采用同级孔、轴配合。

2. 类比法

采用类比法选择公差等级，也就是参考从生产实践中总结出来的经验资料，进行比较选用。选择时应考虑以下几方面的问题。

(1) 相配合的孔、轴加工难易程度应相当，即使孔、轴工艺等价。

(2) 各种加工方法能够达到的公差等级（见表 3-10）。

(3) 与标准零件或部件相配合时公差等级与标准件的精度应相适应。如与滚动轴承相配合的轴颈和轴承座孔的公差等级，应与滚动轴承的精度等级相适应，与齿轮孔相配合的轴的公差等级要与齿轮的精度等级相适应。

表 3-10　加工方法能够达到的公差等级

加工方法	IT 等级																	
	01	0	1	2	3	4	5	6	7	8	9	10	11	12	13	14	15	16
研磨	—	—	—	—	—	—	—											
珩						—	—	—	—									
圆磨							—	—	—	—								
平磨							—	—	—	—								
金刚石车							—	—	—									
金刚石镗							—	—	—									
拉削							—	—	—	—								
铰孔								—	—	—	—	—						
车									—	—	—	—	—					
镗									—	—	—	—	—					
铣										—	—	—	—					
刨、插												—	—					
钻孔												—	—	—	—			
滚压、挤压												—	—					
冲压												—	—	—	—	—		
压铸													—	—	—	—		
粉末冶金成形								—	—	—								
粉末冶金烧结									—	—	—	—						
沙型铸造、气割																		—
锻造																	—	

(4) 过渡配合与过盈配合的公差等级不能太低。一般孔的标准公差≤IT8级,轴的标准公差≤IT7级。间隙配合则不受此限制,但间隙小的配合公差等级应较高,而间隙大的公差等级应低些。

(5) 生产成本。产品精度愈高,加工工艺愈复杂,生产成本愈高。图3-15所示为公差等级与生产成本的关系曲线图。由图可见:在高精度区,加工精度稍有提高就会使生产成本急剧上升,所以,对高公差等级的选用要特别谨慎;在低精度区,公差等级提高使生产成本的增加不显著,因而可在工艺条件许可的情况下适当提高公差等级,以使产品有一定的精度储备,从而取得更好的综合经济效益。

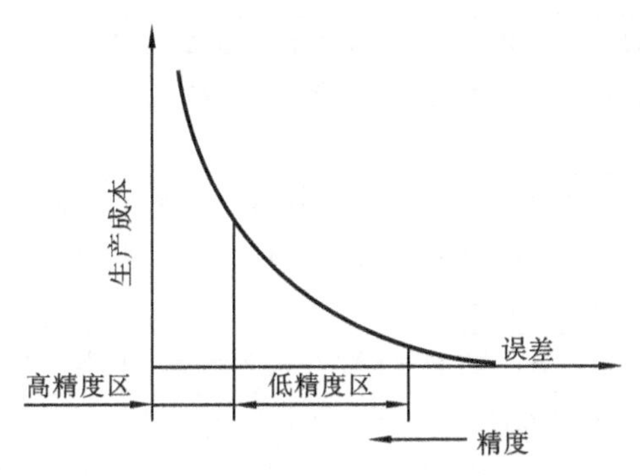

图3-15　公差等级与生产成本的关系

(6) 各公差等级的应用范围,如表3-11所示。常用公差等级的应用示例如表3-12所示。

表3-11　各公差等级的应用范围

应　用	IT等级																			
	01	0	1	2	3	4	5	6	7	8	9	10	11	12	13	14	15	16	17	18
块规	—	—	—																	
量规			—	—	—	—	—	—	—											
配合尺寸							—	—	—	—	—	—	—	—	—					
特别精密零件的配合				—	—	—	—													
非配合尺寸(大制造公差)														—	—	—	—	—	—	—
原材料公差										—	—	—	—	—	—	—				

表 3-12　常用公差等级应用示例

公差等级	应　用
5 级	主要用在配合精度、形位精度要求较高的地方，一般在机床、发动机、仪表等重要部位应用。如：与 P4 级滚动轴承配合的箱体孔；与 P5 级滚动轴承配合的机床主轴、机床尾架与套筒；精密机械及高速机械中的轴径；精密丝杠轴径等
6 级	用于配合性质均匀性要求较高的地方，如：与 P5 级滚动轴承配合的孔、轴颈；与齿轮、蜗轮、联轴器、带轮、凸轮等连接的轴径，机床丝杠轴径；摇臂钻立柱；机床夹具中导向件外径；6 级精度齿轮的基准孔，7、8 级精度齿轮的基准轴径
7 级	在一般机械制造中应用较为普遍。如：联轴器、带轮、凸轮等的孔径；机床夹盘座孔；夹具中固定钻套、可换钻套孔径；7、8 级齿轮基准孔，9、10 级齿轮基准轴
8 级	在机器制造中属于中等精度。如：轴承座衬套沿宽度方向尺寸，低精度齿轮基准孔与基准轴；通用机械中与滑动轴承配合的轴颈；重型机械或农业机械中某些较重要的零件
9 级、10 级	精度要求一般。如：机械制造中轴套外径与孔，操作件与轴，键与键槽等
11 级、12 级	精度较低，适用于基本上没有什么配合要求的场合。如：机床上法兰盘与止口，滑块与滑移齿轮，加工中工序间尺寸，冲压加工的配合件等

3.4.3　配合种类的选择

配合共分间隙、过盈和过渡配合三大类。

选择配合种类的主要根据是使用要求，应该按照工作条件要求的松紧程度，在保证机器正常工作的情况下来选择适当的配合。但是除动压轴承的间隙配合和在弹性变形范围内由过盈配合传递力矩或轴向力的过盈配合外，工作条件要求的松紧程度很难用量化指标衡量表示。在实际工作中，除少数可用计算法进行配合选择的设计计算外，多数采用类比法和试验法选择配合种类。

1. 配合类别的选择

过盈配合具有一定的过盈量，主要用于结合件间无相对运动且不需要拆卸的静连接。当过盈量较小时，仅作为精确定心用，如需传递力矩需加键、销等紧固件。过盈量较大时，可直接用于传递力矩。

过渡配合可能具有间隙，也可能具有过盈，因其量小，主要用于精确定心、结合件间无相对运动、可拆卸的静连接。要传递力矩时则需加紧固件。

间隙配合具有一定的间隙，间隙小时主要用于精确定心、便于拆卸的静连接，或结合件间只有缓慢移动或转动的动连接。间隙较大时主要用于结合件间有转动、移动或复合运动的动连接。

具体选择配合类别时可参考表 3-13。

表 3-13 选择配合类别

<table>
<tr><td rowspan="4">无相对运动</td><td rowspan="3">需传递力矩</td><td rowspan="2">精确定心</td><td>不可拆卸</td><td>过 盈 配 合</td></tr>
<tr><td>可拆卸</td><td>过渡配合或基本偏差为 H(h)[1]的间隙配合加键、销紧固件</td></tr>
<tr><td colspan="2">不需精确定心</td><td>间隙配合加键、销紧固件[2]</td></tr>
<tr><td colspan="3">不需传递力矩</td><td>过渡配合或过盈量较小的过盈配合</td></tr>
<tr><td rowspan="2">有相对运动</td><td colspan="3">缓慢转动或移动</td><td>基本偏差为 H(h)、G(g)[1]等间隙配合</td></tr>
<tr><td colspan="3">转动、移动或复合运动</td><td>基本偏差为 A～F(a～f)[1]等间隙配合</td></tr>
</table>

注：①非基准件的基准偏差代号；

②紧固件特指键、销和螺钉等。

2. 孔、轴基本偏差的选择

配合类别确定后，非基准件基本偏差的选择有下列三种方法。

(1) 计算法　根据液体润滑和弹塑性理论计算出所需间隙或过盈的最佳值，而后选择接近的配合种类。

(2) 试验法　对产品性能影响重大的某些配合，往往需用试验法来确定最佳间隙或最佳过盈，因其成本高，故不常用。

(3) 经验法　由平时实践积累的经验和通过类比法确定出配合种类，这是最常用的方法。

表 3-14 列出了轴孔的各种基本偏差选用说明，表 3-15 为优先配合的选用说明。各种工作条件对松紧程度的要求如表 3-16 所示。当相配孔、轴的材料强度较低时，过盈量不能太大；滑动轴承的相对运动速度越高、润滑油黏度越大，间隙应越大。当生产批量较大时，还要考虑尺寸分布规律的影响。

表 3-14 各种基本偏差的特点及选用说明

<table>
<tr><th>配　合</th><th>基 本 偏 差</th><th>特性及应用</th></tr>
<tr><td rowspan="2">间隙配合</td><td>a,b
(A,B)</td><td>可得到特别大的间隙，应用很少。主要用于工作时温度高、热变形大的零件的配合，如发动机中活塞与缸套的配合为 H9/a9</td></tr>
<tr><td>c(C)</td><td>可得到很大的间隙，一般用于工作条件较差(如农业机械)，工作时受力变形大及装配工艺性不好的零件的配合，也适用于高温工作的动配合，如内燃机排气阀与导管的配合为 H8/c7</td></tr>
</table>

续表

配合	基本偏差	特性及应用
间隙配合	d(D)	与IT7～IT11对应，适用于较松的间隙配合(如滑轮、空转带轮与轴的配合)，以及大尺寸滑动轴承与轴的配合(如涡轮机、球磨机等的滑动轴承)。活塞环与活塞槽的配合可用H9/d9
	e(E)	与IT6～IT9对应，具有明显的间隙，用于大跨距及多支点的转轴与轴承的配合，以及高速、重载的大尺寸轴与轴承的配合，如大型电动机、内燃机的主要轴承处的配合为H8/e7
	f(F)	多与IT6～IT8对应，用于一般转动的配合，受温度影响不大，采用普通润滑油的轴与滑动轴承的配合，如齿轮箱、小电动机、泵等的转轴与滑动轴承的配合为H7/f6
	g(G)	多与IT5、IT6、IT7对应，形成配合的间隙较小，用于轻载精密装置中的转动配合，最适合不回转的精密滑动配合，也用于手插销等定位配合，如精密连杆轴承、活塞及滑阀、连杆销等处的配合
	h(H)	多用于IT4～IT11级的配合。广泛用于无相对转动的零件，作为一般的定位配合。若没有温度、变形影响，也用于精密滑动配合
过渡配合	(js)(JS) j(J)	多用于IT4～IT7具有平均间隙的过渡配合，用于略有过盈的定位配合，如联轴器、齿圈与轮毂的配合，滚动轴承外圈与外壳孔的配合多用JS7或J7。一般用手或木槌装配
	k(K)	多用于IT4～IT7平均间隙接近零的配合，用于定位配合，如滚动轴承的内、外圈分别与轴颈、外壳孔的配合，用木槌装配
	m(M)	多用于IT4～IT7平均过盈较小的配合，用于精密定位的配合，如蜗轮的青铜轮缘与轮毂的配合为H7/m6
	n(N)	多用于IT4～IT7平均过盈较大的配合，很少形成间隙。用于加键传递较大扭矩的配合，如冲床上齿轮与轴的配合
过盈配合	p(P)	小过盈配合。与H6或H7的孔形成过盈配合，而与H8的孔形成过渡配合。碳钢和铸铁制零件形成的配合为标准压入配合，如卷扬机的绳轮与齿圈的配合为H7/p6。对弹性材料，如轻合金等，往往要求很小的过盈，故可采用p(或P)与基准件形成的配合
	r(R)	用于传递大扭矩或受冲击负荷而需加键的配合，如蜗轮与轴的配合为H7/r6。配合H8/r7在基本尺寸小于100 mm时，为过渡配合
	s(S)	用于钢和铸铁制零件的永久性和半永久性结合，可产生相当大的结合力，如套环压在轴、阀座上用H7/s6的配合。尺寸较大时，为避免损伤配合表面，需用热胀或冷缩法装配

续表

配　合	基本偏差	特性及应用
过盈配合	t(T)	用于钢和铸铁制零件的永久性结合，不用键可传递扭矩，需用热胀或冷缩法装配，如联轴器与轴的配合为 H7/t6
	u(U)	大过盈配合，最大过盈需验算材料的承受能力，用热胀或冷缩法装配，如火车轮毂和轴的配合为 H6/u5
	v(V)、x(X)、y(Y)、z(Z)	特大过盈配合，目前相关使用经验和资料很少，须经试验后才能应用，一般不推荐

表 3-15　优先配合使用说明

配　合	优先配合		选用说明
	基孔制	基轴制	
间隙配合	$\frac{H11}{c11}$	$\frac{C11}{h11}$	间隙极大。用于转速很高、轴与孔温度差很大的滑动轴承，要求大公差、大间隙的外露部分，要求装配极方便的配合
	$\frac{H9}{d9}$	$\frac{D9}{h9}$	具有明显间隙。用于转速较高、轴颈压力较大、精度要求不高的滑动轴承
	$\frac{H8}{f7}$	$\frac{F8}{h7}$	间隙适中。用于中等转速、中等轴颈压力、有一定精度要求的一般滑动轴承，要求装配方便的中等定位精度的配合
	$\frac{H7}{g6}$	$\frac{G7}{h6}$	间隙很小。用于低速转动或轴向移动的精密定位的配合，需要精确定位又经常装拆的不动配合
	$\frac{H7}{h6}$ $\frac{H8}{h7}$ $\frac{H9}{h9}$ $\frac{H11}{h11}$	$\frac{H7}{h6}$ $\frac{H8}{h7}$ $\frac{H9}{h9}$ $\frac{H11}{h11}$	装配后有小间隙，但在最大实体状态下间隙为零。用于间隙定位配合，工作时一般无相对运动，也用于高精度低速轴向移动的配合。公差等级由定位精度决定
过渡配合	$\frac{H7}{k6}$	$\frac{K7}{h6}$	平均间隙接近于零。用于要求装拆的精密定位配合（约有30%的过盈）
	$\frac{H7}{n6}$	$\frac{N7}{h6}$	较紧的过渡配合。用于一般不拆卸的更精密定位的配合（有40%～60%的过盈）
过盈配合	$\frac{H7}{p6}$	$\frac{P7}{h6}$	过盈很小。用于要求定位精度很高、配合刚性好的配合，不能只靠过盈传递载荷
	$\frac{H7}{s6}$	$\frac{S7}{h6}$	过盈适中。用于靠过盈传递中等载荷的配合
	$\frac{H7}{u6}$	$\frac{U7}{h6}$	过盈较大。用于靠过盈传递较大载荷的配合。装配时需加热孔或冷却轴

表 3-16　工作条件对配合松紧的要求

工作条件	配合松紧程度
经常装拆	松
工作时孔的温度比轴低	
形状和位置误差较大	
有冲击和振动	紧
表面较粗糙	
对中性要求高	

3.4.4　典型案例及其公差选择

1. 分析零件的工作条件及使用要求,合理调整配合的间隙量与过盈量

零件的工作条件是选择配合的重要依据。用经验类比法选择配合时,当待选部位和类比的典型实例在工作条件上有所变化时,应对配合的松紧程度作适当的调整。因此,必须充分分析零件的具体工作条件和使用要求,考虑工作时结合件的相对位置状态(如运动速度、运动方向、停歇时间、运动精度要求等)、承受载荷情况、润滑条件、温度变化、配合的重要性、装卸条件以及材料的物理机械性能等,参考表 3-16 对结合件配合的间隙量或过盈量的绝对值进行适当的调整。

一种常见的齿轮减速器如图 3-1 所示。该减速器有关部位的配合的分析和选择说明如下:

(1) 与轴承和齿轮相结合的零件,按比较重要的配合对待,一般轴颈采用 IT6,箱体孔采用 IT7;

(2) 齿轮孔 3 与轴 4 的配合选用 ϕ75H7/k6,为保证齿轮传动精度及考虑装拆方便,故齿轮孔与轴的配合采用过渡配合;

(3) 轴 4 与齿轮轴 10 的轴颈与向心球轴承内圈的配合采用 k6(如 ϕ50k6、ϕ70k6)因轴承内圈相对于载荷方向旋转、正常载荷、轴承孔径小于 100 mm,故选用过盈配合;

(4) 箱体孔 12 与向心球轴承外圈的配合采用 J7,轴承的外圈承受局部载荷(外圈相对于载荷方向静止),且轴向要求能作少量移动,故外圈与箱体孔间的配合应采用较松的过渡配合;

(5) 端盖 1,6,9,13 与箱体孔 12 的配合采用 ϕ150J7/f9,ϕ110J7/f9,箱体孔

J7 的选用依据其与轴承外圈的配合，为了便于装拆，故选用间隙配合，端盖的公差等级选用 9 级是为了加工方便，且不影响使用要求；

(6) 轴套 5 与轴 4 的配合选用 ϕ70D11/k6，为便于装配，轴套按作用可选用较低的公差等级和较大的间隙配合，但为了使轴的公差带仍为 k6，因此这里采用了任选孔、轴公差带来组成。

2. 考虑热变形和装配变形的影响，保证零件的使用要求

(1) 热变形　在选择公差与配合时，要注意温度对热变形的影响。标准中规定的均为标准温度 20 ℃时的数值。当工作温度不是 20 ℃，特别是孔、轴温度相差较大，或其线膨胀系数相差较大时，应考虑热变形的影响。这对于高温或低温下工作的机械更为重要。

例 3-4　铝制活塞与钢制缸体的结合，其基本尺寸为 ϕ150 mm。工作温度：孔温 $t_h=110$ ℃，轴温 $t_s=180$ ℃。线膨胀系数：孔 $\alpha_h=12\times10^{-6}/$℃，轴 $\alpha_s=24\times10^{-6}/$℃，要求工作时间隙量在 0.1～0.3 mm 内。试选择配合。

解　由热变形引起的间隙量的变化为

$$\Delta X = 150[12\times10^{-6}\times(110-20)-24\times10^{-6}\times(180-20)]\ \text{mm} = -0.414\ \text{mm}$$

即工作时间隙量减小。故装配时间隙量应为

$$X_{min} = (0.1+0.414)\ \text{mm} = 0.514\ \text{mm}$$

$$X_{max} = (0.3+0.414)\ \text{mm} = 0.714\ \text{mm}$$

按要求的最小间隙，查表 3-6 可选基本偏差为 $a=-520\ \mu$m。

由配合公差

$$T_f = (0.714-0.514)\ \text{mm} = 0.2\ \text{mm} = T_h + T_s$$

可取

$$T_h = T_s = 100\ \mu\text{m}$$

由表 3-4 知可取 IT9，故选配合为 ϕ150H9/a9。其最小间隙为 0.52 mm，最大间隙为 0.72 mm。

(2) 装配变形　在机械结构中，常遇到套筒装配变形问题。

如图 3-16 所示，套筒外表面与机座孔的配合为过盈配合 ϕ80H7/u6，套筒内表面与轴的配合为 ϕ60H7/f6。由于套筒外表面与机座孔的配合有过盈，当套筒压入机座孔后，套筒内孔即收缩，直径变小。若套筒内孔与轴之间要求最小间隙为 0.03 mm，则由于装配变形，此时实际将产生过盈，不仅不能保证配合要求，甚至无法自由装配。一般装配图上规定的配合，应是装配后的要求。因此，对有装配变形的套筒类零件，在设计绘图时应对公差带进行必要的修正，

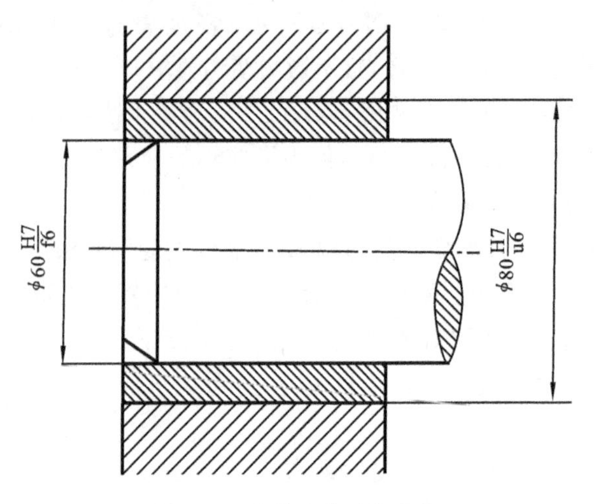

图 3-16 有装配变形的配合

如将内孔公差带上移,使孔的极限尺寸加大;或者用工艺措施加以保证,如将套筒压入机座孔后再精加工套筒孔,以达到图样设计要求,从而保证装配后的要求。

3.5 未注公差及其应用

一般公差是指在车间通常加工条件下可保证的公差,是机床设备在正常维护和操作情况下,能达到的经济加工精度。采用一般公差时,在该尺寸后不标注极限偏差或其他代号,所以也称未注公差。

一般公差主要用于较低精度的非配合尺寸。当功能上允许的公差等于或大于一般公差时,均应采用一般公差;当要素的功能允许比一般公差大的公差,且注出更为经济时,如装配所钻不通孔的深度,则相应的极限偏差值要在尺寸后注出。在正常情况下,一般可不必检验。

在 GB/T 1804—2000 中,规定了四个公差等级,即精密级、中等级、粗糙级和最粗级。其中:线性尺寸一般公差的公差等级及其极限偏差数值如表 3-17 所示;倒圆半径与倒角高度尺寸一般公差的公差等级及其极限偏差数值如表 3-18 所示;未注公差角度尺寸的极限偏差如表 3-19 所示。

表 3-17　线性尺寸一般公差的公差等级及其极限偏差数值　（mm）

公差等级	尺寸分段							
	0.5～3	>3～6	>6～30	>30～120	>120～400	>400～1000	>1000～2000	>2000～4000
f(精密级)	±0.05	±0.05	±0.1	±0.15	±0.2	±0.3	±0.5	—
m(中等级)	±0.1	±0.1	±0.2	±0.3	±0.5	±0.8	±1.2	±2
c(粗糙级)	±0.2	±0.3	±0.5	±0.8	±1.2	±2	±3	±4
v(最粗级)	—	±0.5	±1	±1.5	±2.5	±4	±6	±8

表 3-18　倒圆半径与倒角高度尺寸一般公差的公差等级及其极限偏差数值　（mm）

<table>
<tr><th rowspan="2">公差等级</th><th colspan="4">尺寸分段</th></tr>
<tr><th>0.5～3</th><th>>3～6</th><th>>6～30</th><th>>30</th></tr>
<tr><td>f(精密级)</td><td rowspan="2">±0.2</td><td rowspan="2">±0.5</td><td rowspan="2">±1</td><td rowspan="2">±2</td></tr>
<tr><td>m(中等级)</td></tr>
<tr><td>c(粗糙级)</td><td rowspan="2">±0.4</td><td rowspan="2">±1</td><td rowspan="2">±2</td><td rowspan="2">±4</td></tr>
<tr><td>v(最粗级)</td></tr>
</table>

表 3-19　未注公差角度尺寸的极限偏差

公差等级	长度/mm				
	≤10	>10～50	>50～120	>120～400	>400
f(精密级)、m(中等级)	±1°	±30′	±20′	±10′	±5′
c(粗糙级)	±1°30′	±1°	±30′	±15′	±10′
v(最粗级)	±3°	±2°	±1°	±30′	±20′

在图样上、在技术文件或相应的标准中，采用本标准时的表示方法为 GB/T 1804—m，其中，m 表示中等级。

本章重点与难点

1．基本术语及其定义

1）基本尺寸、极限尺寸、实际尺寸的区别

基本尺寸是设计时通过计算或试验确定并经过圆整后得到的。它只表示尺寸的基本大小，并不是对完工后零件实际尺寸的要求，不能将它理解成“理想

尺寸”,不能认为零件的实际尺寸越接近基本尺寸越好。

上、下极限尺寸也是设计时确定的,它是根据使用要求,用来限制尺寸的变化范围的。

实际尺寸是测量得到的,不能直接从图样上看出。由于测量不可避免有误差,故实际尺寸一般不是真值。由于有形状误差,零件各部位的实际尺寸一般是不同的,称为局部实际尺寸。

零件实际尺寸是否合格,一般是看它是否在上、下极限尺寸之间,而不是看它偏离基本尺寸的程度。

2) 尺寸偏差、实际偏差、上极限偏差、下极限偏差、极限偏差、基本偏差的区别和联系

尺寸偏差是某一尺寸减去基本尺寸的差。当“某一尺寸”为实际尺寸时,就是实际偏差;当“某一尺寸”为上极限尺寸时,就是上极限偏差(Es,es);当“某一尺寸”为下极限尺寸时,就是下极限偏差(EI,ei)。上、下极限偏差总称极限偏差。

实际偏差与实际尺寸、极限偏差与极限尺寸具有相同的性质。实际偏差在上、下极限偏差之间,尺寸就是合格的。

基本偏差是上、下极限偏差中的一个,一般是指接近基本尺寸的那个极限偏差。

偏差都是代数值,可以为正、为负或为零。

3) 公差与极限偏差的区别与联系(见表 3-20)

表 3-20 公差与极限偏差的区别与联系

项目		极限偏差	公差
区别	1	反映对基本尺寸的偏离要求,用以限制实际偏差	反映尺寸分布一致性的要求,用以限制尺寸误差
	2	决定加工零件时,刀具相对于工件的位置,与加工难度无关	反映对制造精度的要求,体现了加工的难易程度
	3	在公差带图中决定公差带的位置	决定了公差带的大小
	4	影响配合的松紧程度	影响配合松紧程度的一致性
	5	可以用来判断零件尺寸的合格性	不能用来判断零件尺寸的合格性
	6	可正、可负或零	没有符号的绝对值,不能为零
联系		都是设计时确定的,而且尺寸公差=上极限偏差−下极限偏差	

4）尺寸公差、配合公差定义

尺寸公差指允许实际尺寸变动的量，简称公差。公差表示一个变动的范围，所以公差数值前不能冠以符号。偏差可为正值或负值；公差恒为正值。

配合公差（T_f）指组成配合的孔、轴公差之和，是允许间隙或过盈的变动量。

5）间隙与过盈的定义、配合的定义以及种类

间隙与过盈是孔的尺寸减去相配合的轴的尺寸所得的代数差。此差值为正值时称为间隙，用 X 表示；此差值为负值时称为过盈，用 Y 表示。

配合是指基本尺寸相同的、相互结合的孔和轴公差带之间的关系。它表示在一批轴和一批孔中，任取一个轴和一个孔的结合。也就是说，只有一批轴与一批孔一一相互结合，才能构成配合。

配合的种类有间隙配合、过盈配合和过渡配合。

6）极限间隙或过盈反映配合松紧程度

极限间隙或极限过盈出现的概率：产生极限间隙或极限过盈是配合松紧的两个极限状态。在实际配合中，任取一个轴和一个孔结合，出现极限间隙（或极限过盈）的可能性较小，而出现平均间隙（或平均过盈）的概率较高。

7）极限与配合图解（尺寸公差带图、配合公差带图）

2. 极限与配合国家标准组成

1）基准制概念

基准制是指以两个相配合的零件中的一个零件为基准件，并确定其公差带位置，而改变另一个零件（非基准件）的公差带位置，从而形成各种配合的一种制度。国家标准中规定有基孔制和基轴制。

注意：把孔的公差带位置固定（基本偏差代号为 H），与不同基本偏差的轴的公差带形成各种配合的一种制度，称为基孔制；反之，把轴的公差位置固定（基本偏差代号为 h），与不同基本偏差的孔的公差带形成各种配合的一种制度，称为基轴制。区别某种配合是基孔制还是基轴制，只与其公差带的位置有关，而与孔、轴的加工顺序无关，不能理解成基孔制是先加工孔后加工轴。

2）基准制的选择

基准制的选择与使用要求无关，因为“同名配合，配合性质相同”。主要应从工艺、结构及经济性等方面考虑。基准制的选择应遵循：优先采用基孔制，其次选用基轴制，特殊情况下用非基准制。

3）标准公差系列

标准公差是由国家标准制定出的一系列标准公差数值，取决于公差等级和基本尺寸分段两个因素。

(1) 公差等级　公差等级是确定尺寸精确程度的等级。国家标准将标准公差分为20级,从IT0～IT18等级依次降低。公差等级系数α是IT5～IT18各级标准公差所包含的公差单位数。采用R5优先数系中的常用数值。

(2) 基本尺寸分段　基本尺寸至500 mm范围内分为主段落和中间段落。标准公差数值表中体现13个主段落,轴、孔的基本偏差数值表中体现25个中间段落。

4) 基本偏差系列、孔轴基本偏差换算规则

基本偏差是用来确定公差带相对于零线的位置的,不同的公差带位置与基准件将形成不同的配合。国家标准对孔和轴分别规定了28种基本偏差。

孔轴基本偏差换算规则如下。

(1) 通用规则　用同一字母表示的孔、轴的基本偏差数值的绝对值相等,符号相反。孔的基本偏差与轴的基本偏差相对于零线对称分布,即呈"倒影"关系。

(2) 特殊规则　用同一字母表示孔、轴的基本偏差时,孔的基本偏差ES和轴的基本偏差ei符号相反,而数值的绝对值相差一个Δ值。孔的基本偏差代号为J～N、公差等级不低于8级,孔的基本偏差代号为P～ZC、公差等级不低于7级时,$ES=-ei+\Delta$。

5) 公差带系列

(1) 公差带代号　轴或孔公差带由公差带大小(公差数值)和公差带相对于零线的位置(基本偏差)构成。由于公差带相对于零线的位置由基本偏差确定,公差带大小由公差等级确定,因此,公差带代号由基本偏差代号与公差等级数组成。如50H8、20F7为孔的公差带代号,50h7、20g8为轴的公差带代号。

(2) 尺寸公差代号在零件图中的标注形式　尺寸公差代号在零件图中的标注形式有两种:一种是注公差尺寸的表示形式,另一种是未注公差尺寸的表示形式。尺寸公差带代号在零件图中的标注形式是注公差尺寸的表示形式。根据实际要求按下列3种形式标注:标注基本尺寸和极限偏差值;标注基本尺寸、公差代号和极限偏差值;标注基本尺寸和公差带代号。

(3) 国家标准推荐选用的尺寸公差带　国家标准推荐的一般、常用和优先选用的轴公差带共有116种;国家标准推荐的一般、常用和优先选用的孔公差带共有105种。

6) 配合系列

配合代号由孔和轴的公差带代号以分数形式组成。分子为孔的公差带代号,分母为轴的公差带代号,如$\phi 18\,\frac{H7}{p6}$,也可表示为ϕ18H7/p6。

3. 尺寸公差与配合的选择

1) 基孔制、基轴制选用原则

2) 公差等级选用原则

3) 配合选择的步骤

(1) 确定配合的大致类别　配合有以下三种。

① 间隙配合:主要应用于孔、轴之间有相对运动和需要拆卸的无相对运动的配合部位。

② 过渡配合:主要应用于精确定心、孔轴间无相对运动,可拆卸的静连接。

③ 过盈配合:主要应用于孔与轴之间需要传递扭矩的静连接(即无相对运动)的配合部位。

(2) 根据配合部位具体的功能要求,通过查表,比照配合的应用实例,参考各种配合的性能特征,选择较合适的配合,即确定非基准件的基本偏差代号。

思考与练习

1. 判断下列说法是否正确,并分析原因。

(1) 一般来说,零件的实际尺寸越接近基本尺寸越好。(　　)

(2) 公差通常为正,在个别情况下也可以为负或零。(　　)

(3) 孔和轴的加工精度越高,则其配合精度也越高。(　　)

(4) 过渡配合的孔、轴结合,由于有些可能有间隙,有些可能有过盈,因此过渡配合可能是间隙配合,也可能是过盈配合。(　　)

(5) 若某配合的最大间隙为 15 μm,配合公差为 41 μm,则该配合一定是过渡配合。(　　)

(6) 公差与配合的选择结果是唯一的。(　　)

(7) 间隙或过盈的数值都是指全值范围,孔的尺寸减去轴的尺寸的代数差若为正,称为过盈,过盈量越大,配合得越紧。(　　)

2. 填空题。

(1) 基本偏差为 r 的轴的公差带与基准孔 H 形成________。

(2) 选择基准制时,应优先选用________,其理由是________。

(3) 当某一尺寸为最大极限尺寸时,就是________;当某一尺寸为最小极限时,就是________。

(4) 配合的种类有________、________、________。

(5) 标准公差是由国家标准制定出的一系列标准公差数值，取决于________和________两个因素。

3. 选择题。

(1) 下列配合中(　　)的配合最紧，(　　)的配合最松。

A. H7/g6　　B. JS7/h6　　C. H7/s6　　D. H7/h6

(2) 比较两尺寸精度高低的依据是(　　)。

A. 基本偏差　　B. 公差数值　　C. 公差等级　　D. 上述全部

(3) 下列配合中配合性质相同的是(　　)和(　　)。

A. ϕ30H7/g6 和 ϕ30G7/h6　　B. ϕ30h7/r6 和 ϕ30R7/h7

C. ϕ30H8/f8 和 ϕ30F8/h8　　D. ϕ30K6/h6 和 ϕ30H6/k6

(4) 零件尺寸的极限偏差是(　　)。

A. 测量得到的　　B. 加工后形成的　　C. 设计时给定的

4. 简答题。

(1) 以基孔制为例，简要说明各类配合的应用。

(2) 试比较极限偏差与尺寸公差。

(3) 一个孔的直径为 $\phi40\pm0.005$，那么孔的合格尺寸的条件是什么？

(4) 某孔尺寸为 $\phi45\pm0.004$，求其上偏差、下偏差和公差。

5. 查表确定下列公差带的极限偏差。

(1) ϕ50k6　　(2) ϕ40m5　　(3) ϕ30M7　　(4) ϕ80JS8

6. 查表确定下列各尺寸的公差带的代号。

(1) 轴 $\phi18_{-0.011}^{\ 0}$　(2) 轴 $\phi50_{-0.075}^{-0.050}$　(3) 孔 $\phi120_{\ 0}^{+0.087}$　(4) 孔 $\phi65_{-0.041}^{+0.005}$

7. 综合题。

(1) 试根据表中已有的数值，计算并填写该表空格中的数值(单位为 mm)，并画出公差带图和配合公差带图。

基本尺寸	孔			轴			最大间隙或最小过盈	最小间隙或最大过盈	平均间隙或平均过盈	配合公差	配合性质
	上偏差	下偏差	公差	上偏差	下偏差	公差					
ϕ50		0				0.039	+0.103			0.078	
ϕ25			0.021	0				−0.048	−0.031		
ϕ65	+0.030	0			+0.020			−0.039		0.049	

(2) 已知基本尺寸为 60 mm 的一对孔、轴配合，要求配合间隙和过盈在 −0.035～+0.045 mm 之间，试确定孔、轴的公差带代号。

(3) 已知孔、轴配合的基本尺寸为 50 mm,要求最小过盈 $Y_{min}=-18\ \mu m$,最大过盈 $Y_{max}=-50\ \mu m$,采用基孔制,孔的偏差为 H6。试查表确定轴的公差带代号和极限偏差以及配合代号。

(4) 设某配合的孔径为 $\phi 30^{+0.012}_{-0.009}$ mm,轴径为 $\phi 30^{\ 0}_{-0.013}$ mm,试分别计算其极限间隙(或过盈)及配合公差,画出其尺寸公差带及配合公差带图。

(5) 设某配合的孔径为 $\phi 15^{+0.027}_{\ 0}$ mm,轴径为 $\phi 15^{-0.015}_{-0.034}$ mm,试分别计算其极限尺寸、极限间隙(或过盈)、平均间隙(或过盈)、配合公差。

第4章 几何公差及测量

通过第3章的学习与实践，我们已经掌握了尺寸公差与配合的基本概念和设计要领，可以根据零件的使用要求，设计或选择其相关尺寸的标准公差等级和基本偏差代号，以达到控制其尺寸误差、配合性质及极限间隙或过盈量的目的。

但是，经过机械加工的零件不仅存在尺寸误差，还存在形状和位置误差（简称形位误差），如图4-1所示。按设计规定（见图4-1(a)），且基孔制下的$\phi150f6=\phi150_{-0.068}^{-0.043}$，可知，当孔与轴的实际尺寸均为最大实体尺寸（孔为$\phi150$ mm、轴为$\phi149.957$ mm）时，孔与轴之间应具有0.043 mm的间隙量，但由于实际轴歪曲而造成了形状误差（见图4-1(b)），实际孔轴配合后已无间隙。因此，如何分析和评价零件的形位误差？如何分析和计算尺寸与形位误差并存对配合性质和互换性的综合影响？如何合理地选择形位公差？尺寸公差、形状公差、位置公差的数值之间应该有何联系与相互约束？本章将针对上述问题进行讨论和分析应用。

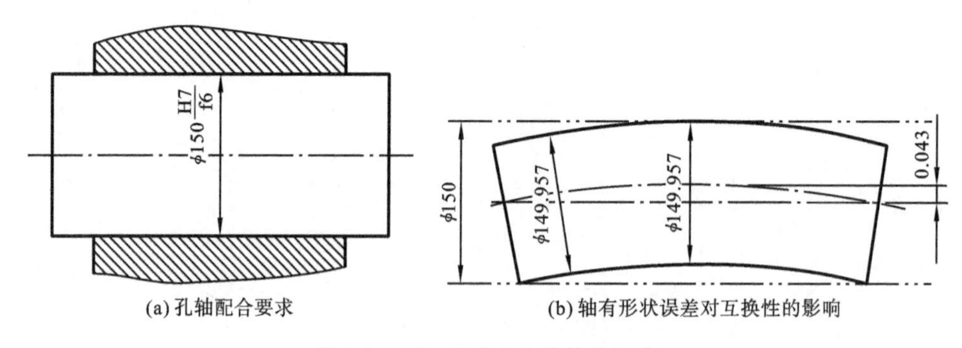

(a) 孔轴配合要求　　(b) 轴有形状误差对互换性的影响

图4-1　形位误差对互换性的影响

学习本章要掌握的基本内容是：①国家标准规定的14个形位公差项目及其含义；②形位公差的标注要点及其区别；③处理尺寸公差和形位公差关系的公差原则；④形位公差的测量与误差评定方法；⑤形位公差与配合的工程应用。

4.1 概　　述

零件在加工中不仅会产生尺寸误差，还会产生形状误差和几何要素之间的位置误差。加工后的零件，由于各种误差的共同作用，其配合性质、功能要求、互换性将受到影响。如：在车削圆柱表面时，刀具的运动轨迹若与工件的旋转轴线不平行，会使加工后的零件表面产生圆柱度误差；钻孔时，若钻头移动方向与工件定位面不垂直，会产生孔轴线对定位基面的垂直度误差；铣轴上的键槽时，若铣刀杆轴线的运动轨迹相对于零件的轴线有偏离或倾斜，会使加工出的键槽产生对称度误差等。零件的圆柱度误差会影响圆柱结合要素的配合均匀性；齿轮孔轴线对定位基准（线或面）的平行度或垂直度误差会影响齿轮的啮合精度和承载能力；键槽的对称度误差会造成键的安装困难和安装后的受力状况恶化等。因此，对零件的形状和位置精度进行合理的设计，规定适当的形状和位置公差是十分重要的。

新的国家标准 GB/T 1182—2008《产品几何技术规范（GPS）几何公差形状、方向、位置和跳动公差标注》中，“几何公差”即旧标准的“形状和位置公差”。

4.1.1 几何公差的研究对象

几何公差的研究对象是构成零件几何特征的点、线、面。这些点、线、面统称为要素。一般在研究形状公差时，涉及的对象有线和面两类要素，在研究位置公差时，涉及的对象有点、线和面三类要素。几何公差就是研究这些要素在形状及其相互间方向或位置方面的精度问题。

几何要素可从不同角度来分类。

1. 按结构特征分

（1）组成要素（轮廓要素）　即构成零件外形，为人们直接感觉到的点、线、面（见图 4-2）。

（2）导出要素（中心要素）　即轮廓要素对称中心所表现的点、线、面。其特点是不能为人们直接感觉到，而是通过相应的轮廓要素才能体现出来，如零件上的中心面、中心线、中心点等（见图 4-2）。

2. 按存在状态分

（1）实际要素　即零件上实际存在的要素，可以通过测量反映出来。

(2) 理想要素　它是具有几何意义的要素，是按设计要求，由图样给定的点、线、面的理想形态。它不存在任何误差，是绝对正确的几何要素。理想要素作为评定实际要素的依据，在生产中是不可能得到的。

3. 按所处地位分

(1) 被测要素　即图样中给出了几何公差要求的要素，是测量的对象，如图4-3中ϕD孔的母线和轴线。

(2) 基准要素　即用来确定被测要素方向和位置的要素。基准要素在图样上都标有基准符号或基准代号，如图4-3中的下平面。

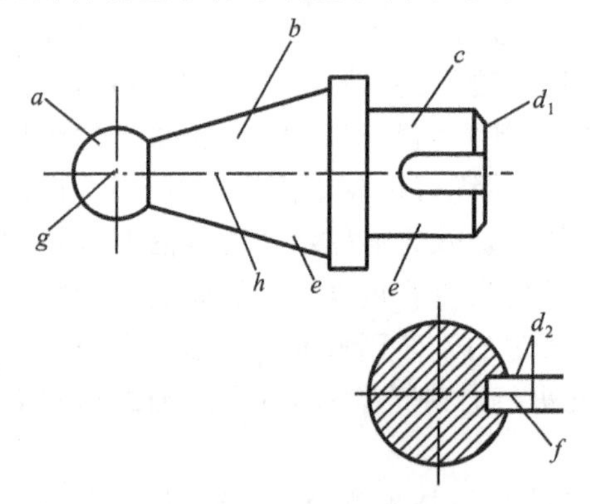

图4-2　轮廓要素及中心要素

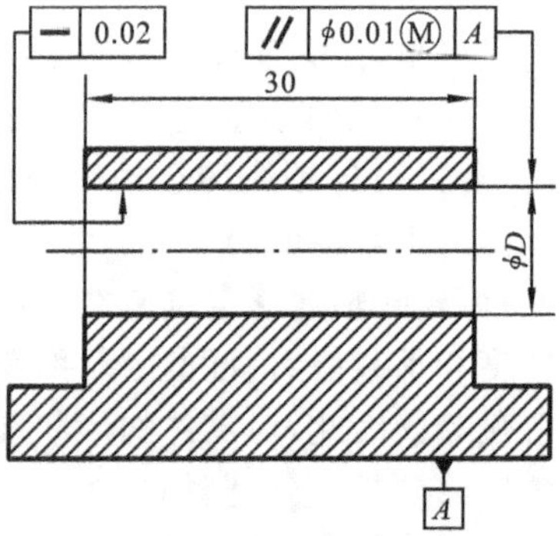

图4-3　基准要素和被测要素

4. 按功能要求分

(1) 单一要素　指仅对被测要素本身给出形状公差的要素。

(2) 关联要素　即对零件基准要素有功能要求的要素。如图4-3所示，ϕD孔的轴线相对于底面有平行度公差要求，此时ϕD孔的轴线属关联要素。

4.1.2 几何公差的项目及符号

国家标准规定了14项几何公差，其名称、符号以及分类如表4-1所示。

表4-1　几何公差的分类与基本符号(GB/T 1182—2008)

公差类别	项目特征名称	被测要素	符　号	有无基准
形状公差	直线度	单一要素	—	无
	平面度		▱	
	圆度		○	
	圆柱度		⌭	
	线轮廓度		⌒	
	面轮廓度		⌓	

续表

公差类别	项目特征名称	被测要素	符号	有无基准
方向公差	平行度 垂直度 倾斜度 线轮廓度 面轮廓度	关联要素	∥ ⊥ ∠ ⌒ ⌓	有
位置公差	位置度		⌖	有或无
	同心度(用于中心点) 同轴度(用于轴线) 对称度 线轮廓度 面轮廓度	关联要素	◎ ◎ ⌯ ⌒ ⌓	有
跳动公差	圆跳动 全跳动	关联要素	↗ ⌰	有

几何公差是图样中对应要素的形状和位置的最大允许的变动量。不论控制要素的形状或位置如何，均是对整个要素的控制。因此，设计给出的几何公差要求，实质上是对几何公差带的要求。实际要素只要在公差带内，就可以具有任何形状，也可占有任何位置。在评定被测要素时，首先要确定公差带，以此判断被测要素是否符合给定的几何公差要求。确定公差带应考虑其形状、大小、方向及位置4个要素。

(1) 公差带的形状　公差带的形状常用的有9种(见表4-2)。

(2) 公差带的大小　公差带的大小指公差带的宽度 t 或直径 ϕt，如表4-2中所示，t 即公差值，其取值大小取决于被测要素的形状和功能要求。

(3) 公差带的方向　公差带的方向即评定被测要素误差的方向。公差带放置方向直接影响到误差评定的准确性。对于位置公差带，其方向由设计给出，被测要素应与基准保持设计给定的几何关系。对于形状公差带，设计不作出规定，其方向应遵守评定形状误差的基本原则——最小条件原则。

(4) 公差带的位置　形状公差带没有位置要求，只用来限制被测要素的形状误差。但形状公差带要受到相应的尺寸公差带的制约，在尺寸公差内浮动，或由理论正确尺寸固定。位置公差带的位置由相对于基准的尺寸公差或理论正确尺寸确定。

表 4-2　常用公差带

特　　征	公　差　带	特　　征	公　差　带
圆内的区域		两等距曲线之间的区域	
两同心圆间的区域		两平行平面之间的区域	
		两等距曲面之间的区域	
两同轴圆柱面间的区域		圆柱面内的区域	
两平行直线之间的区域		球内的区域	

4.1.3　几何公差标注

1. 几何公差框格

形状和位置公差要求在图样上用框格的形式标注,如图 4-4 所示。

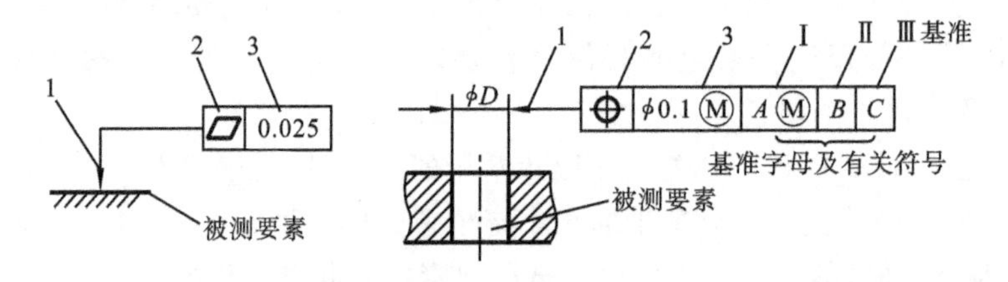

图 4-4　公差框格

1—指引箭头;2—项目符号;3—形位公差值及有关符号

几何公差框格由 2～5 格组成。形状公差一般为 2 格,位置公差一般为 3～5 格,框格中的内容按从左到右的顺序填写。

第一格为几何公差项目特征符号。第二格为几何公差值(以 mm 为单位)和有关符号。若几何公差值的数字前加注有 ϕ 或 $S\phi$,则表示其公差带为圆形、圆柱形或球形。几何公差值后加注有Ⓜ则表示采用最大实体要求;几何公差值后加注有Ⓛ,则表示采用最小实体要求;几何公差值后加注有Ⓟ,则表示公差带为延伸公差带;几何公差值后加注有Ⓜ Ⓡ,则表示采用最大实体要求和可逆要求;几何公差值后加注有ⓁⓇ,则表示采用最小实体要求和可逆要求。第三、四、五格为基准字母及有关符号。代表基准的字母(包括基准代号圆圈内的字母)用大写英文字母(为不引起误解,其中E、I、J、M、Q、O、P、L、R、F不作为基准字母用)表示。公差框格一般水平绘制,也可以垂直绘制,但不允许沿任意方向倾斜绘制。

设计要求给出几何公差的要素用带指示箭头的指引线与公差框格相连。指引线一般与框格一端的中部相连,也可以与框格任意位置水平或垂直相连,如图4-5所示,但不允许任意倾斜、弯曲地与公差框格相连。

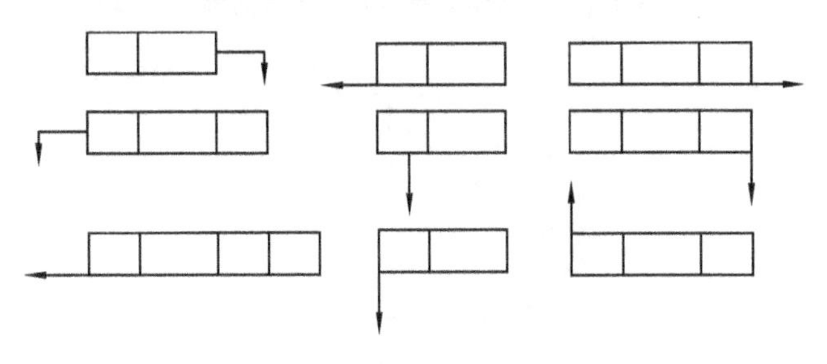

图4-5 公差框格指引线

2. 被测要素的标注

当被测要素是轮廓要素时,箭头应指向轮廓线,也可指向轮廓线的延长线,但必须与尺寸线明显地错开(见图4-6)。

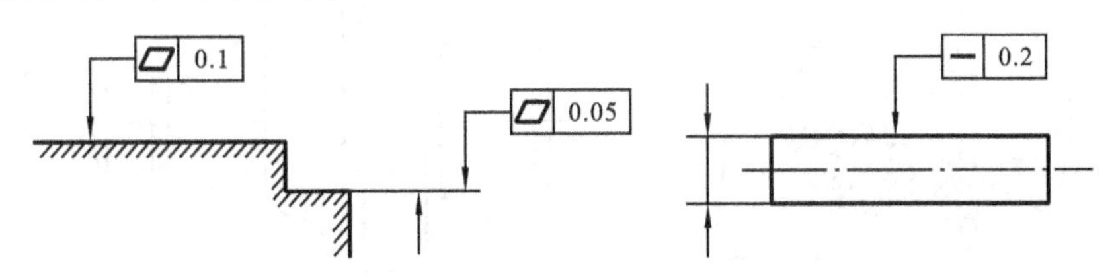

图4-6 被测要素为轮廓要素的标注

当被测要素是中心要素时,箭头应对准尺寸线,即与尺寸线的延长线重合。被测要素指引线的箭头可代替一个尺寸箭头。公差带为圆形或圆柱形时,在公差值前加 ϕ;为圆球形时加 $S\phi$(见图4-7)。

受图形限制,需表示图样中某要素的几何公差要求时,可由黑点处引出线,箭头指向引出线的水平线(见图4-8)。

当被测要素是圆锥体的轴线时,指引线应对准圆锥体的大端或小端的尺寸线。如图样中仅有任意处的空白尺寸线,则可与该尺寸线相连(见图4-9)。

仅对被测要素的局部提出几何公差要求时,可用粗点画线画出其范围,并标注尺寸(见图4-10)。

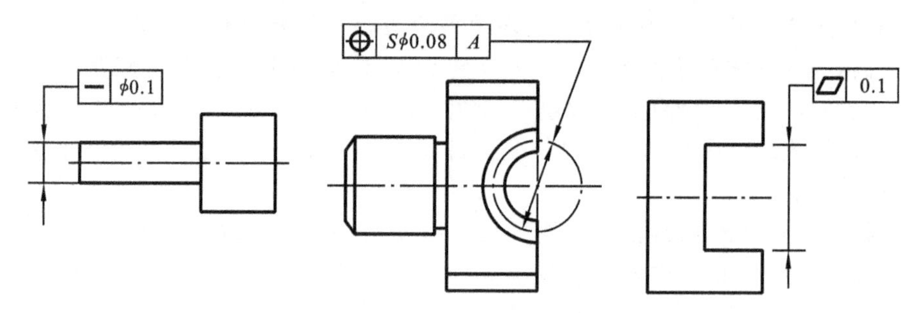

图 4-7　被测要素是中心要素时的标注

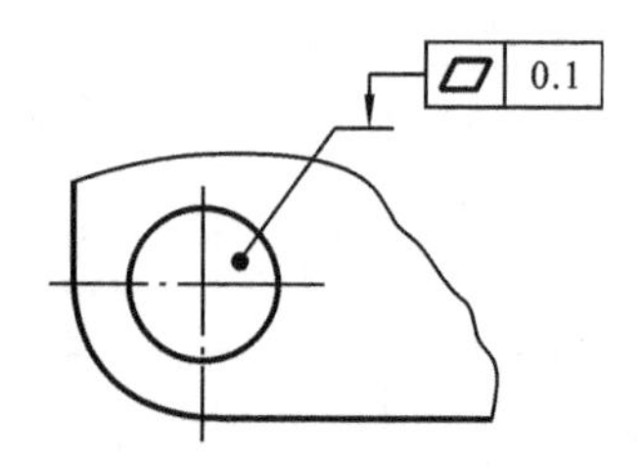

图 4-8　受图形限制时的某被测要素标注

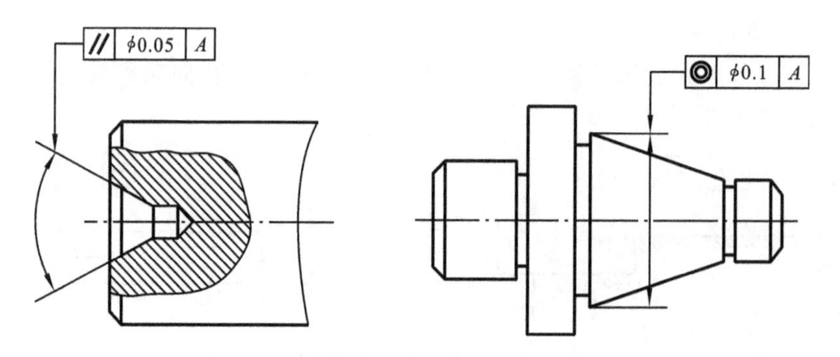

图 4-9　被测要素是圆锥体的轴线时标注

3. 基准要素的常用标注方法

当基准要素是轮廓线或面时，基准三角形应放在基准要素的轮廓线或轮廓面上，也可放在轮廓的延长线上，但必须与尺寸线明显地错开(见图 4-11)。

当基准要素是中心要素轴线、中心面或中心点时，基准三角形应放在尺寸线的延长线上。基准符号中的三角形也可代替尺寸线中的一个箭头(见图4-12)。

受图形限制，需表示某要素为基准要素时，可由黑点处引出线，基准三角形可置于引出线的水平线上(见图 4-13)。

当基准要素与被测要素相似而不易分辨时，应采用任选基准，任选基准符

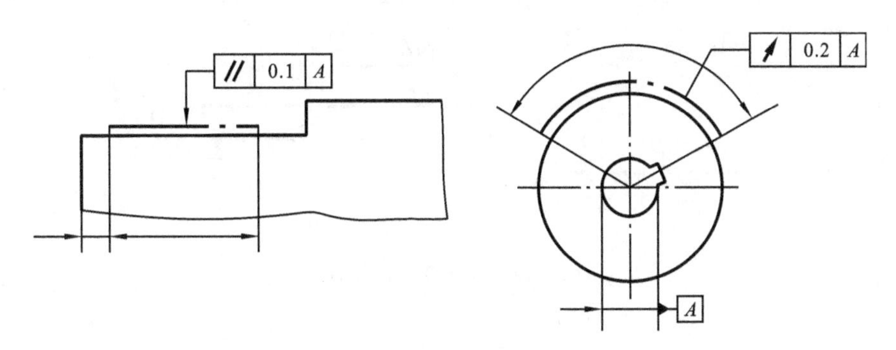

图 4-10　被测要素是局部要素时的标注

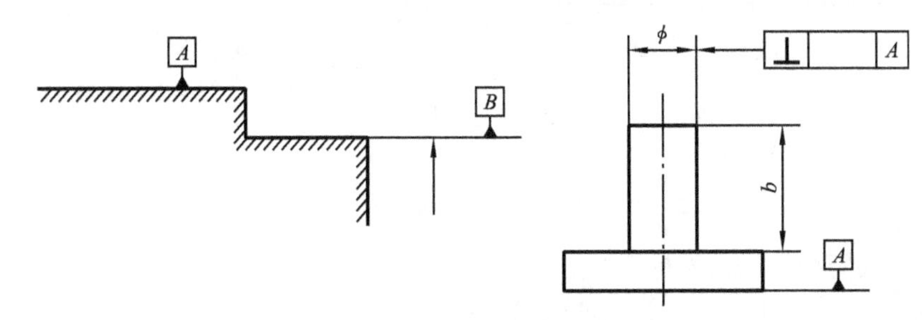

图 4-11　基准要素是轮廓线或面

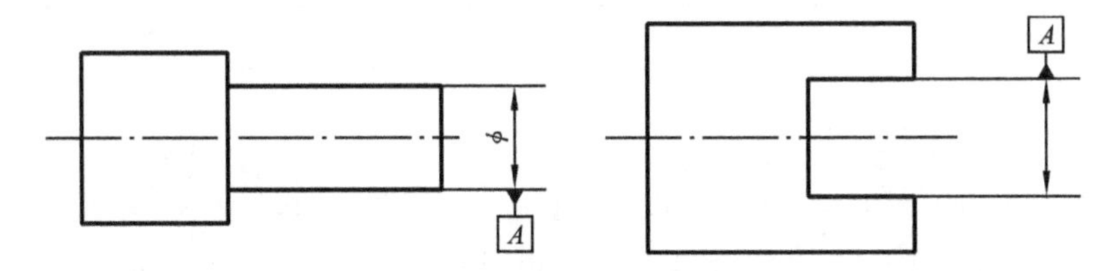

图 4-12　基准要素是中心要素

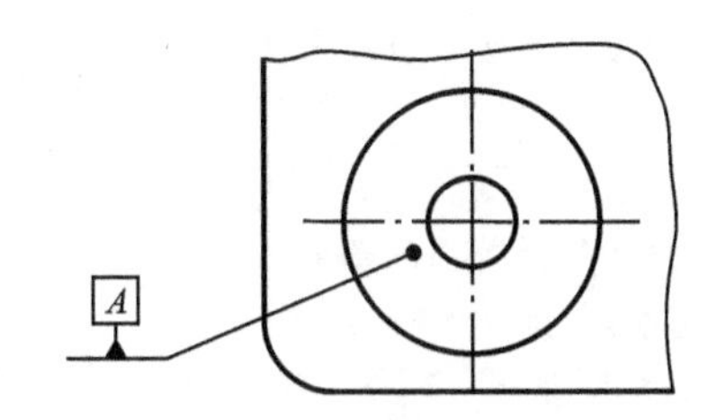

图 4-13　受图形限制时的某基准要素标注

号如图 4-14(a)所示，任选基准的标注方法如图 4-14(b)所示。

仅用要素的局部而不是整体作为基准要素时，可用粗点画线画出其范围，并标注尺寸(见图 4-15)。

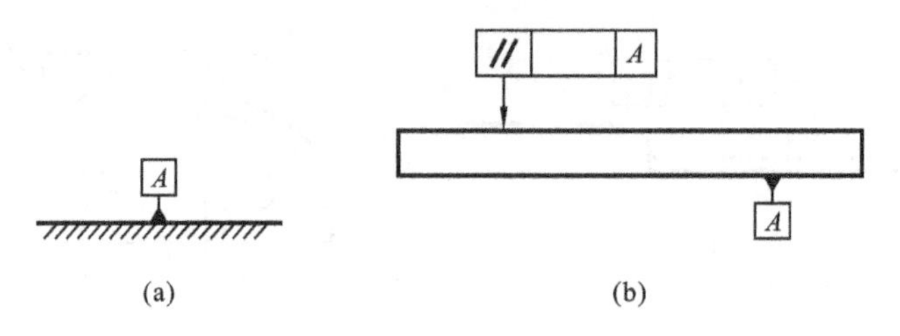

图 4-14　任选基准的标注

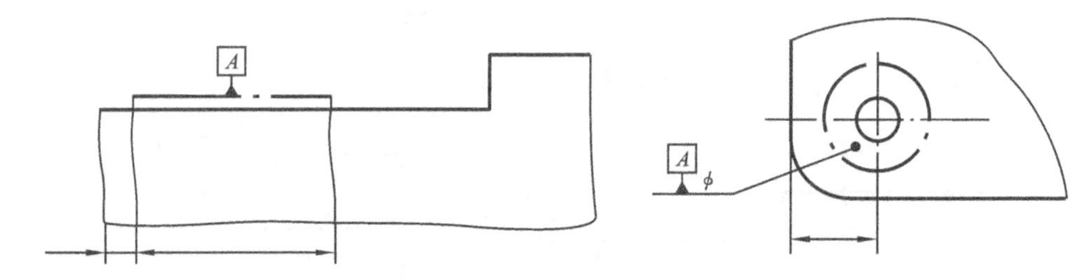

图 4-15　基准要素是局部要素时的标注

4. 几何公差的特殊标注方法

表 4-3 所示为几何公差的特殊标注。

表 4-3　几何公差的特殊标注

序号	名　称	标 注 规 定	图　　例
1	公共公差带	对若干个分离要素给出单一公差带时，在公差框格内公差值的后面加注公共公差带的符号 CZ(见图(a))。 一个公差框格可以用于具有相同几何特征和公差值的若干个分离要素(见图(b))	0.1CZ (a) 0.1 (b)
2	全周符号	轮廓度特征适用于横截面的整周轮廓或由该轮廓所示的整周表面时，应采用全周符号表示。 外轮廓线的全周统一要求标注如图(a)所示；外轮廓面的全周统一要求标注如图(b)所示	(a) (b)

续表

序号	名　称	标 注 规 定	图　　例
3	对误差值的进一步限制	对同一被测要素，如在全长上给出公差值的同时，又要求在任一长度上作进一步的限制，可同时给出全长上和任意长度上的两项要求，任一长度的公差值要求用分数表示，如图(a)所示。 同时给出全长和任一长度上的公差值时，全长上的公差框格放置于任一长度的公差框格上面，如图(b)所示。 如需限制被测要素在公差带内的形状，应在公差框格下方注明，如图(c)所示，其中“NC”为不凸起符号	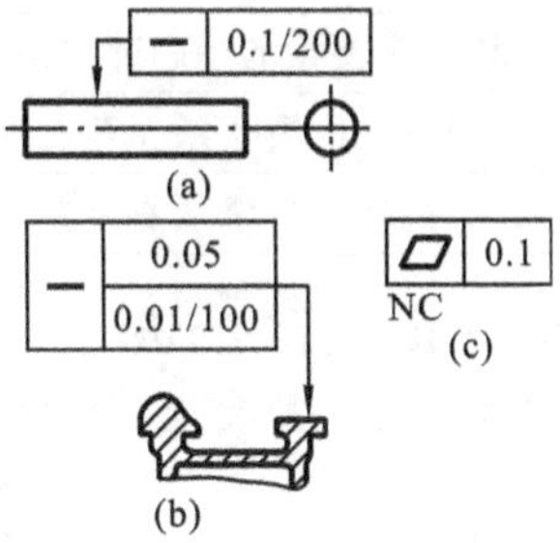 0.1/200 (a) 0.05 0.01/100 (b) 0.1 NC (c)
4	说明性内容	被测要素的数量应注在框格的上方，其他说明性内容应注在框格的下方。但也允许例外的情况，如上方或下方没有位置标注时，可注在框格的周围或指引线上	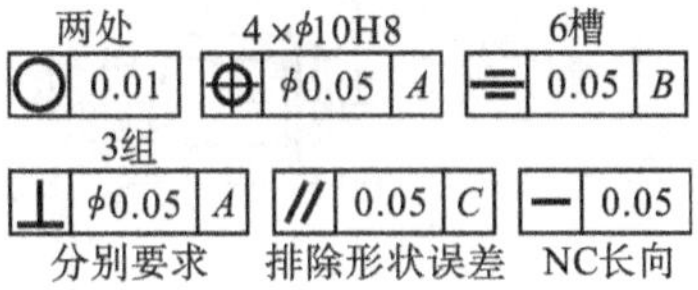 两处 0.01　4×ϕ10H8 ϕ0.05 A　6槽 0.05 B 3组 ϕ0.05 A 分别要求　0.05 C 排除形状误差　0.05 NC长向
5	螺纹	一般情况下，以螺纹的中径轴线作为被测要素或基准要素时，不需另加说明。如需以螺纹大径或小径作为被测要素或基准要素，应在框格下方或基准符号中的方格下方加注“MD”或“LD”	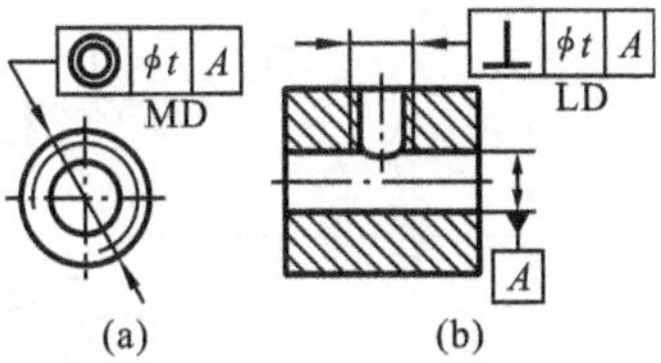 ϕt A MD (a) ϕt A LD A (b)
6	齿轮和花键	由齿轮和花键作为被测要素或基准要素时，其分度圆轴线用“PD”表示。大径(对外齿轮是顶圆直径，对内齿轮是根圆直径)轴线用“MD”表示，小径(对外齿轮是根圆直径，对内齿轮是顶圆直径)轴线用“LD”表示	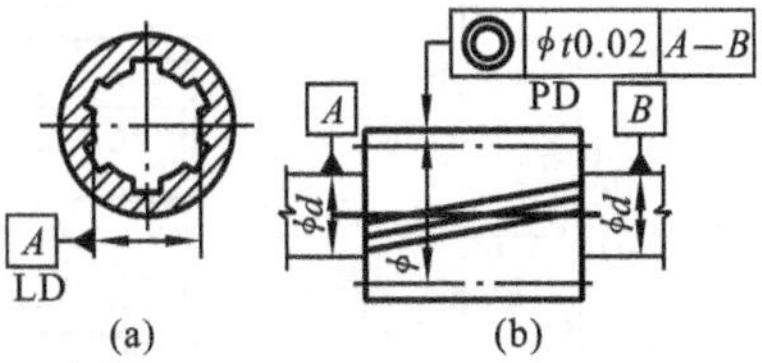 A LD (a) ϕt0.02 A—B PD A B ϕd ϕd (b)

5. 形位误差的限定符号

表 4-4 所示为形位误差的限定符号。

表 4-4 形位误差的限定符号

对误差的限定	符号	标注示例
只许实际要素的中间部位向材料内凹下	(—)	— | t(—)
只许实际要素的中间部位向材料外凸起	(+)	▱ | t(+)
只许实际要素从左至右逐渐减小	(▷)	⌭ | t(▷)
只许实际要素从右至左逐渐减小	(◁)	⌭ | t(◁)

6. 废止的标注方法

表 4-5 所示为废止的标注方法。

表 4-5 废止的标注方法

要素特征	序号	应废止的图例	说明
被测要素	1	— ϕt	被测要素为单个要素的轴线或中心平面，指示箭头不应直接指向轴线，必须与尺寸线相连
	2	— ϕt	被测要素为多要素的公共轴线或公共中心面时，指示箭头不应直接指向轴线，而应各自分别标注出
	3	//	对任选基准必须注出基准符号，并在框格中注出基准字母
基准要素	4		废止用指引线直接连接公差框格和基准要素的方法，必须标出完整的基准符号并在框格中标出字母代号
	5	◎ ϕt	短横线及三角形基准符号不应直接与尺寸线相连，必须标出基准符号并在框格中标出字母代号
	6		当基准要素为多个要素的公共轴线、公共中心平面时，短横线及三角形不应直接与公共轴线相连，必须分别标注，并在框格内注出字母代号
	7		当以中心孔为基准时，短横线及三角形不应直接与中心孔的角度尺寸线相连，必须标出基准符号并在框格中标出字母代号

4.2 几 何 公 差

4.2.1 形状公差

形状公差有直线度、平面度、圆度、圆柱度、线轮廓度、面轮廓度 6 个项目。形状公差是单一被测要素的形状对其理想要素允许的变动量。形状公差带是限制单一实际被测要素变动的区域。形状公差没有基准要求，所以公差带是浮动的。形状公差带定义及标注示例如表 4-6 所示。

表 4-6 形状公差带定义及标注示例

项目	公差带定义	标注和解释
直线度 —	在给定平面内和给定方向上，公差带是间距为公差值 t 的两平行直线之间所限定的区域 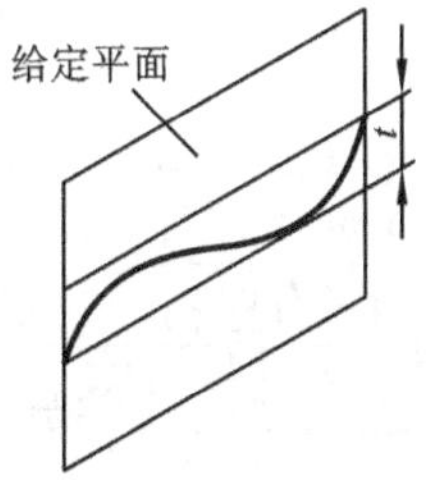 给定平面　t	被测表面的素线，必须位于平行于图样所示投影面且距离为公差值 0.04 mm 的两平行直线内 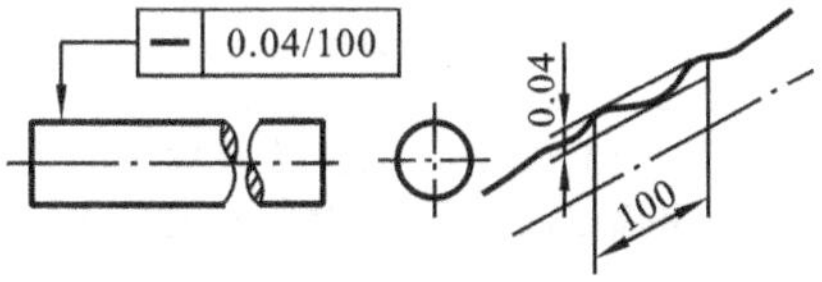 — 0.04/100　0.04　100
	(1) 给定一个方向 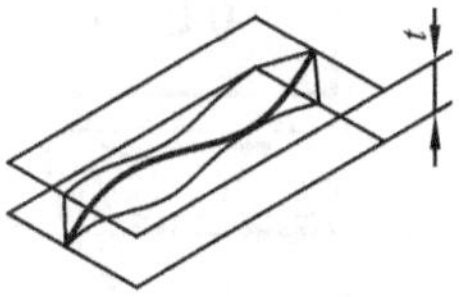 t 在给定方向上，公差带是间距为公差值 t 的两平行平面之间所限定的区域	被测刀口尺棱线必须位于间距为公差值 0.02 mm、垂直于箭头方向的两平行平面之内 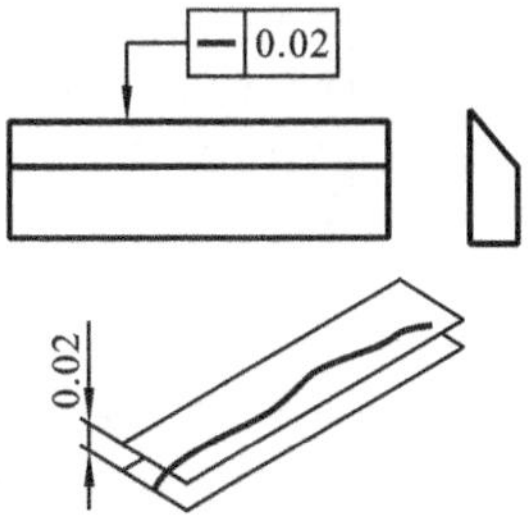 — 0.02 0.02

续表

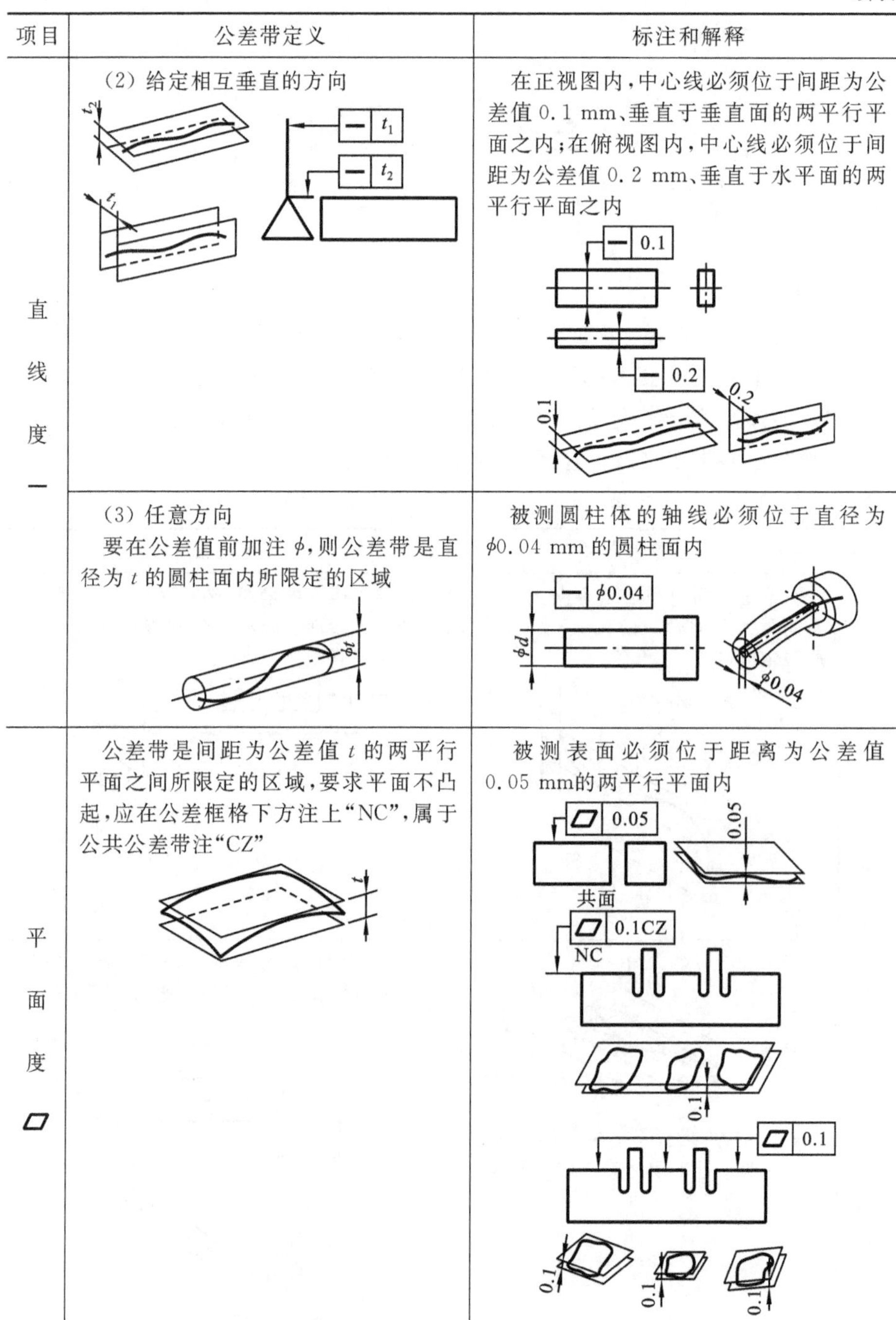

项目	公差带定义	标注和解释
直线度 —	(2) 给定相互垂直的方向	在正视图内,中心线必须位于间距为公差值 0.1 mm、垂直于垂直面的两平行平面之内;在俯视图内,中心线必须位于间距为公差值 0.2 mm、垂直于水平面的两平行平面之内
	(3) 任意方向 要在公差值前加注 ϕ,则公差带是直径为 t 的圆柱面内所限定的区域	被测圆柱体的轴线必须位于直径为 ϕ0.04 mm 的圆柱面内
平面度 ▱	公差带是间距为公差值 t 的两平行平面之间所限定的区域,要求平面不凸起,应在公差框格下方注上“NC”,属于公共公差带注“CZ”	被测表面必须位于距离为公差值 0.05 mm的两平行平面内

续表

项目	公差带定义	标注和解释
圆度 ○	公差带是在给定横截面上，半径差为公差值 t 的两同心圆之间所限定的区域	被测圆柱面任意横截面的圆周必须位于半径差为公差值 0.03 mm 的两同心圆之间。 被测圆锥面任意横截面的圆周必须位于半径差为公差值 0.03 mm 的两同心圆之间
圆柱度 ⌭	公差带是半径差为公差值 t 的两同轴圆柱面之间所限定的区域	被测内孔圆柱面必须位于半径差为公差值 0.01 mm 的两同轴圆柱面之间

4.2.2 轮廓度公差

线轮廓度或面轮廓度公差是对零件表面的要求（非圆曲线和非圆曲面），可以仅限定其形状误差，也可在限制形状、方向或位置误差的同时，还对基准提出要求。前者属于形状公差，后者属于位置公差，它们是关联要素在方向或位置上相对于基准所允许的变动全量。轮廓度（形状或位置）公差带定义及标注示例如表 4-7 所示。

当给出一个或一组要素的位置、方向或轮廓度公差时，分别用来确定其理论正确位置、方向或轮廓的尺寸称为理论正确尺寸（TED）。

TED 也用于确定基准体系中各基准之间的方向、位置关系。TED 没有公差，并标注在一个方框中，如 60°，R8，见表 4-7 中标注示例。

表 4-7　轮廓度公差带定义与标注示例

项目	公差带定义	标注示例和解释
线轮廓度 ⌒	1) 无基准要求 公差带为直径等于公差值 t、圆心位于具有理论正确几何形状上的一系列圆的两包络线所限定的区域 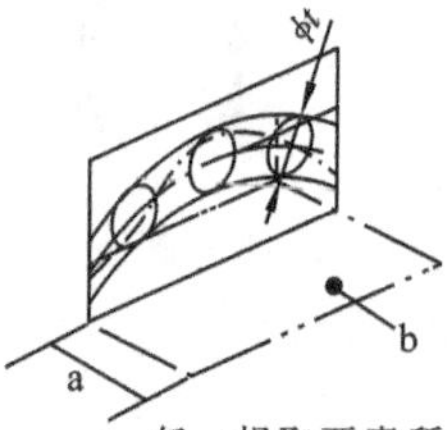 a：任一提取要素所在位置 b：垂直于图示平面的平面	在任一平行于图示投影面的截面内，提取(实际)轮廓线应限定在直径等于 0.04、圆心位于被测要素理论正确几何形状上的一系列圆的两包络线之间 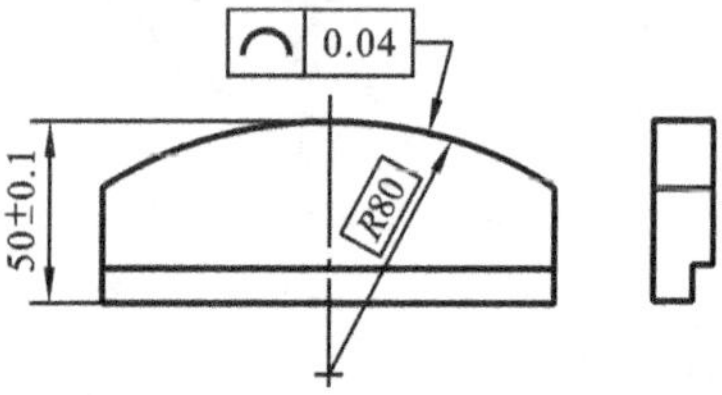
	2) 有基准要求 公差带为直径等于公差值 t、圆心位于由基准平面 A 和基准平面 B 确定的被测要素理论正确几何形状上的一系列圆的两包络线所限定的区域 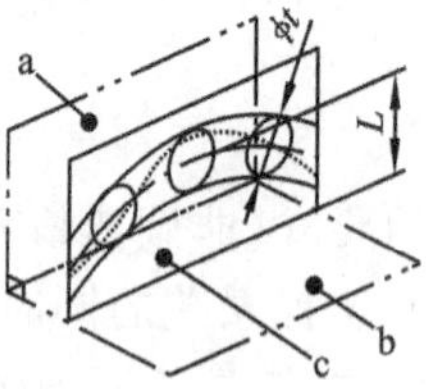 a：基准平面A_1 b：基准平面B_1 c：平行于基准A的平面	在任一平行于图示投影平面的截面内，提取(实际)轮廓线应限定在直径等于 0.04、圆心位于由基准平面 A 和基准平面 B 确定的被测要素理论正确几何形状上的一系列圆的两等距包络线之间 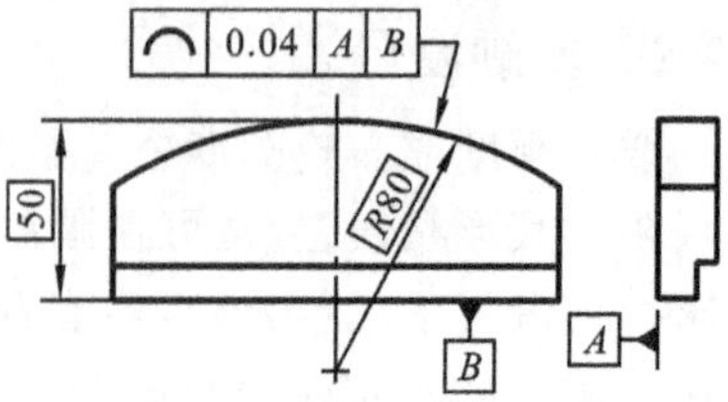

续表

项目	公差带定义	标注示例和解释
面轮廓度 ⌓	1）无基准要求 公差带为直径等于公差值 t、球心位于被测要素理论正确形状上的一系列圆球的两包络面所限定的区域 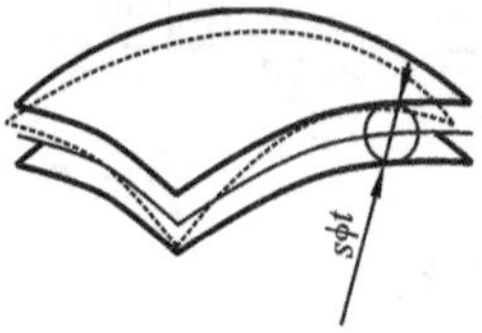 $S\phi t$	提取（实际）轮廓面应限定在直径等于0.02、球心位于被测要素理论正确几何形状上的一系列圆球的两等距包络面之间 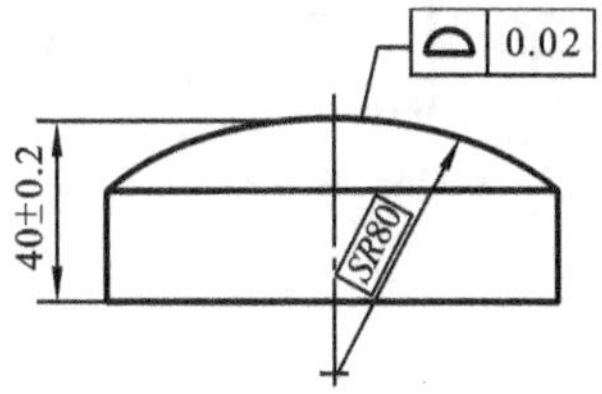 ⌓ 0.02 40±0.2 SR80
	2）有基准要求 公差带为直径等于公差值 t、球心位于由基准平面 A 确定的被测要素理论正确几何形状上的一系列圆球的两包络面所限定的区域 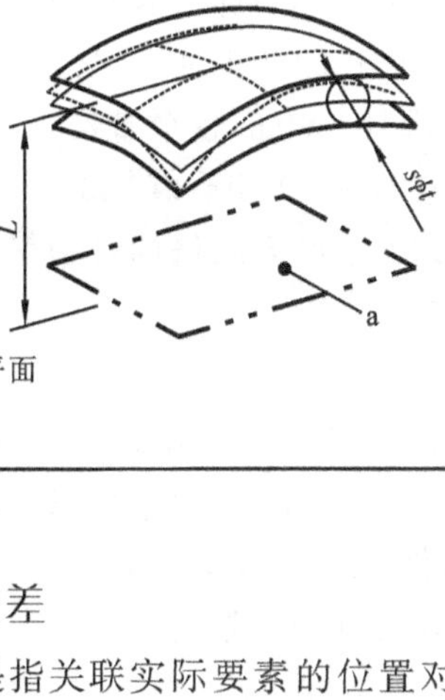 $S\phi t$ L a a：基准平面	提取（实际）轮廓面应限定在直径等于0.1、球心位于由基准平面 A 确定的被测要素理论正确几何形状上的一系列圆球的两等距包络面之间 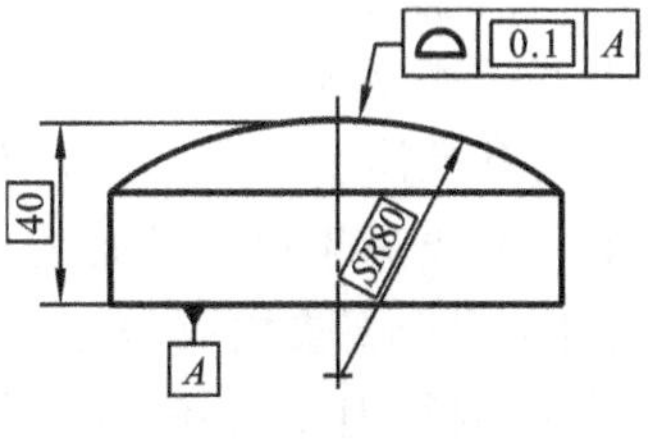 ⌓ 0.1 A 40 SR80 A

4.2.3 位置公差

位置公差是指关联实际要素的位置对基准所允许的变动全量，分为方向、位置和跳动公差。

1. 基准

基准是确定要素间几何关系方向或（和）位置的依据。根据关联被测要素所需基准的个数及构成某基准的零件上要素的个数，图样上标出的基准可归纳为以下三种,如图 4-16 所示。

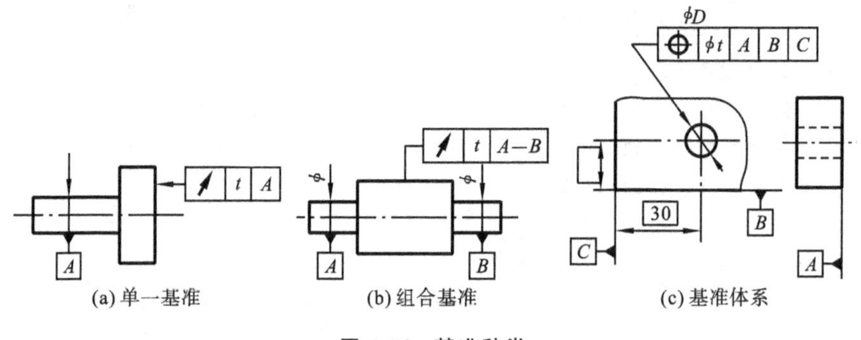

(a) 单一基准　(b) 组合基准　(c) 基准体系

图 4-16　基准种类

1）单一基准

由一个要素建立的基准称为单一基准,如一个平面、一条中心线或轴线等。

2）组合基准

由两个或两个以上要素(理想情况下这些要素共线或共面)共同构成、起单一基准作用的基准称为组合基准(或称公共基准)。在公差框格中标注时,将各个基准字母用短横线相连并写在同一格内,以表示作为单一基准使用。

3）基准体系

若某被测要素需由两个或三个相互间具有确定关系的基准共同确定,这种基准称为基准体系。常见形式有:相互垂直的两平面基准或三平面基准,相互垂直的一直线基准和一平面基准。基准体系中的各个基准可以由单个要素构成,也可由多个要素构成,若由多个要素构成,按组合基准的形式标注。应用基准体系时,要特别注意基准的顺序。填在框格第三格的称为第一基准,填在其后的依次称为第二、第三(如果有)基准。

2. 方向公差

方向公差有平行度、垂直度和倾斜度三个项目及线、面轮廓度。有“线对线”(被测要素和基准要素均为直线)、“线对面”、“面对线”和“面对面”四种形式。方向公差限制关联实际要素对基准的方向变动。方向公差的公差带的方向是固定的,由基准确定,其位置可以在尺寸公差带内浮动。

方向公差有如下特点:相对于基准有方向要求(平行、垂直或倾斜、理论正确角度);在满足方向要求的前提下,公差带的位置可以浮动;能综合控制被测要素的形状误差,因此,当对某一被测要素给出定向公差后,通常不再对该要素给出形状公差,如果在功能上需要对形状精度有进一步要求,则可同时给出形状公差,形状公差值一定小于定向公差值。

方向公差定义及标注示例如表4-8所示。

表4-8 方向公差定义及标注示例

项目		公差带定义	标注和解释
平行度 //	线对线	(1) 给定一个方向 公差带是间距为公差值 t，且平行于基准线，位于给定方向上的两平行平面之间的区域 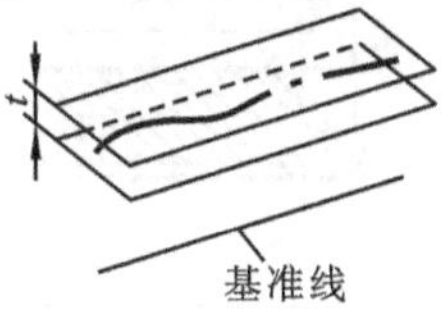	提取（实际）中心线必须位于间距为公差值0.2 mm，且在给定方向上平行于基准轴线的两平行平面之间 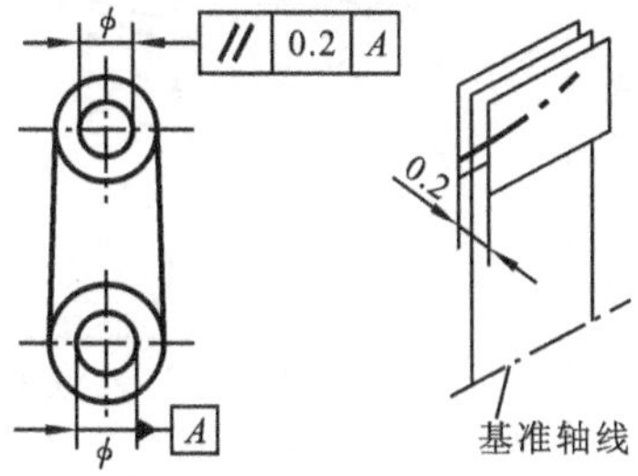
		(2) 给定相互垂直方向 公差带是两对互相垂直的间距为 t_1 和 t_2，且平行于基准线的两平行平面之间的区域 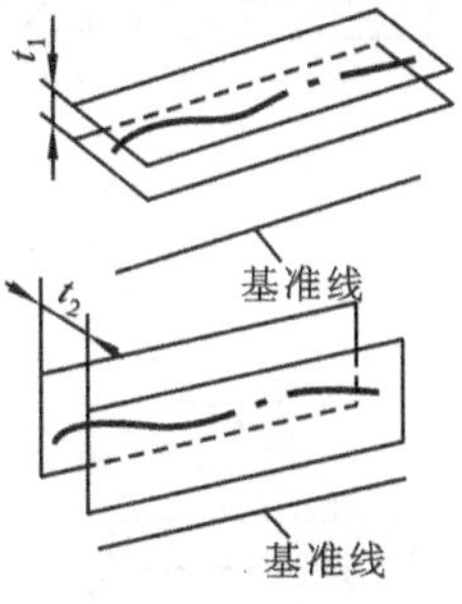	提取（实际）中心线必须位于间距分别为公差值0.2 mm和0.1 mm的相互垂直的方向上，且在平行于基准轴线的两组平行平面之间 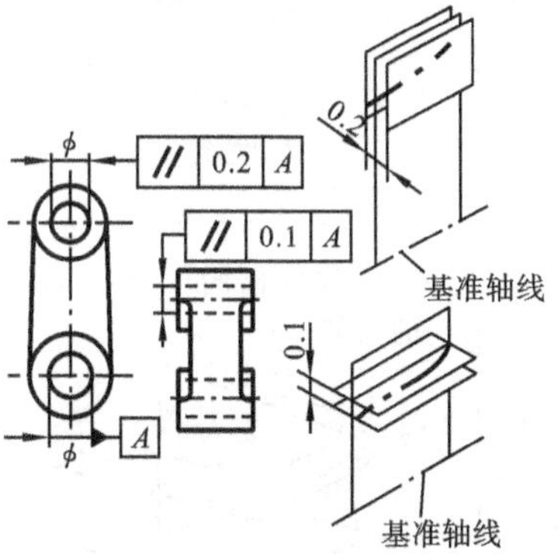
		(3) 任意方向 如在公差值前加注 ϕ，公差带是直径为公差值 t，且平行于基准线的圆柱面内的区域 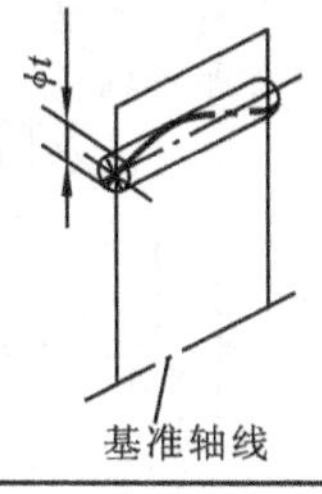	提取（实际）中心线必须位于直径为公差值 ϕ0.1 mm，且平行于基准轴线的圆柱面内 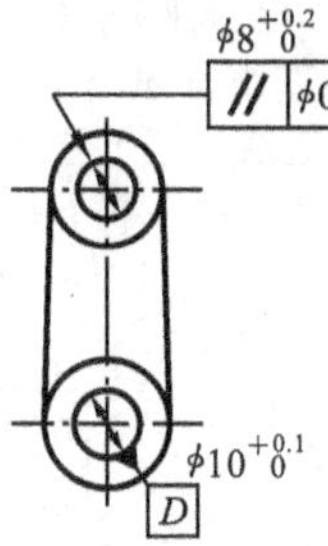

续表

项目		公差带定义	标注和解释
平行度 //	线对基准面	公差带是间距为公差值 t,且平行于基准平面的两平行平面之间的区域 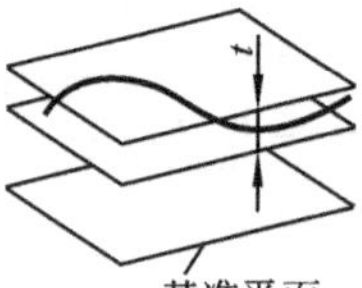	提取(实际)ϕ8 mm孔中心线必须位于间距为公差值0.03 mm,且平行于基准平面的两平行平面之间的区域 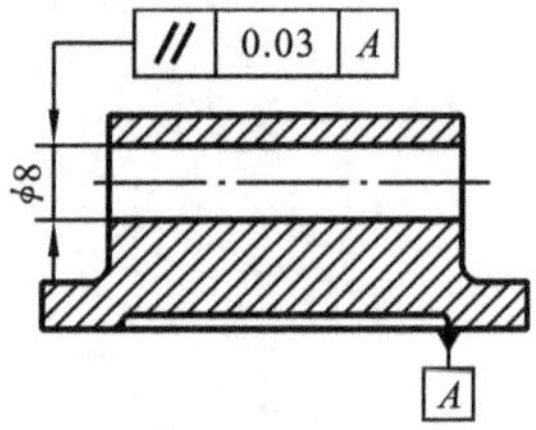
	面对基准线	公差带是间距为公差值 t,且平行于基准线的两平行平面之间的区域 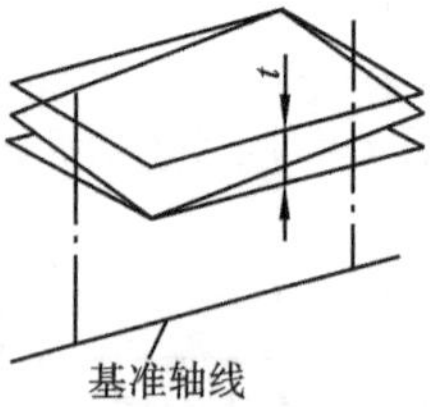	提取(实际)平面必须位于间距为公差值0.05 mm,且平行于基准孔轴线的两平行平面之间的区域 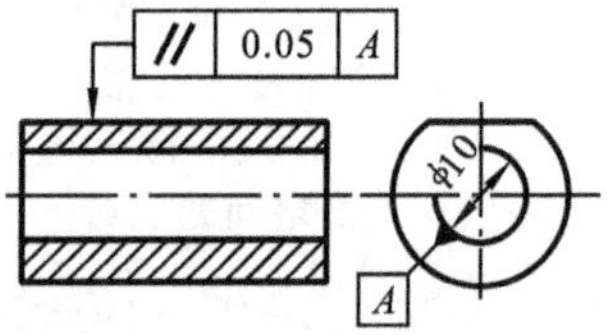
	面对基准面	公差带是间距为公差值 t,且平行于基准面的两平行平面之间的区域 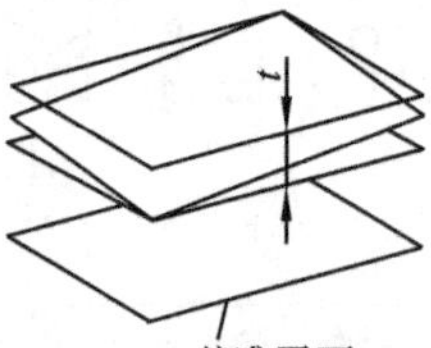	提取(实际)平面必须位于间距为公差值0.05 mm,且平行于基准面的两平行平面之间的区域 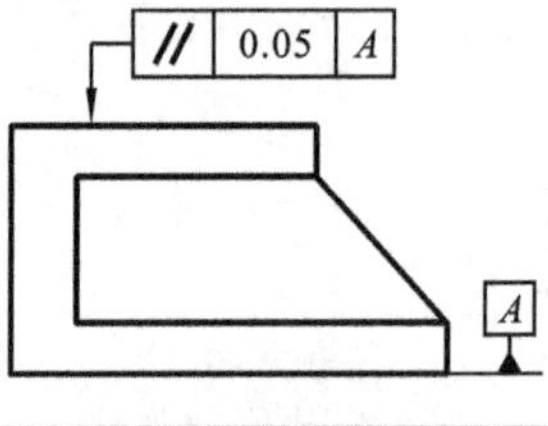
	线对基准体系	公差带为间距等于公差值 t 的两平行直线所限定的区域内,该两平行直线平行于基准平面 A 且在平行于基准平面 B 的平面内 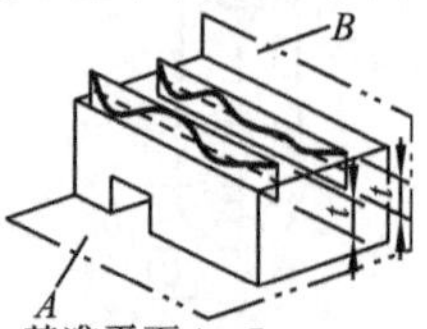	提取(实际)线必须位于间距等于公差值0.02 mm的两平行直线所限定的区域内,该两平行直线平行于基准平面 A 且在平行于基准平面 B 的平面内 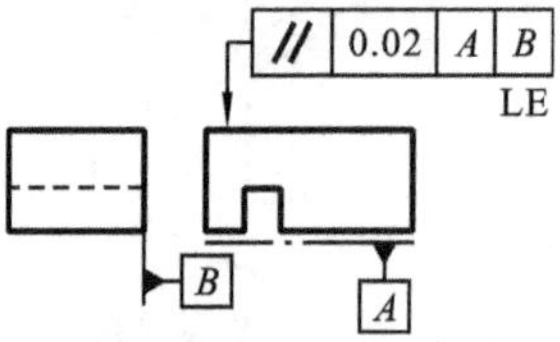

续表

项目		公差带定义	标注和解释
垂直度 ⊥	线对基准线	公差带是间距为公差值 t，垂直于基准线的两平行平面之间的区域 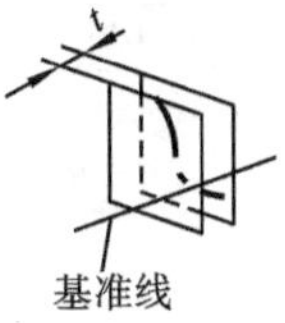	提取（实际）孔 ϕD 中心线必须位于间距为公差值 0.05 mm，且垂直于基准线（ϕD_1 孔的轴线）的两平行平面之间 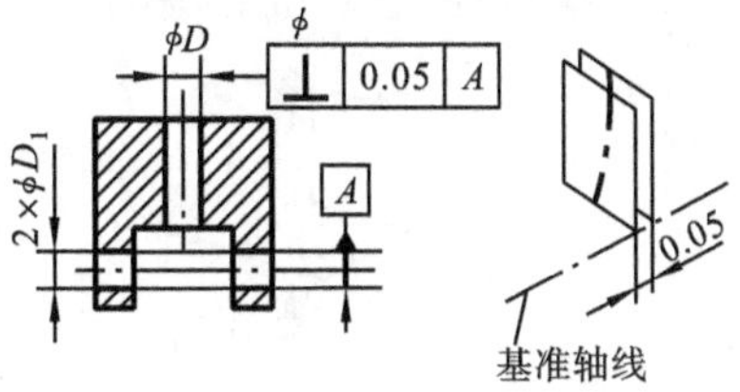
	线对基准面	（1）给定一个方向 在给定方向上，公差带为间距为公差值 t 且垂直于基准面的两平行平面之间的区域 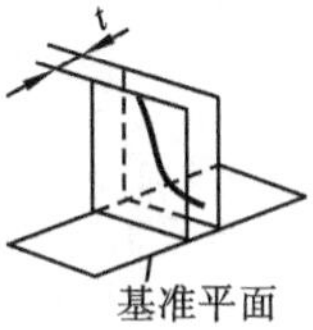	在给定方向上，提取（实际）中心线必须位于间距为公差值 0.05 mm，且垂直于基准表面 A 的两平面之间 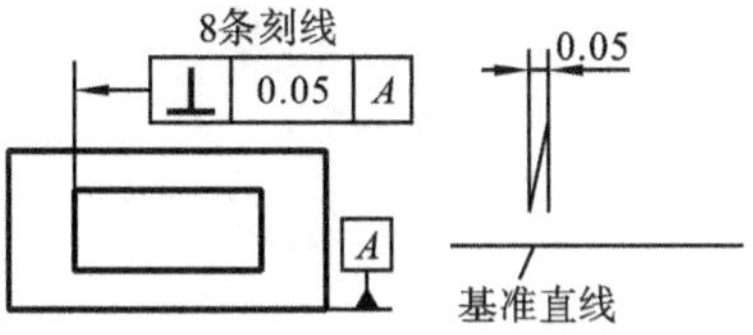
		（2）给定相互垂直的两个方向 公差带分别是互相垂直的间距为 t_1 和 t_2 且垂直于基准面的两对平行平面之间的区域 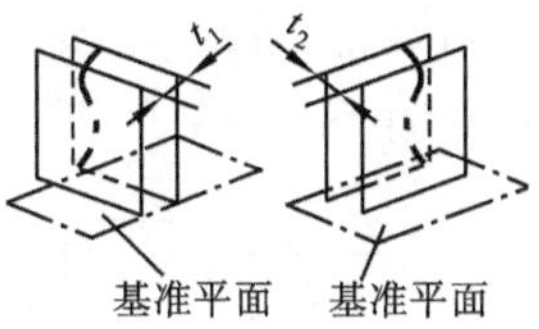	提取（实际）中心线必须位于间距分别为公差值 0.1 mm 和 0.2 mm 的互相垂直且垂直于基准平面 A 的两对平行平面之间 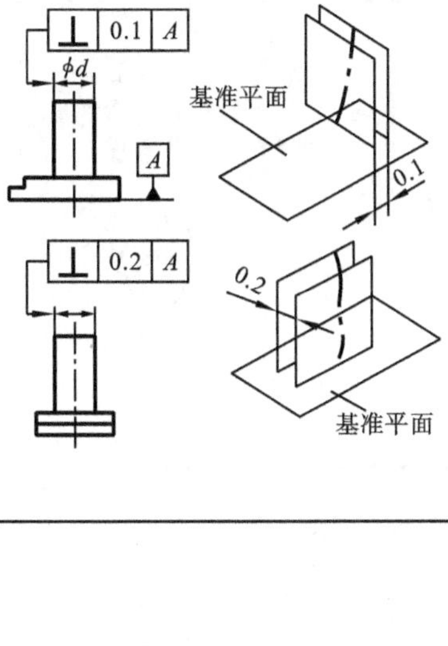

续表

项目		公差带定义	标注和解释
垂直度 ⊥	线对基准面	(3) 任意方向 如在公差值前加注 ϕ,公差带是直径为公差值 t,且垂直于基准面的圆柱面内的区域	提取(实际)中心线必须位于直径为公差值 ϕ0.05 mm,且垂直于基准平面的圆柱面内
	面对线	公差带是间距为公差值 t,且垂直于基准线的两平行平面之间的区域	提取(实际)表面必须位于间距为公差值 t,且垂直于基准线(基准轴线)的两平行平面之间
	面对面	公差带是间距为公差值 t,且垂直于基准面的两平行平面之间的区域	提取(实际)表面必须位于间距为公差值 t,且垂直于基准平面的两平行平面之间
倾斜度 ∠	线对线	(1) 在同一平面内 被测线和基准线在同一平面内:公差带是间距为公差值 t,且与基准线成给定角度的两平行平面之间的区域	提取(实际)ϕ25 孔中心线必须位于间距为公差值 0.1 mm,且与基准轴线(ϕ22 孔中心线)在图样平面内成理论角度 60°的两平行平面之间

续表

<table>
<tr><th colspan="2">项　目</th><th>公差带定义</th><th>标注和解释</th></tr>
<tr><td rowspan="3">倾
斜
度
∠</td><td>线
对
线</td><td>（2）不在同一平面内
被测线与基准线不在同一平面内：公带差是间距为公差值 t，且与基准线成一给定角度的两平行平面之间的区域。如被测线与基准线不在同一平面内，则被测线应投影到包含基准线并平行于被测线的平面上，公差带是相对于投影到该平面的线而言的 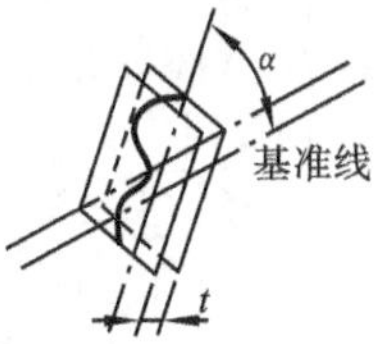
α　基准线　t</td><td>提取（实际）ϕ18 孔中心线投影到包含基准轴线的平面上，它必须位于间距为公差值 0.05 mm，并与基准线 A 成理论正确角度 60°的两平行平面之间 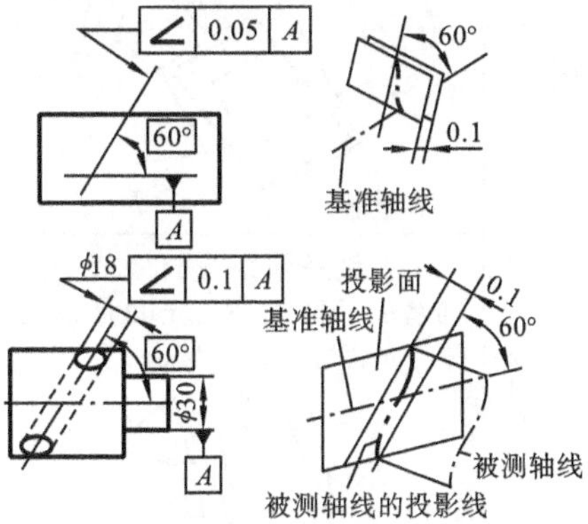
∠ 0.05 A　60°　60°　0.1　基准轴线　A
ϕ18　∠ 0.1 A　60°　ϕ30　A　投影面　0.1　60°　基准轴线　被测轴线　被测轴线的投影线</td></tr>
<tr><td rowspan="2">线对基准面</td><td>（1）给定方向
公差带是间距为公差值 t，且与基准平面成一给定角度的两平行平面之间的区域 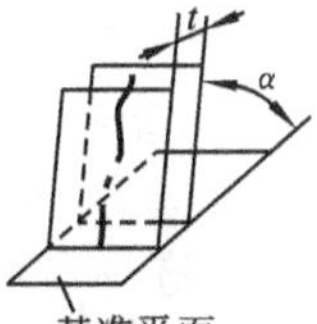
t　α　基准平面</td><td>提取（实际）中心线必须位于间距为公差值 t，且与基准面（基准平面）成理论正确角度 60°的两平行平面之间 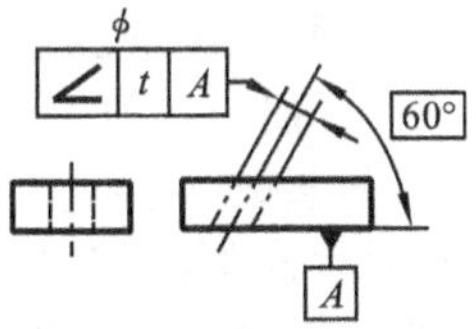
ϕ　∠ t A　60°　A</td></tr>
<tr><td>（2）任意方向
如在公差值前加注 ϕ，则公差带是直径为公差值 t 的圆柱面内的区域，该圆柱面的轴线应平行于基准平面 B，并与基准平面 A 呈一给定的角度 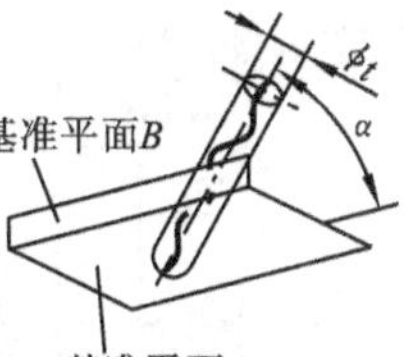 α
ϕt　α　基准平面B　基准平面A</td><td>提取（实际）中心线必须位于直径为 t 的圆柱公差带内，该公差带应平行于基准平面 B 并与基准平面 A 呈理论正确角度 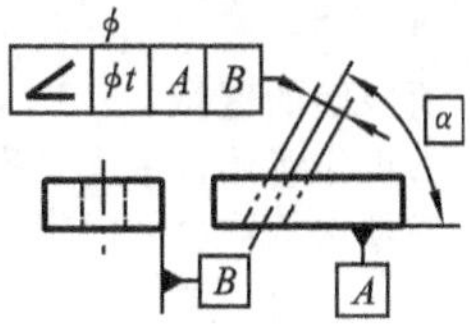 α
ϕ　∠ ϕt A B　α　B　A</td></tr>
</table>

续表

项目		公差带定义	标注和解释
倾斜度 ∠	面对基准线	公差带是间距为公差值 t，且与基准线成一给定角度的两平行平面之间的区域 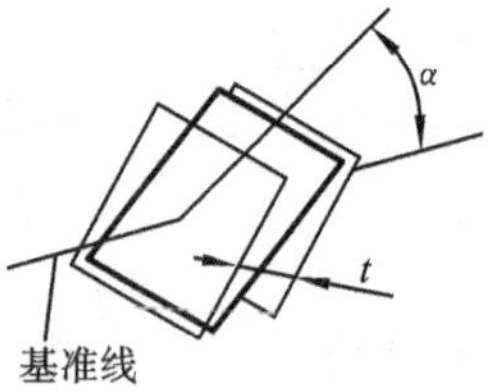 基准线	提取(实际)表面必须位于距离为公差值 t，且与基准线(基准轴线)成理论正确角度 75°的两平行平面之间 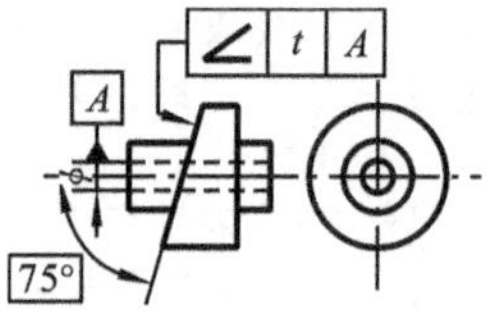
	面对基准面	公差带是间距为公差值 t，且与基准平面成一给定角度的两平行平面之间的区域 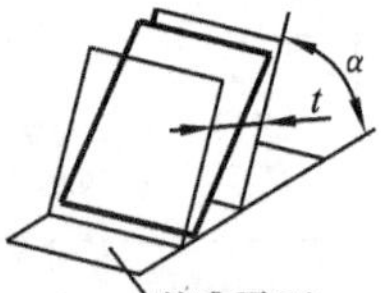 基准平面	提取(实际)表面必须位于间距为公差值 t，且与基准面(基准平面)成理论正确角度 α 的两平行平面之间 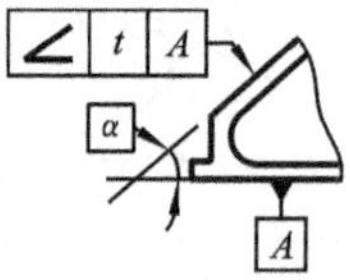

3. 位置公差

位置公差有同轴度(同心度)、对称度和位置度三个项目。位置公差是关联被测要素对其有确定位置的理想要素允许的变动量。位置公差有如下特点：相对于基准有位置要求，方向要求包含在位置要求之中；能综合控制被测要素的方向、位置和形状误差，当对某一被测要素给出位置公差后，通常不再对该要素给出定向和形状公差，如果在功能上对方向和形状有进一步要求，则可同时给出定向或形状公差。位置公差带定义及标注示例，如表 4-9 所示。

表 4-9　位置公差带定义及标注示例

项目		公差带定义	标注和解释
位置度 ⌖	点的位置度	公差值前加注 $S\phi$，公差带为直径等于公差值 $S\phi t$ 的圆球面所限定的区域。该圆球面中心的理论正确位置由基准 A、B、C 和理论正确尺寸确定 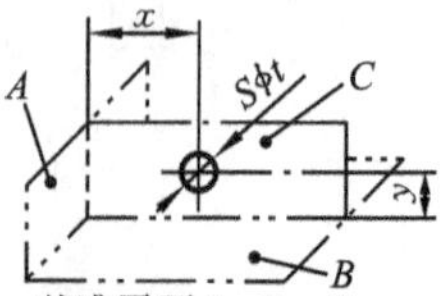 基准平面A、B、C	提取(实际)球心应限定在直径等于 $S\phi0.3$ 的圆球面内，该圆球面的中心由基准平面 A、基准平面 B、基准中心平面 C 和理论正确尺寸 30、25 确定。 注：提取(实际)球心的定义尚未标准化 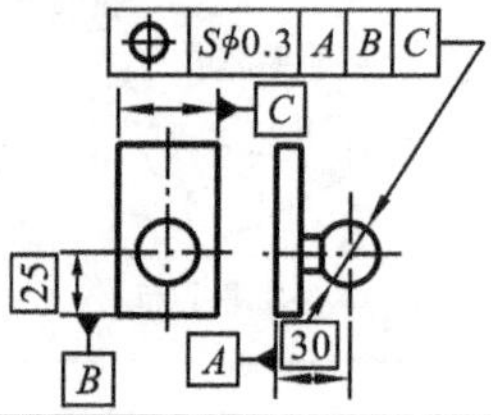

续表

<table>
<tr><th colspan="2">项　目</th><th>公差带定义</th><th>标注和解释</th></tr>
<tr><td rowspan="2">位置度 ⌖</td><td rowspan="2">线的位置度</td><td>(1) 给定一个方向
公差带是间距为公差值 t，且以轴线的理想位置为中心线对称配置的两平行直线之间的区域。中心线的位置，由相对于基准平面的理论正确尺寸确定，此位置度公差仅给定一个方向 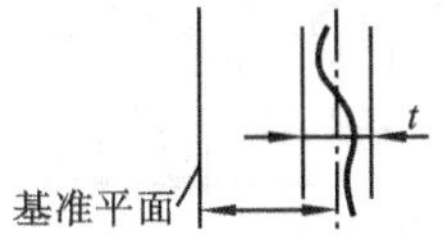
基准平面 t</td><td>每根刻线的中心线必须位于间距为公差值 0.05 mm，且相对于基准轴线 A 所确定的理想位置对称的两平行直线之间 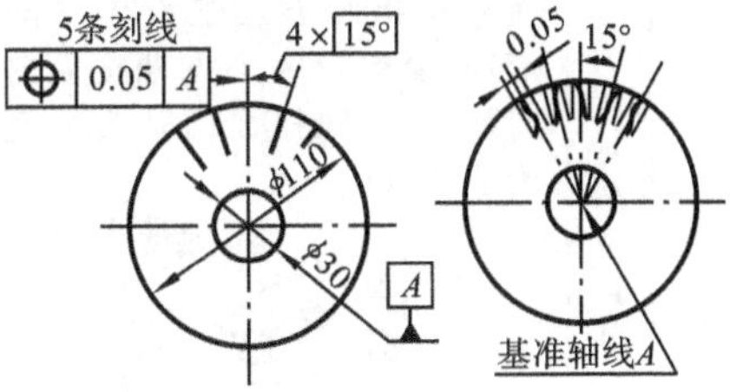
5条刻线 ⌖ 0.05 A 4×15° φ110 φ30 A 0.05 15° 基准轴线A</td></tr>
<tr><td>(2) 给定相互垂直的两个方向
公差带是两对互相垂直的间距为 t_1 和 t_2，且以轴线的理想位置为中心对称配置的两平行平面之间的区域。轴线的理想位置是由相对于三基面体系的理论正确尺寸确定的，此位置度公差相对于基准平面给定互相垂直的两个方向 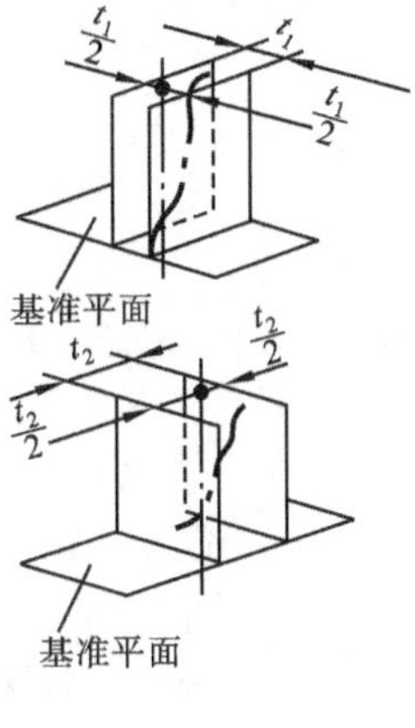
$\frac{t_1}{2}$ t_1 $\frac{t_1}{2}$ 基准平面
t_2 $\frac{t_2}{2}$ $\frac{t_2}{2}$ 基准平面</td><td>各个被测孔的轴线必须分别位于两对互相垂直的间距为 t_1 和 t_2，且相对于 C、A、B 基准表面(基准平面)所确定的理想位置对称配置的两平行平面之间 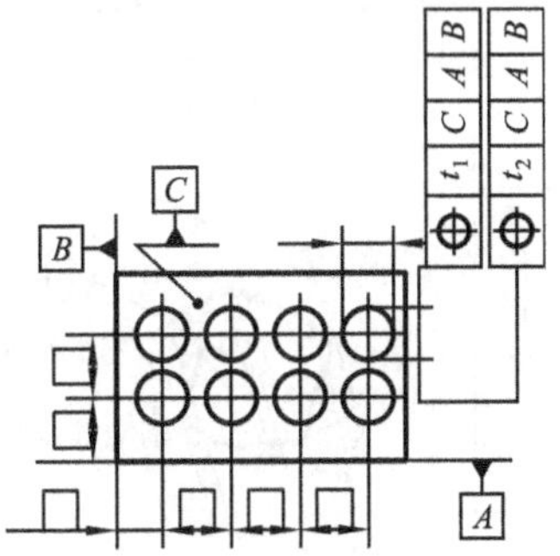
⌖ t_1 C A B　⌖ t_2 C A B　C　B　A</td></tr>
</table>

续表

项目		公差带定义	标注和解释
位置度 ⌖	线的位置度	（3）复合位置度 公差带分别是直径为公差值 ϕt_1 的圆柱面内的区域（该圆柱面轴线相对于三基面体系确定）和公差带为 ϕ_2 的圆柱面内的区域（该圆柱面的轴线垂直于基准 A） 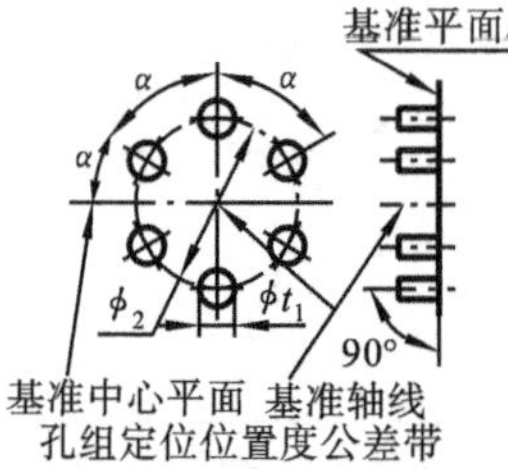	各提取（实际）中心线应各自限定在直径等于 ϕ0.1 mm 的圆柱面内，该圆柱面的轴线应处于由基准平面 C、A、B 和理论正确尺寸 20 mm、15 mm、30 mm 确定的各孔轴线的理论正确位置上 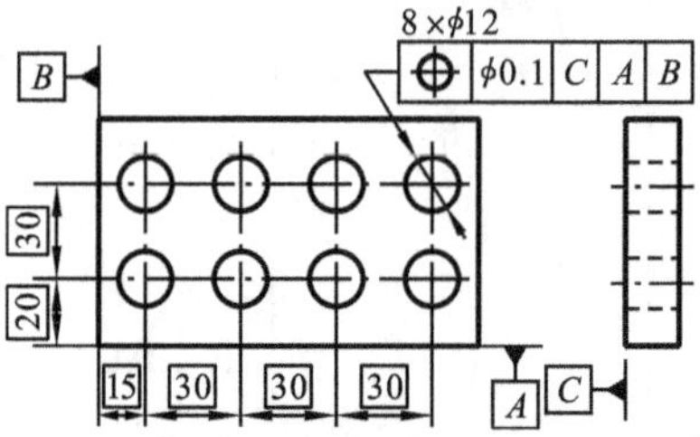
	面的位置度	公差带是间距为公差值 t，且以面的理想位置为中心对称配置的两平行平面之间的区域，面的理想位置是由相对于三基面体系的理论正确尺寸确定的 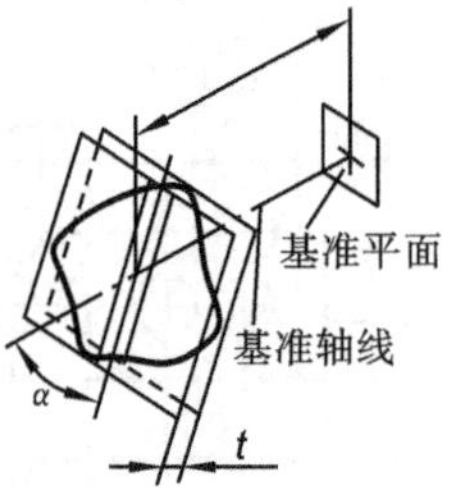	提取（实际）表面必须位于间距为公差值 t，且相对于基准线 B（基准轴线）和基准表面 A（基准平面）所确定的理想位置对称配置的两平行平面之间 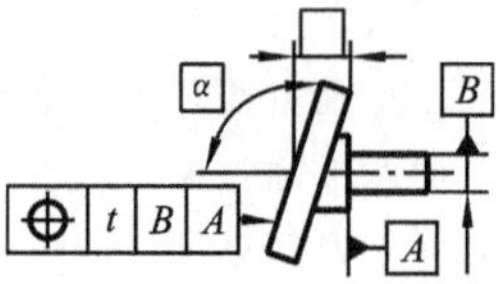
同轴度（同心度）◎	点的同心度	公差带是公差值为 ϕt，且与基准圆心同心的圆内的区域 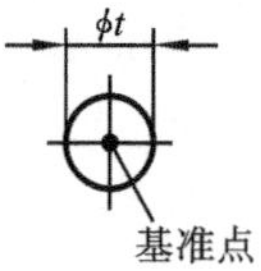	外圆的圆心必须位于公差值为 ϕt，且与基准圆心同心的圆内 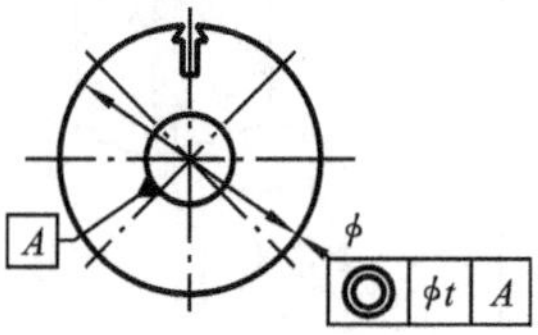

续表

项目		公差带定义	标注和解释
同轴度(同心度)◎	轴线的同轴度	公差带是公差值 ϕt 的圆柱面区域，该圆柱面的轴线与基准轴线同轴 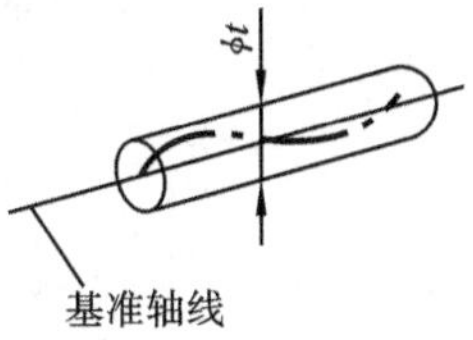 ϕt 基准轴线	ϕ38 mm孔的轴线必须位于公差值为 ϕ0.1 mm，且与基准轴线(ϕ20 mm孔轴线)同轴的圆柱面内 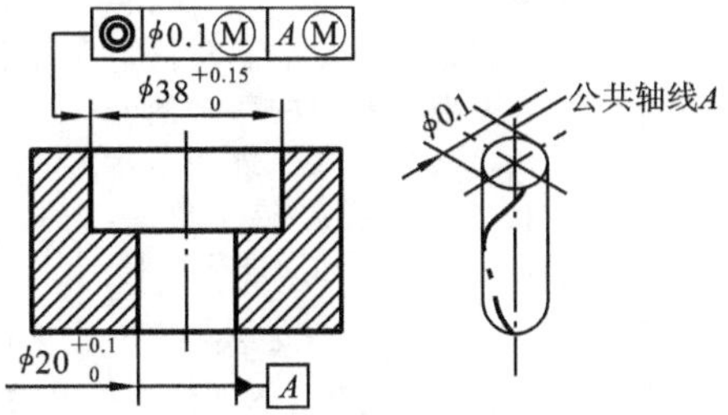 ◎ ϕ0.1Ⓜ AⓂ $\phi 38^{+0.15}_{0}$ ϕ0.1 公共轴线A $\phi 20^{+0.1}_{0}$ A
对称度 ⌯		公差带是间距为公差值 t，且相对基准平面的中心平面对称配置的两平行平面之间的区域 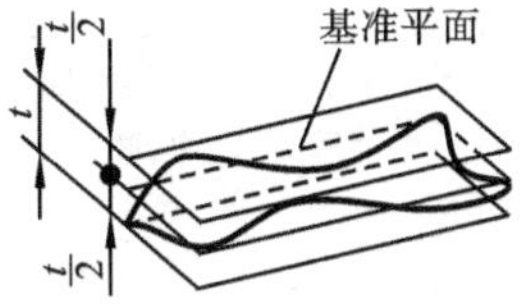 $\frac{t}{2}$ t 基准平面 $\frac{t}{2}$	提取(实际)中心平面必须位于间距为公差值 0.1 mm，且相对于基准中心平面 A 对称配置的两平行平面之间 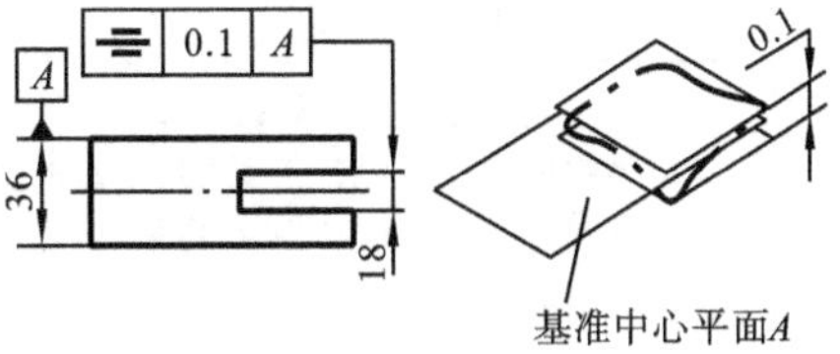 ⌯ 0.1 A A 36 18 0.1 基准中心平面A

4. 跳动公差

跳动公差是关联要素绕基准轴线回转一周或连续回转时所允许的最大跳动量，分为圆跳动和全跳动。跳动公差是针对特定的测量方法定义的几何公差项目，因而可以从测量方法上理解其意义。跳动公差带定义及标注示例如表4-10所示。

(1) 圆跳动公差是指被测实际要素在某种测量截面内相对于基准轴线的最大允许变动量。根据测量截面的不同，圆跳动分为径向圆跳动(测量截面为垂直于轴线的正截面)、端面圆跳动(也称轴向圆跳动，测量截面为与基准同轴的圆柱面)和斜向圆跳动(测量截面为素线与被测锥面的素线垂直或成一指定角度、轴线与基准轴线重合的圆锥面)。

(2) 全跳动公差是指整个被测实际表面相对于基准轴线的最大允许变动量。被测表面为圆柱面的全跳动称为径向全跳动，被测表面为平面的全跳动称为端面全跳动。

(3) 除端面全跳动外，跳动公差带有如下特点：跳动公差带相对于基准有确定的位置；跳动公差带可以综合控制被测要素的位置、方向和形状(端面全跳动相对于基准仅有确定的方向)。

表 4-10　跳动公差带定义及标注示例

项　目		公差带定义	标注和解释
圆跳动 ↗	径向圆跳动	公差带是在垂直于基准轴线的任一测量平面内、半径差为公差值 t，且圆心在基准轴线上的两个同心圆之间的区域。跳动通常是围绕轴线旋转一整周，也可对部分圆周进行控制 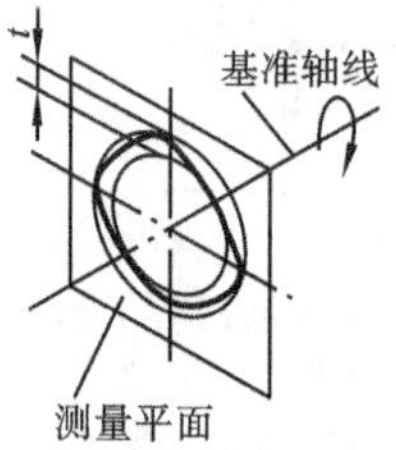 t　基准轴线　测量平面	提取(实际)圆围绕基准线 $A—B$(公共基准轴线)旋转一周时，在任一测量平面内的径向圆跳动量均不得大于 0.05 mm 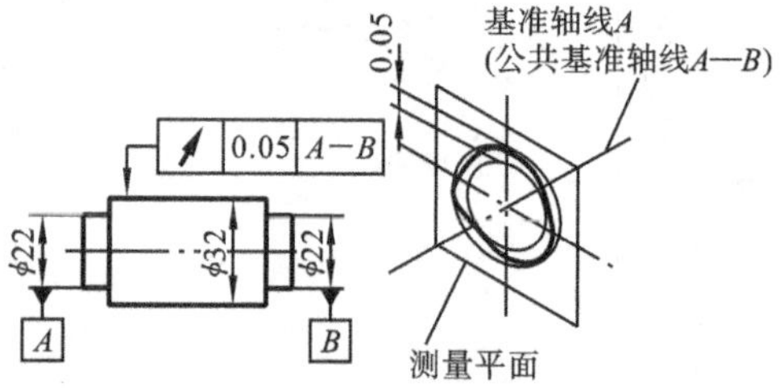 ↗ 0.05 A—B　φ22　φ32　φ22　A　B　0.05　基准轴线A (公共基准轴线A—B)　测量平面
	端面圆跳动	公差带是在与基准轴线同轴的任一半径位置的测量圆柱面上间距为 t 的两圆之间的区域 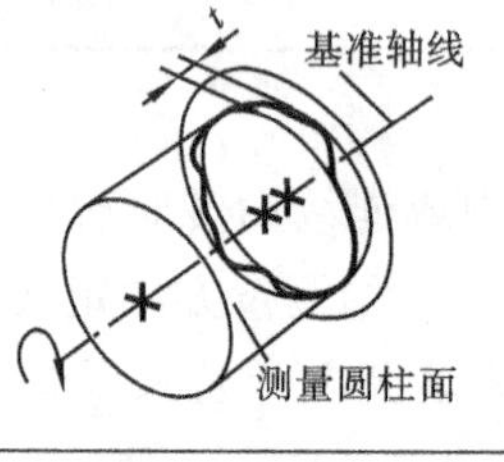 t　基准轴线　测量圆柱面	提取(实际)面围绕基准线(基准轴线)旋转一周时，在任一测量平面内的轴向跳动量均不得大于 0.05 mm 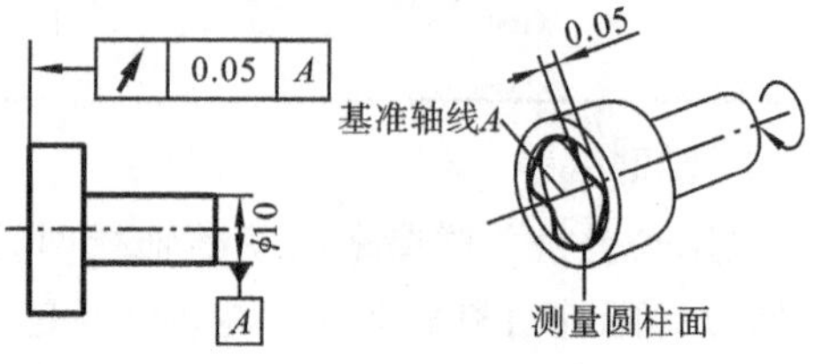 ↗ 0.05 A　φ10　A　0.05　基准轴线A　测量圆柱面
	斜向圆跳动	公差带是在与基准轴线同轴的任一侧量圆锥面上，间距为 t 的两圆之间的区域。除非另有规定，其测量方向应与被测面垂直 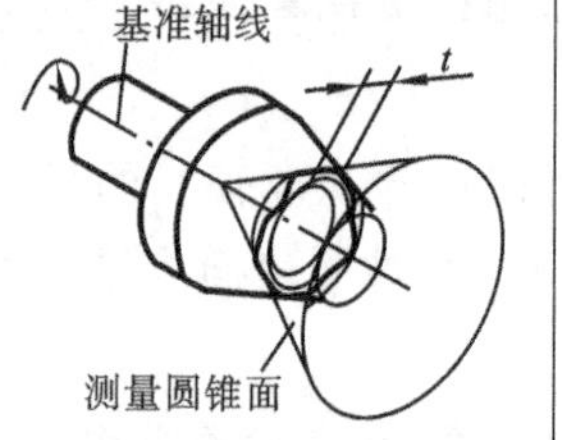 基准轴线　t　测量圆锥面	提取(实际)面绕基准(基准轴线)旋转一周时，在任一测量圆锥面上的跳动量均不得大于 0.1 mm 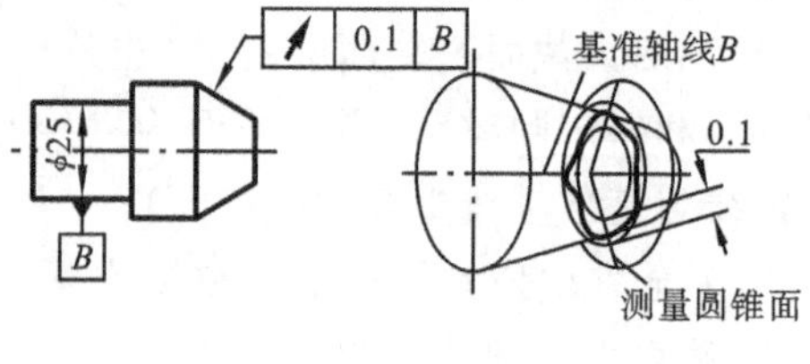 ↗ 0.1 B　φ25　B　基准轴线B　0.1　测量圆锥面

续表

项　目		公差带定义	标注和解释
全跳动 ⌰	径向全跳动	公差带是半径差为公差值 t，且与基准轴线或公共基准轴线同轴的两圆柱面之间的区域 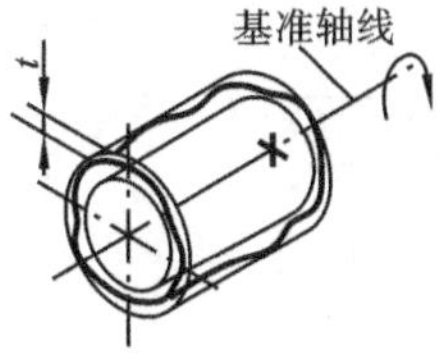	提取（实际）表面围绕基准轴线 $A—B$ 作若干次旋转，并在测量仪器与工件间同时作轴向移动，此时在被测要素上各点间的示值差均不得大于 0.1 mm，测量仪器或工件必须沿着基准轴线方向并相对于公共基准轴线 $A—B$ 移动 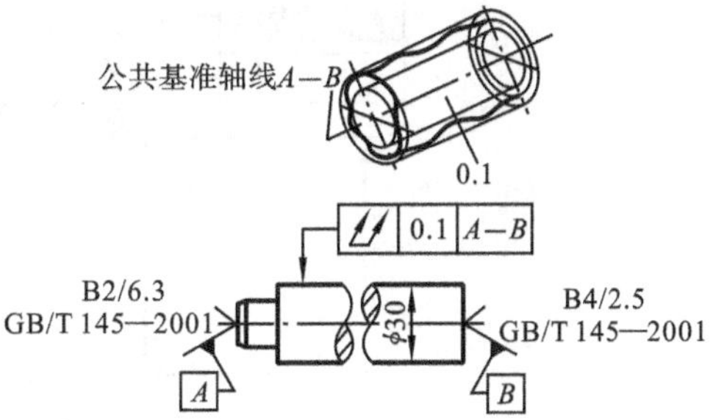
	端面全跳动	公差带是间距为公差值 t，且与基准轴线垂直的两平行平面之间的区域 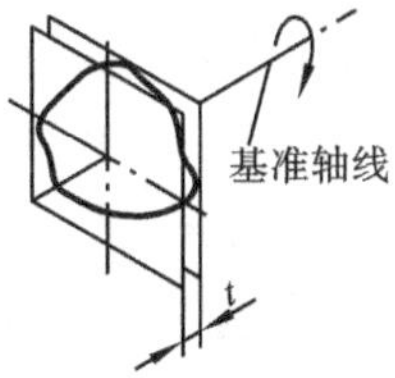	提取（实际）表面围绕基准轴线作若干次旋转，并在测量仪器与工件间作径向移动，此时，在被测要素上各点间的示值差均不得大于 0.05 mm，测量仪器或工件必须沿着轮廓具有理想正确形状的线和相对于基准轴线的正确方向移动 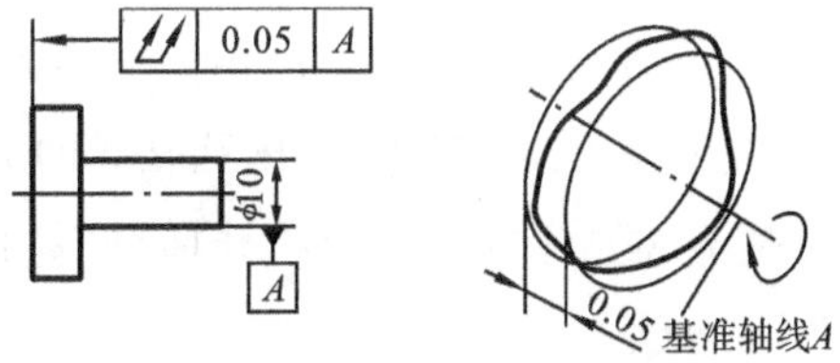

4.2.4　几何公差标注示例

例 4-1　如图 4-17 所示圆锥滚柱轴承内环零件，其几何公差要求如下：

（1）圆锥面对内孔轴线的斜向圆跳动公差为 0.012 mm；

（2）轴肩面对内孔轴线的斜向圆跳动公差为 0.005 mm；

（3）大端（左）平面对内孔轴线的垂直度公差为

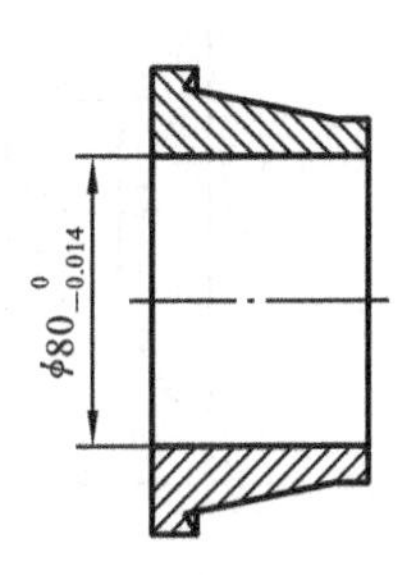

图 4-17　圆锥滚柱轴承内环

0.015 mm;

(4) 圆锥面的圆度公差为 0.006 mm;

(5) 小端(右)平面对大端(左)平面的平行度公差为 0.005 mm;

(6) 圆锥素线的直线度公差为 0.002 mm,且只允许中间材料向外凸起。

解 圆锥滚柱轴承内环零件几何公差标注如图 4-18 所示。

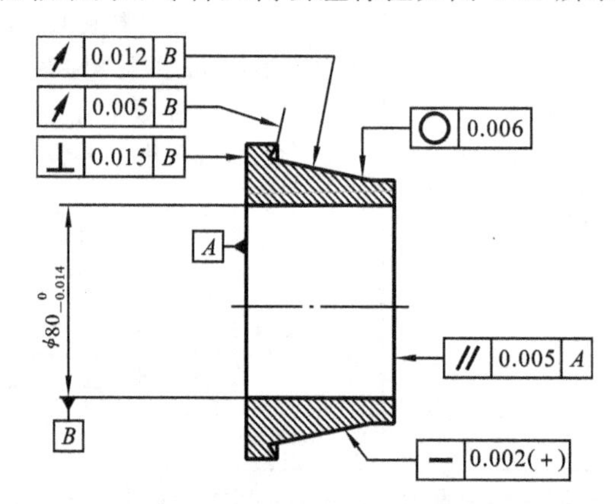

图 4-18 圆锥滚柱轴承内环几何公差的标注

例 4-2 如图 4-19 所示液压零件,其几何公差要求如下:

(1) $\phi 5_{-0.03}^{+0.05}$ mm 孔的圆度公差为 0.004 mm,圆柱度公差为 0.006 mm;

(2) B 面的平面度公差为 0.008 mm,B 面对 $\phi 5_{-0.03}^{+0.05}$ mm 孔轴线的端面圆跳动公差为 0.02 mm,B 面对 C 面的平行度公差为 0.03 mm;

(3) 平面 F 对 $\phi 5_{-0.03}^{+0.05}$ mm 孔轴线的端面圆跳动公差为 0.02 mm;

(4) $\phi 18_{-0.10}^{-0.05}$ mm 的外圆柱面轴线对 $\phi 5_{-0.03}^{+0.05}$ mm 孔轴线的同轴度公差为 0.08 mm;

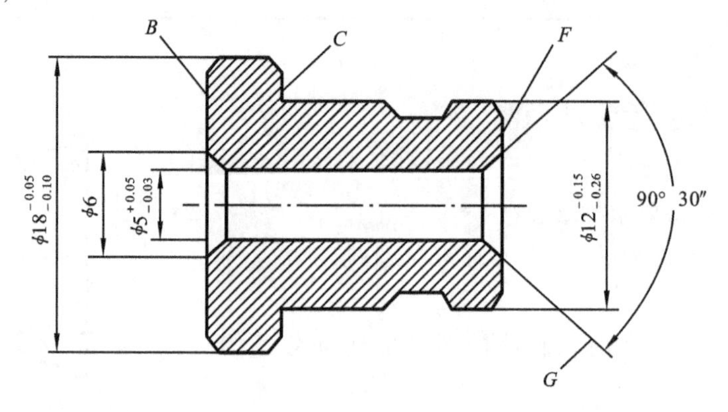

图 4-19 液压零件

(5) 90°30″密封锥面 G 的圆度公差为 0.0025 mm，G 面的轴线对 $\phi5^{+0.05}_{-0.03}$ mm 孔轴线的同轴度公差为 0.012 mm；

(6) $\phi12^{-0.15}_{-0.26}$ mm 外圆柱面轴线对 $\phi5^{+0.05}_{-0.03}$ mm 孔轴线的同轴度公差为0.08 mm。

解　液压零件几何公差标注如图 4-20 所示。

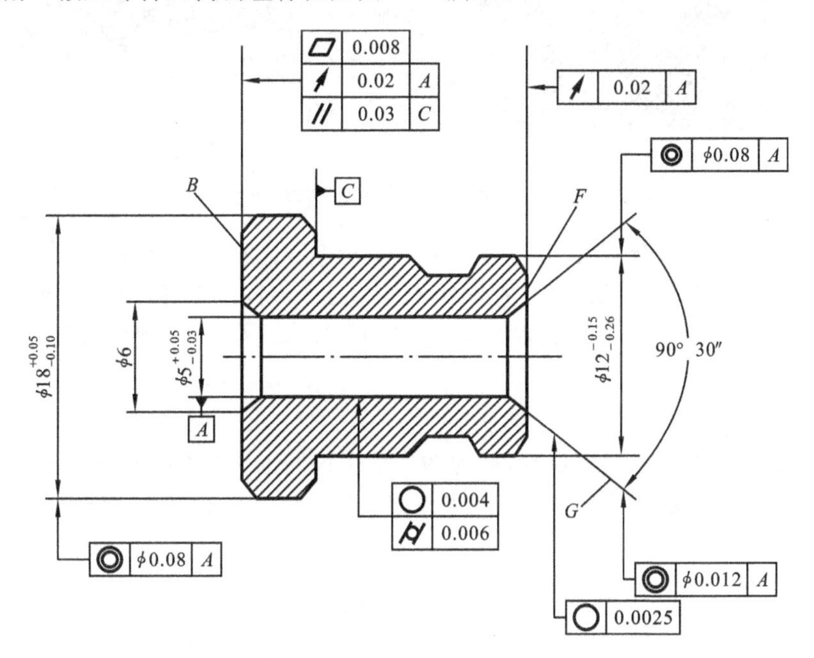

图 4-20　液压零件几何公差标注

4.2.5　形位误差的评定原则

在测量被测实际要素的形状和位置误差值时，首先应确定理想要素对被测实际要素的具体方位。因为不同方位的理想要素与被测实际要素上各点的距离是不相同的，因而测量所得的几何误差值也不相同。

确定理想要素方位的常用方法为最小包容区域法。最小包容区域法是用两个等距的理想要素包容实际要素，并使两理想要素之间的距离为最小。应用最小包容区域法评定形位误差完全满足评定准则——最小条件。所谓“最小条件”是指被测实际要素对其理想要素的最大变动量为最小。

1. 最小包容区域法

1) 直线度

在图 4-21(a)中，理想直线Ⅰ、Ⅱ、Ⅲ处于不同的位置，被测要素相对于理想

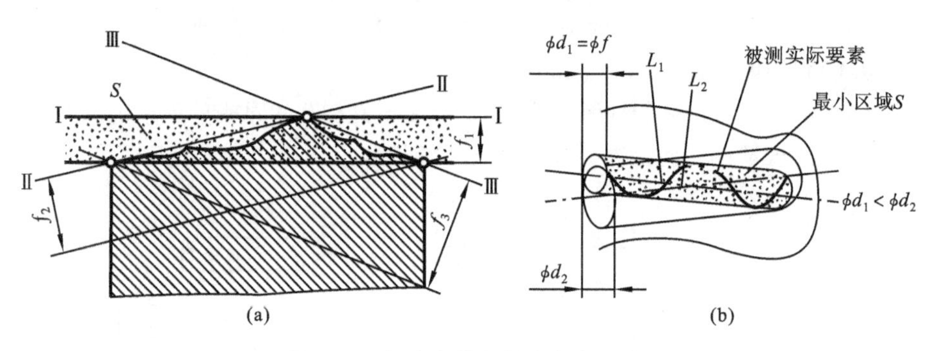

图 4-21　最小条件和最小包容区域

要素的最大变动量分别为 f_1、f_2、f_3 且 $f_1<f_2<f_3$，所以理想直线Ⅰ的位置符合最小条件。图 4-21(b)中，理想轴线 L_1、L_2 处于不同位置，被测实际要素相对于理想要素的最大变动量分别为 ϕd_1、ϕd_2 且 $\phi d_1<\phi d_2$，所以理想轴线 L_1 的位置符合最小条件。

2) 平面度

评定平面度误差时，包容区域为两平行平面间的区域(如图 4-22 所示的最小包容区域 S)，被测平面至少有三点或四点按下列三个准则之一分别与此两平行平面接触。

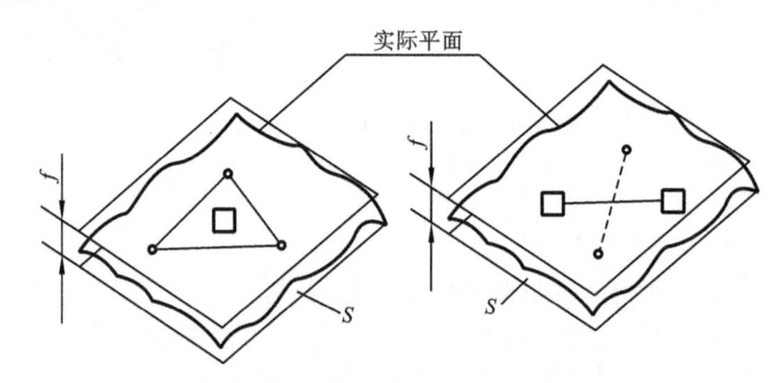

图 4-22　用最小包容区域法评定平面度误差

三角形准则——被测平面的三个极高点与一个极低点(或相反)构成的三角形之内。

交叉准则——被测平面的两个极高点的连线与两个极低点的连线在包容平面上的投影相交。

直线准则——被测平面的两平行包容平面与实际被测表面接触点为高低相间的三点，且它们在包容平面上的投影位于同一直线上。

3）圆度

对于圆形轮廓，用两同心圆去包容被测实际轮廓，半径差为最小的两同心圆，即为符合最小包容区域的理想轮廓。此时圆度误差值为两同心圆的半径差Δ，如图 4-23 所示。

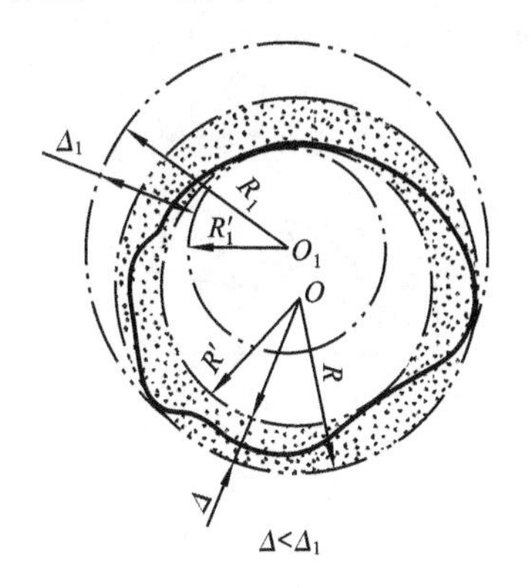

图 4-23 用最小包容区域法评定圆度误差

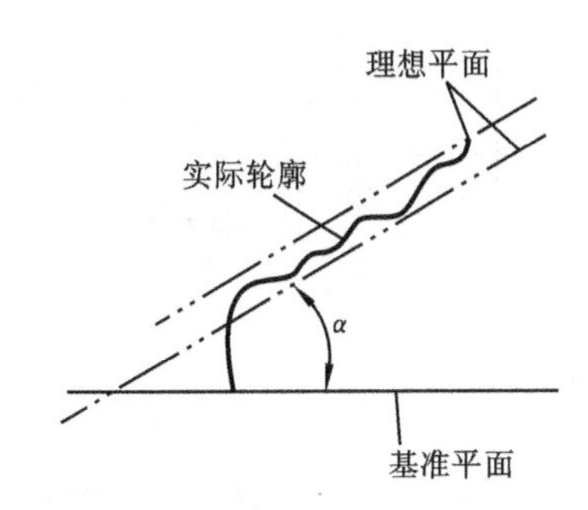

图 4-24 用最小包容区域法评定定向误差

4）方向误差与定位误差

评定方向误差时，理想要素的方向由基准确定；评定定位误差时，理想要素的位置由基准和理论正确尺寸确定。对于同轴度和对称度，理论正确尺寸为零。如图 4-24 所示，包容被测实际要素的理想要素应与基准成理论正确的角度。

在评定定向、定位的位置误差时都涉及基准，但基准本身也是加工出来的，也存在形状误差，国家标准 GB/T 1958—2004 规定了建立基准的原则——由基准要素建立基准时，基准为该基准的拟合要素，且拟合要素的位置应符合最小条件。

有了建立基准的原则，还需要在实际测量中将基准体现出来，体现方法有模拟法、直接法、分析法和目标法。其中，用得最广泛的是模拟法，它是用足够精度的表面模拟基准的方法，例如用平板模拟基准平面、用心轴模拟基准孔心线、用 V 形架模拟轴心线等。注意：模拟时应符合最小条件（如平板与实际基准面尽量稳定接触、心轴与实际基准孔尽量采用无间隙配合等）。

2. 最小二乘法

形状误差值也可用最小二乘法确定的最小包容区域的宽度或直径表示。

1）直线度

用最小二乘法评定直线度误差值，是以实际被测要素的最小二乘中线（最小二乘中线是实际被测要素上各点至该线的距离平方和为最小的直线）作为评定基准线的评定方法。

对于给定平面的直线度，平行于评定基准线，包容实际被测要素，且距离为最小的两直线之间的距离即为直线度误差值 f，如图 4-25(a)所示。

对于任意方向上的直线度，轴线平行于基准线，包容实际被测要素，且直径为最小的圆柱面的直径，即为其直线度误差值 ϕf，如图 4-25(b)所示。

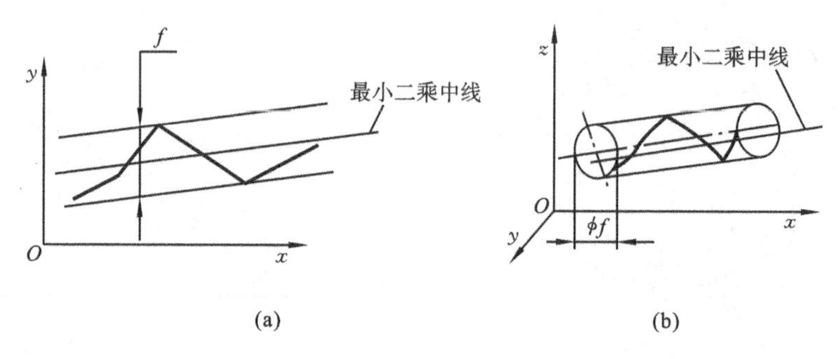

图 4-25 用最小二乘法评定直线度误差

2）平面度

用最小二乘法评定平面度误差值，是以实际被测要素的最小二乘中心平面(最小二乘中心平面是实际被测要素上各点至该平面的距离平方和为最小的平面)作为评定基准平面的评定方法。平行于评定基准平面，包容实际被测要素，且距离为最小的两平行平面之间的距离即为平面度误差 f，如图 4-26 所示。

3）圆度

用最小二乘法评定圆度误差值，是以实际被测要素的最小二乘圆(最小二乘圆是实际被测要素上各点至该圆的距离平方和为最小的圆)作为评定基准的评定方法。以最小二乘圆的圆心为圆心，包容实际被测圆，且距离为最小的两同心圆之间的半径差即为圆度误差 f，如图 4-27 所示。

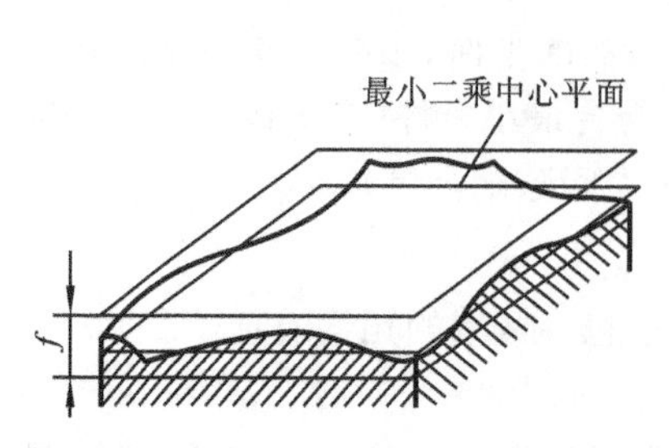

图 4-26 用最小二乘法评定平面度误差

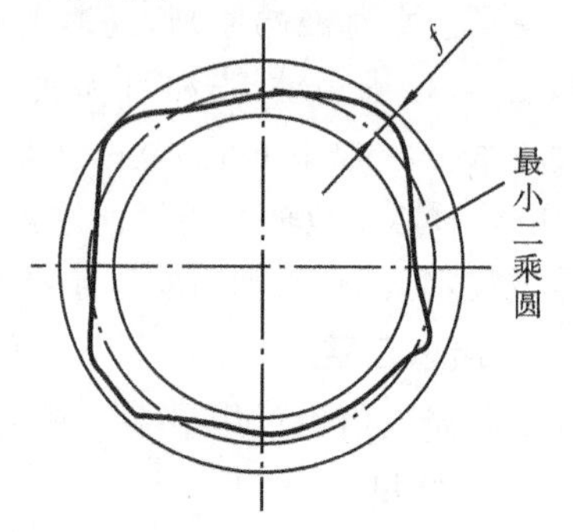

图 4-27 用最小二乘法评定圆度误差

4.2.6 形位误差的检测

1. 形位误差的检测原则

形位误差的项目较多，为了能正确地测量形位误差，便于选择合理的检测方案，国家标准规定了形位误差的五个检测原则。这些检测原则是各种检测方法的概括，可以按照这些原则，根据被测对象的特点和有关条件，选择最合理的检测方案，也可根据这些检测原则，采用其他的检测方法和测量装置。五个检测原则及说明如下。

(1) 与理想要素比较原则　将被测实际要素与理想要素相比较，量值由直接法和间接法获得，理想要素用模拟法获得。模拟理想要素的形状必须有足够的精度。

(2) 测量坐标值原则　测量被测实际要素的坐标值(如直角坐标值、极坐标值、圆柱面坐标值)，并经数据处理获得形位误差值。

(3) 测量特征参数原则　测量被测实际要素上具有代表性的参数(即特征参数)来表示形位误差值。按特征参数的变动量来确定形位误差是近似的。

(4) 测量跳动原则　被测实际要素绕基准轴线回转过程中沿给定方向或线的变动量。变动量是指示器最大与最小读数之差。

(5) 边界控制原则　按包容要求或最大实体要求给出几何公差时，就给定了最大实体边界或最大实体实效边界，要求被测要素的实际轮廓不得超出该边界。

2. 形状误差的测量

(1) 直线度误差测量　直线度误差测量方法如表 4-11 所示。

表 4-11　直线度误差测量

名称	测量设备	图　例	测 量 方 法
比较法	刀口尺	直线度误差测量 刀口尺 给定平面内的实际轮廓 刀口尺 量块 标准平板	刀口尺直接与被测件表面接触，并使两者之间的最大间隙为最小，该最大间隙即为直线度误差，误差的大小根据光隙来判断。可用标准光隙来估读。 光隙颜色与间隙大小的关系如下： (1) 不透光时，间隙值<0.5 μm； (2) 蓝色光隙，间隙值约为 0.8 μm； (3) 红色光隙，间隙值为 1.25～1.75 μm； (4) 色花光隙，间隙大于 2.5 μm，当间隙大于 20 μm 用塞尺测量

续表

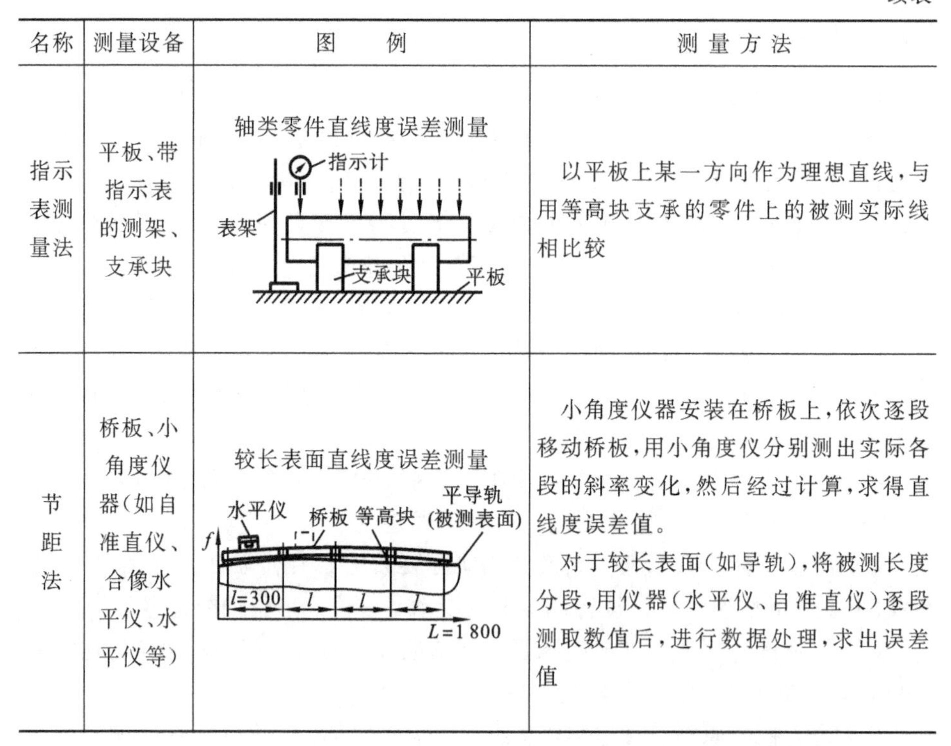

名称	测量设备	图　例	测量方法
指示表测量法	平板、带指示表的测架、支承块	轴类零件直线度误差测量 指示计 表架 支承块 平板	以平板上某一方向作为理想直线，与用等高块支承的零件上的被测实际线相比较
节距法	桥板、小角度仪器(如自准直仪、合像水平仪、水平仪等)	较长表面直线度误差测量 水平仪 桥板 等高块 平导轨 (被测表面) f l=300 l L=1 800	小角度仪器安装在桥板上，依次逐段移动桥板，用小角度仪分别测出实际各段的斜率变化，然后经过计算，求得直线度误差值。 对于较长表面(如导轨)，将被测长度分段，用仪器(水平仪、自准直仪)逐段测取数值后，进行数据处理，求出误差值

例 4-3　用合像水平仪测量一窄长平面的直线度误差，仪器的分度值为 0.01 mm/m，选用的桥板节距 $L=165$ mm，测量记录数据如表 4-12 所示，要求用作图法求被测平面的直线度误差。表中相对值为 a_0-a_i，a_0 可取任意数，但要有利于数字的简化，以便作图，本例取 $a_0=497$ 格，累积值为将各点相对值顺序累加所得。

表 4-12　直线度测量数据

序　　号	0	1	2	3	4	5
读数值/格	—	497	495	496	495	499
相对值/格	0	0	+2	+1	+2	−2
累积值/格	0	0	+2	+3	+5	+3

解　① 作图方法如下：以 0 点为原点，累积值(格数)为纵坐标 Y，被测点到 0 点的距离为横坐标 X，按适当的比例建立直角坐标系。根据各测点对应的累积值在坐标上描点，将各点依次用直线连接起来，即得误差折线，如图 4-28 所示。

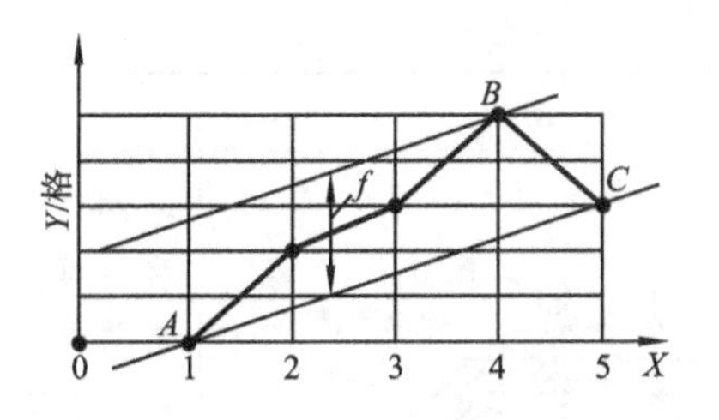

图 4-28 直线度测量评定

② 用最小包容区域法评定误差值(见图 4-28)。若两平行包容直线与误差图形的接触状态符合相间准则(即符合“两高夹一低”或“两低夹一高”的判断准则)时,此两平行包容直线沿纵坐标方向的距离为直线度误差格数。显然,在图 4-28 中,A、C 属最低点,B 为夹在 A、C 间的最高点,故 AC 连线和过 B 点且平行于 AC 连线的直线是符合相间准则的两平行包容直线,两平行线沿纵坐标方向的距离为 2.8 格,故按最小包容区域法评定的直线度误差为

$$f=\frac{0.01\times 165}{1000}\times 2.8\ \text{mm}\approx 0.0046\ \text{mm}=4.6\ \mu\text{m}$$

(2) 平面度误差测量 如表 4-13 所示。

表 4-13 平面度误差测量

名 称	测量设备	图 例	测 量 方 法
光波干涉法	平晶	b a	以平晶作为测量基准,应用光波干涉原理,根据干涉带的排列形状和弯曲程度来评定被测表面的平面度误差。此法适用于经过精密加工的小平面
三点法	标准平板、可调支承、带指示表的测架	指示计 被测零件 标准平板 可调支承	调整被测表面上相距最远的三点 1、2 和 3,使三点与平板等高,作为评定基准。被测表面内,指示表的最大读数与最小读数之差即为平面度误差

续表

名　称	测量设备	图　例	测 量 方 法
对角线法	标准平板、可调支承、带指示表的测架		调整被测表面的对角线上的 1 和 2 两点与平板等高;再调整另一对角线上的 3 和 4 两点与平板等高。移动指示表,在被测表面内的最大读数与最小读数之差即该平面的平面度误差
最小条件评定法	通过基准面的变换,使已测量的数值成为符合最小条件的平面度误差值,适用于较高精度要求及仲裁时		

例 4-4　用打表法测量一块平板,各测点读数如图 4-29(a)所示,试用最小条件评定法评定平面度误差。

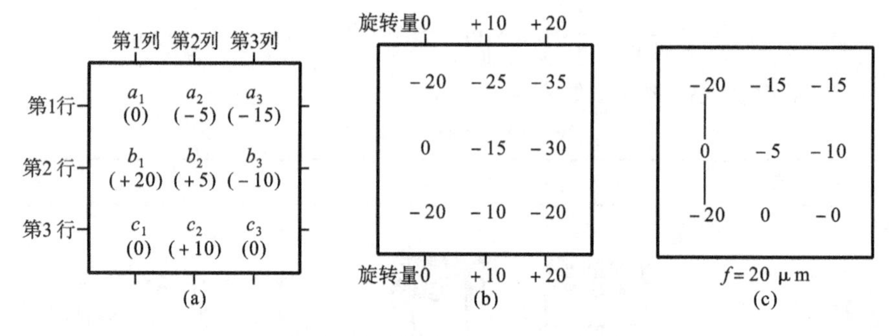

图 4-29　旋转法处理平面度误差示例

解　常用旋转法,步骤如下。

① 将被测面的平面误差原始数据标在示意图 4-29(a)上。

② 平移平面,将基准平面平移至最高点,即将各数同减去最大值 20 后,标在图上。观察极值点分布,不符合最小条件判别准则,如图 4-29(b)所示。

③ 选择通过 0 值点的第 1 列,即 $a_1b_1c_1$ 作转轴,为减小最大负值(−35),而又不致使其余点出现异号,应选择第 3 列各点的旋转量 Q_3 为+20,第 3 列至转轴(第 1 列)的间距数 $k_3=2$,则其单位间距旋转量为

$$q = Q_3/k_3 = +20/2 = +10$$

第 2 列至转轴的间距数 $k_2=1$,则第 2 列各点的旋转量为

$$Q_2 = k_2q = 1\times(+10) = +10$$

④ 变换数据,将图 4-29(b)中各点的数值加上该点所在列的旋转量,其结果

标于图 4-29(c)中。

⑤ 观察极值点的分布情况，结果符合直线准则，即一最高点(0)处于两等值最低点(−20)之间，故平面度误差值为

$$f = |0-(-20)|\ \mu m = 20\ \mu m$$

根据三角形准则，第三步也可以使旋转量 Q_3 为+15，这时 $a_1c_1a_3$ 等高，其所得相同，即 f=20 μm。

(3) 圆度、圆柱度误差测量　圆度、圆柱度误差测量方法如表 4-14 所示，圆度和圆柱度误差相同之处在于其均是用半径差来表示的，不同之处在于圆度公差是控制横截面误差的，圆柱度公差则是控制横截面和轴向截面的综合误差。

① 对于一般精度的工件，通常可用千分尺、比较仪等采用两点测量法测量，或者将工件放在 V 形架上，用指示表进行三点法测量。

② 对于精度要求高的工件，应使用圆度仪测量圆度或圆柱度，测量时，将被测工件与仪器的精密测头在回转运动中所形成的轨迹(理想圆)与理想要素相比较，确定圆度或圆柱度误差。

③ 由于受到测量仪器(如圆度仪)测量范围的限制，尤其对长径比($L/d(D)$)很大的工件，如液压缸、枪、炮等，要用专用量仪进行测量。

表 4-14　圆度、圆柱度误差测量

名　称	测量设备	图　例	测量方法
三点法	平板、V 形架、带指示表的测架	指示计 被测件 V形架 180°−α	将 V 形架放在平板上，被测件放在比它长的 V 形架上； 在被测件回转一周的过程中，测取一个横截面上的最大与最小读数； 按上述方法测量若干个横截面，取各截面所测得的最大读数与最小读数之差的一半作为该零件的圆柱度误差(此法适用于测量奇数棱形状的外表面)

续表

名　　称	测量设备	图　　例	测 量 方 法
使用圆度仪	圆度仪(或其他类似仪器)		将被测件的轴线调整到与仪器同轴； 记录被测件回转一周过程中测量截面上各点的半径差； 在测头没有径向偏移的情况下，根据需要，按上述方法测量若干个横截面； 利用电子计算机按最小条件确定圆柱度误差，也可用极坐标图近似求圆柱度误差

3. 线轮廓度及面轮廓度误差的测量

1) 线轮廓度误差的测量

(1) 用轮廓投影仪或万能工具显微镜的投影装置，将被测零件的轮廓放大，使其成像于投影屏上，进行比较测量。

(2) 当工件要求精度较低时，可用轮廓样板观察贴合间隙的大小，检测其合格性(见表 4-15)。

2) 面轮廓度误差的测量

(1) 精度要求较高时，可用三坐标机或光学跟踪轮廓测量仪进行测量(见表 4-15)。

(2) 当工件要求精度较低时，一般用截面轮廓样板测量。

表 4-15　线轮廓度及面轮廓度误差的测量

名　称	测量设备	图　　例	测 量 方 法
投影法	轮廓投影仪		将被测轮廓投影于投影屏上，并与极限轮廓相比较，实际轮廓的投影应在极限轮廓之间

续表

名　称	测量设备	图　例	测 量 方 法
样板法	截面轮廓样板	轮廓样板 A A—A A 被测件	将若干截面轮廓样板放在各指定位置上，用光隙法估计间隙的大小
跟踪法	光学跟踪轮廓测量仪	截形理想轮廓板	将被测件置于工作台上，进行正确定位； 将仿形测头沿被测剖面轮廓移动，画有剖面形状的理想轮廓板随之一起移动，被测轮廓的投影应落在其公差带内

4. 位置误差的测量

(1) 平行度误差的测量如表 4-16 所示，对面对面、面对线、线对线的平行度误差的测量方法以图例示出。

(2) 垂直度误差的测量如表 4-17 所示，对面对面、面对线、线对线的垂直度误差的测量方法以图例示出。

(3) 倾斜度误差的测量如表 4-18 所示，对面对面、线对面、线对线的倾斜度误差的测量方法以图例示出。

(4) 同轴度误差的测量如表 4-19 所示，列举了用仪器、指示表、量规测量同轴度误差的常用方法。

(5) 对称度误差的测量如表 4-20 所示，列举了面对面、面对线对称度误差测量的常用方法。

(6) 位置度误差的测量如表 4-21 所示，仅列举使用指示表及综合量规，对线位置度误差常用的测量方法。

(7) 圆跳动、全跳动误差的测量如表 4-22 所示。其中，斜向圆跳动的测量方向是被测表面的法线方向；全跳动是一项综合性指标，可以同时控制圆度、同轴度、圆柱度、素线的直线度、平行度、垂直度等误差，即全跳动合格，则其圆跳动、圆柱度误差、同轴度误差、垂直度误差也都合格。

表 4-16 平行度误差的测量

序号	测量设备	图 例	测 量 方 法
1	平板、带指示表的测架	面对面平行度误差测量	被测件直接置于平板上，在整个被测面上按规定测量线进行测量，取指示表最大读数差为平行度误差
2	平板、心轴、等高支承、带指示表的测架	面对线平行度误差测量	被测件放在等高支承上，调整零件使 $L_3=L_4$，然后测量被测表面，以指示表的最大读数为平行度误差
3	平板、心轴、等高支承、带指示表的测架	两个方向上线对线平行度误差测量	基准轴线和被测轴线由心轴模拟。将被测件放在等高支承上，在选定长度为 L_2 的两端位置上测得指示表的读数 M_1 和 M_2，其平行度误差为 $\Delta=\frac{L_1}{L_2}\mid M_1-M_2\mid$ 式中：L_1、L_2——被测线长度。 对于在互相垂直的两个方向上有公差要求的被测件，在两个方向上按上述方法分别测量，两个方向上的平行度误差应分别小于给定的公差值 f，且 $f=\frac{L_1}{L_2}\sqrt{(M_{1V}-M_{2V})^2+(M_{1H}-M_{2H})^2}$ 式中：V、H——相互垂直的测位符号

表 4-17　垂直度误差的测量

序号	测量设备	图　例	测 量 方 法
1	水平仪、固定和可调支承	面对面垂直度误差测量 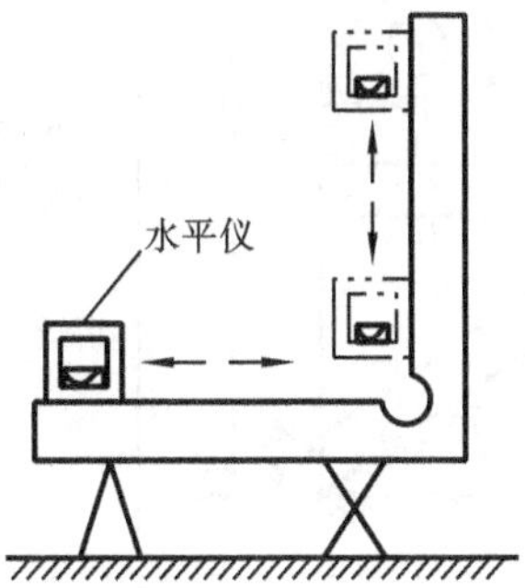 水平仪	用水平仪调整基准表面至水平。把水平仪分别放在基准表面和被测表面，分段逐步测量，记下读数，换算成线值。用图解法或计算法确定基准方位，再求出相对于基准的垂直度误差
2	平板、导向块、支承、带指示表的测架	面对线垂直度误差测量 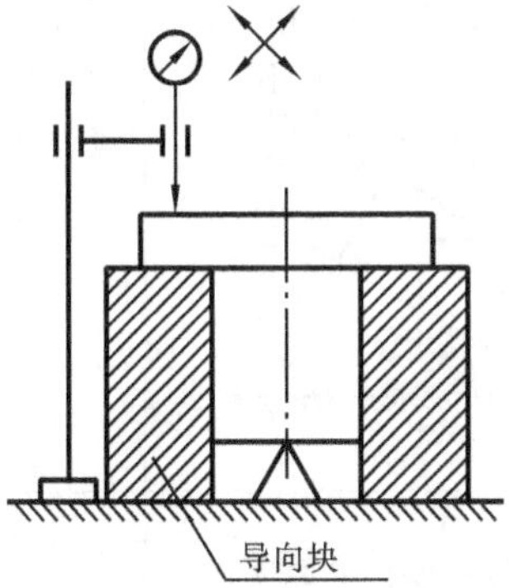 导向块	将被测件置于导向块内，基准由导向块模拟。在整个被测面上测量，所得数值中的最大读数差即为垂直度误差
3	心轴、支承、带指示表的测架	线对线垂直度误差测量 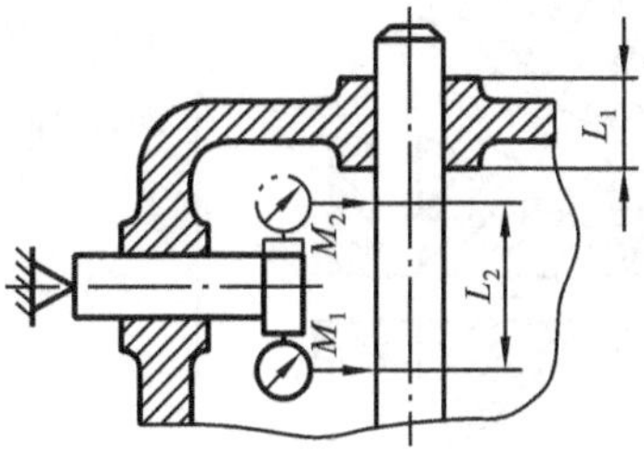 L_1 M_2 L_2 M_1	基准轴线和被测轴线由心轴模拟。转动基准心轴，在测量距离为 L_2 的两个位置上测得读数为 M_1 和 M_2，垂直度误差为 $\Delta = \frac{L_1}{L_2} \mid M_1 - M_2 \mid$

表 4-18　倾斜度误差的测量

序号	测量设备	图　例	测量方法
1	平板、定角座、支承(或正弦规)、带指示表的测架	面对面倾斜度误差测量	将被测件放在定角座上，调整被测件，使整个测量面的读数差为最小值。取指示表的最大与最小读数差为该零件的倾斜度误差
2	平板、直角座、定角垫块、固定支承、心轴、带指示表的测架	线对面倾斜度误差测量 $\beta=90°-\alpha$	被测轴线由心轴模拟。调整被测件，使指示表的示值 M_1 为最大。在测量距离为 L_2 的两个位置上进行测量，读数值为 M_1 和 M_2，倾斜度误差为 $\Delta=\frac{L_1}{L_2}\mid M_1-M_2\mid$
3	心轴、定角锥体、支承、带指示表的装置	线对线倾斜度误差测量	在测量距离为 L_2 的两个位置上进行测量，读数为 M_1 和 M_2。倾斜度误差为 $\Delta=\frac{L_1}{L_2}\mid M_1-M_2\mid$

表 4-19　同轴度误差的测量

序号	测量设备	图　　例	测量方法
1	径向变动测量装置、记录器或计算机、固定和可调支承	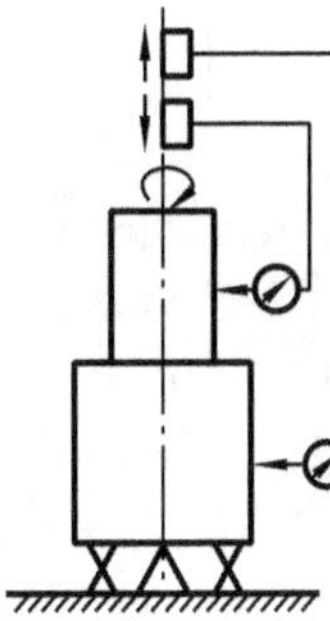	调整被测件，使基准轴线与仪器主轴的回转轴线同轴。测量被测零件的基准和被测部位，并记下在若干横剖面上测量的各轮廓图形。根据剖面图形，按定义计算，求出基准轴线至被测轴线最大距离的两倍，此即为同轴度误差
2	刃口状V形架、平板、带指示表的测架	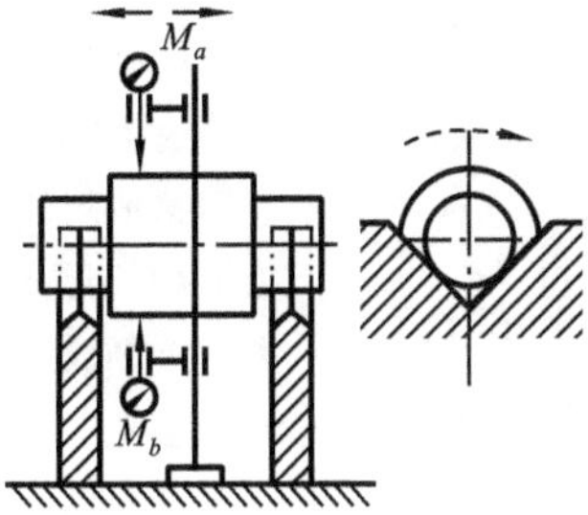 M_a M_b	在被测件基准轮廓要素的中剖面处用两等高的刃口状V形架支架起来。在轴剖面内测上下两条素线相互对应的读数差，取其最大读数差值为该剖面同轴度误差，即 $\Delta = \vert M_a - M_b \vert_{max}$ 转动被测件，按上述方法在若干剖面内测量，取各轴剖面所得的同轴度误差值的最大者，作为该零件的同轴度误差
3	综合量规	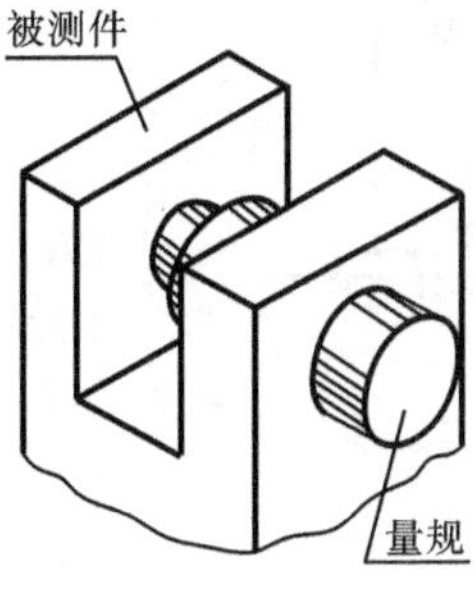 被测件 量规	量规的直径分别为基准孔的最大实体尺寸和被测孔的实效尺寸。凡被量规所通过的零件，其孔的尺寸合格

表 4-20　对称度误差的测量

序号	测量设备	图　　例	测 量 方 法
1	平板、带指示表的测架	面对面对称度误差测量 ii) i)	将被测件置于平板上，测量被测表面与平板之间的距离；将被测件翻转，再测量另一被测表面与平板之间的距离。取各剖面内测得的对应点的最大差值作为对称度误差
2	V 形架、定位块、平板、带指示表的测架	面对线对称度误差测量 定位块 h	基准轴线由 V 形架模拟；被测中心平面由定位块模拟。 调整被测件，使定位块沿径向与平板平行，测量定位块与平板之间的距离。再将被测件翻转 180°，在同一剖面上重复上述测量。该剖面上、下两对应点的读数差的最大值为该剖面的对称度误差，即 $$\Delta_{剖}=\frac{a\cdot\frac{h}{2}}{R-\frac{h}{2}}=\frac{a\cdot h}{d-h}$$ 式中：R—轴的半径；h—槽深；d—轴的直径。 沿键槽长度方向测量，取长度方向两点的最大读数差为长度方向对称度误差，即 $$\Delta_{长}=a_{高}-a_{低}$$ 取两个方向误差值最大者为该零件的对称度误差

表 4-21　位置度误差的测量

序号	测量设备	图　　例	测 量 方 法
1	分度和坐标测量装置、指示表心轴	线位置度误差测量 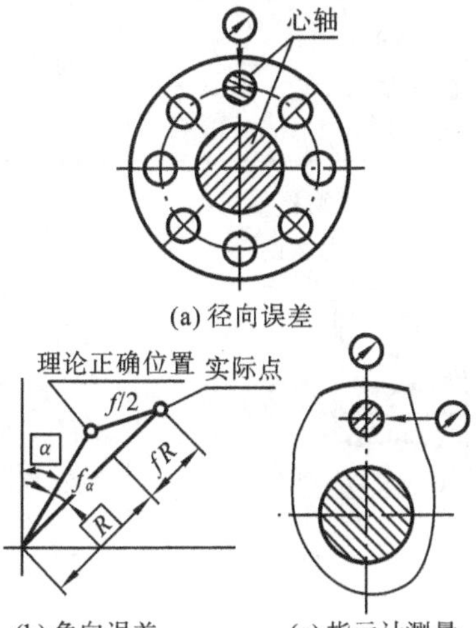 心轴 (a) 径向误差 理论正确位置　实际点 $f/2$　α　f_α　fR　R (b) 角向误差 (c) 指示计测量	调整被测件，使基准轴线与分度装置的回转轴线同轴。 任选一孔，以其中心作角向定位，测出各孔的径向误差 ΔR 和角向误差 $\Delta\alpha$，其位置度误差为 $\Delta=\sqrt{\Delta R^2+(R\cdot\Delta\alpha)^2}$ 式中：$\Delta\alpha$—弧度值 $R=\frac{D}{2}$。 或用两个指示表分别测出各孔径向误差 Δy 和切向误差 Δx，其位置度误差为 $\Delta=2\sqrt{\Delta x^2+\Delta y^2}$ 必要时，Δ 值可按定位最小区域进行数据处理。翻转被测件，按上述方法重复测量，取其中较大值为该要素的位置度误差
2	综合量规	线位置度误差测量 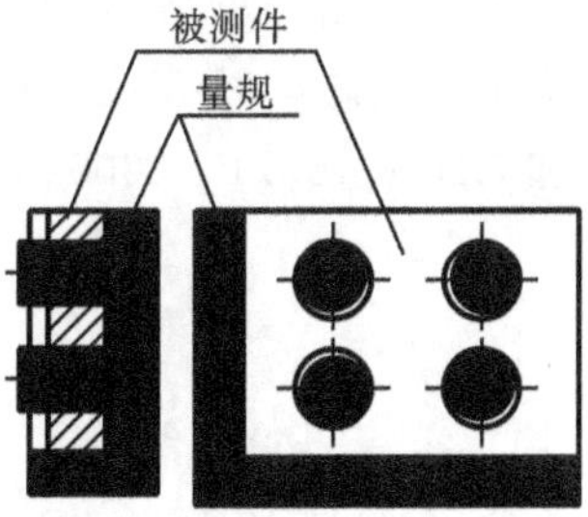 被测件 量规	量规上各销的直径为被测孔的实效尺寸，量规上各销的位置与被测孔的理论位置相同，凡被量规通过的零件，而且与量规定位面相接触的，则表示其位置度合格

表 4-22　圆跳动、全跳动误差的测量

序号	测量设备	图　　例	测 量 方 法
1	支架、指示表等	径向、端面、斜向圆跳动测量 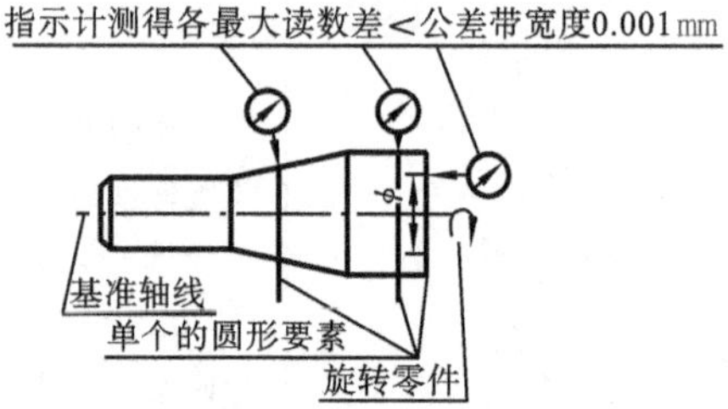 指示计测得各最大读数差＜公差带宽度0.001 mm 基准轴线 单个的圆形要素 旋转零件	当零件绕基准回转时，在被测面任何位置，要求跳动量不大于给定的公差值。在测量过程中应绝对避免轴向移动
2	支承、平板、指示表等	径向、端面、斜向全跳动测量 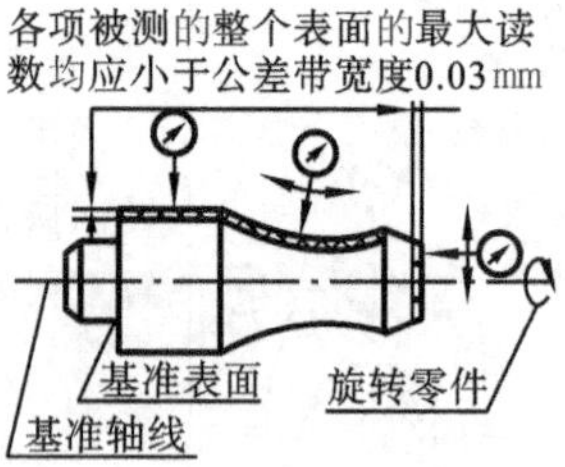 各项被测的整个表面的最大读数均应小于公差带宽度0.03 mm 基准表面 旋转零件 基准轴线	当零件绕基准旋转时，使指示表的测头相对基准沿被测表面移动，测遍整个表面，要求整个表面的跳动处于给定的全跳动公差带内

4.3　公 差 原 则

影响零件使用性能的误差因素，有时主要是尺寸误差，有时主要是几何误差，有时则主要是它们的综合结果，不必区分出它们各自的大小。公差原则是确定零件的形状、方向、位置误差和尺寸公差之间相互关系的原则。公差原则的国家标准包括 GB/T 4249—2009 和 GB/T 16671—2009。

4.3.1　有关术语定义

1. 几何要素

（1）尺寸要素(feature of size)　由一定大小的线性尺寸或角度尺寸确定的几何形状。

（2）组成要素(integral feature，也称轮廓要素)　面和面上的线。

(3) 导出要素(derived feature) 由一个或几个组成要素得到的中心点、中心线或中心面。

(4) 实际(组成)要素(real (integral) feature) 由接近实际(组成)要素所限定的工件实际表面的组成要素部分。

(5) 提取组成要素(extracted integral feature) 按规定方法,由实际(组成)要素提取有限数目的点所形成的实际(组成)要素的近似替代。

(6) 提取导出要素(extracted derived feature) 由一个或几个提取组成要素得到的中心点、中心线或中心面。

(7) 拟合组成要素(extracted integral feature) 按规定的方法,由提取组成要素形成的并具有理想形状的组成要素。

(8) 提取组成要素的局部尺寸(local size of an extracted integral feature) 一切提取组成要素上两对应点之间距离的统称。为方便起见,可将提取组成要素的局部尺寸简称为提取要素的局部尺寸。

2. 最大实体状态和最大实体尺寸

(1) 最大实体状态(maximum material condition,MMC) 假定提取组成要素的局部尺寸处处位于极限位置且使其实体最大时的状态称为最大实体状态。

(2) 最大实体尺寸(maximum material size,MMS) 最大实体状态下的尺寸称为最大实体尺寸,即外尺寸要素(轴)的上极限尺寸,内尺寸要素(孔)的下极限尺寸。分别以 D_M、d_M表示内、外尺寸要素的最大实体尺寸。

(3) 最大实体边界(maximum material boundary,MMB) 最大实体状态下理想形状的极限包容面。

3. 最小实体状态和最小实体尺寸

(1) 最小实体状态(least material condition,LMC) 假定提取组成要素的局部尺寸处处位于极限位置且使其实体最小的状态称为最小实体状态。

(2) 最小实体尺寸(least material size,LMS) 最小实体状态下的尺寸称为最小实体尺寸,即外尺寸要素(轴)的下极限尺寸,内尺寸要素(孔)的上极限尺寸。分别以 D_L、d_L表示内、外尺寸要素的最小实体尺寸。

(3) 最小实体边界(least material boundary,LMB) 最小实体状态下理想形状的极限包容面。

4. 最大实体实效尺寸和最大实体实效状态

(1) 最大实体实效尺寸(maximum material virtual size,MMVS) 尺寸要素的最大实体尺寸与其导出要素的几何公差(形状、方向或位置)共同作用产生的尺寸。对于外尺寸要素,MMVS = MMS + 几何公差;对于内尺寸要素,

MMVS＝MMS－几何公差。

(2) 最大实体实效状态(maximum material virtual condition，MMVC) 拟合要素的尺寸为其最大实体实效尺寸时的状态，称为最大实体实效状态。最大实体实效状态对应的极限包容面称为最大实体实效边界(MMVB)。当几何公差是方向公差时，最大实体实效状态(MMVC)和最大实体实效边界(MMVB)受其方向的约束；当几何公差是位置公差时，最大实体实效状态(MMVC)和最大实体实效边界(MMVB)受其位置的约束。

5. 最小实体实效尺寸和最小实体实效状态

(1) 最小实体实效尺寸(least material virtual size，LMVS) 它是尺寸要素的最小实体尺寸与其导出要素的几何公差(形状、方向或位置)共同作用产生的尺寸。对于外尺寸要素，LMVS＝LMS－几何公差；对于内尺寸要素，LMVS＝LMS＋几何公差。

(2) 最小实体实效状态(least material virtual condition，LMVC) 拟合要素的尺寸为其最小实体实效尺寸时的状态称为最小实体实效状态。最小实体实效状态对应的极限包容面称为最小实体实效边界(LMVB)。当几何公差是方向公差时，最小实体实效状态(LMVC)和最小实体实效边界(LMVB)受其方向的约束；当几何公差是位置公差时，最小实体实效状态(LMVC)和最小实体实效边界(LMVB)受其位置的约束。

6. 动态公差图

该图形用来表示被测要素或(和)基准要素尺寸变化而使几何公差值变化的情况。

4.3.2 独立原则

独立原则是指图样上给定的每一个尺寸和几何(如形状、方向或位置等)要求均是独立的，应分别满足要求的公差原则。即极限尺寸只控制提取要素的局部尺寸，不控制要素本身的几何误差；不论提取要素的局部尺寸大小如何，被测要素均应在给定的几何公差带内，并且其几何误差允许达到给定的最大值。对给出的尺寸公差和几何公差，凡是未用特定符号或文字说明它们有联系的，就表示它们遵守独立原则，应在图样或技术文件中注明“按 GB/T 4249—2009”。

图 4-30 所示为独立原则的应用示例，不需标注任何相关符号。图示轴的局部尺寸应在 $\phi19.97$～$\phi20$ mm 之间，且轴线的直线度误差不允许大于 $\phi0.02$ mm。

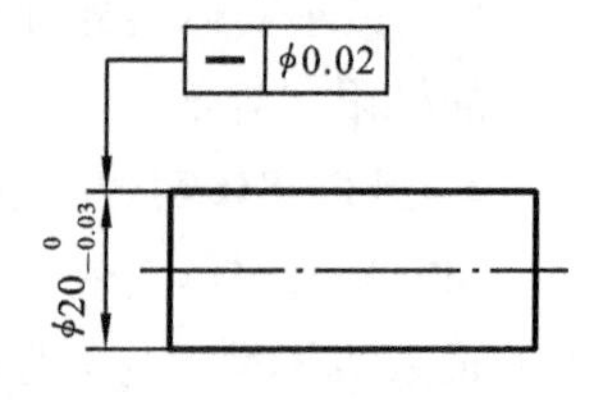

图 4-30 独立原则示例

4.3.3 相关要求

相关要求，即图样上给定的尺寸公差和几何公差相互有关的公差要求，含包容要求、最大实体要求 MMR（包括附加于最大实体要求的可逆要求）和最小实体要求 LMR（包括附加于最小实体要求的可逆要求）。

1. 包容要求

包容要求（envelope requirement，ER），即尺寸要素的非理想要素不得违反其最大实体边界（MMB）的一种尺寸要素要求。它表示提取组成要素（轮廓要素）不得超越其最大实体边界（MMB），其局部尺寸不得超出最小实体尺寸（LMS）。包容要求适用于圆柱表面或两平行对应面。

例 4-5 采用包容要求的尺寸要素应在其尺寸极限偏差或公差带代号之后加注符号Ⓔ（见 GB/T 1182—2008），如图 4-31(a)所示。

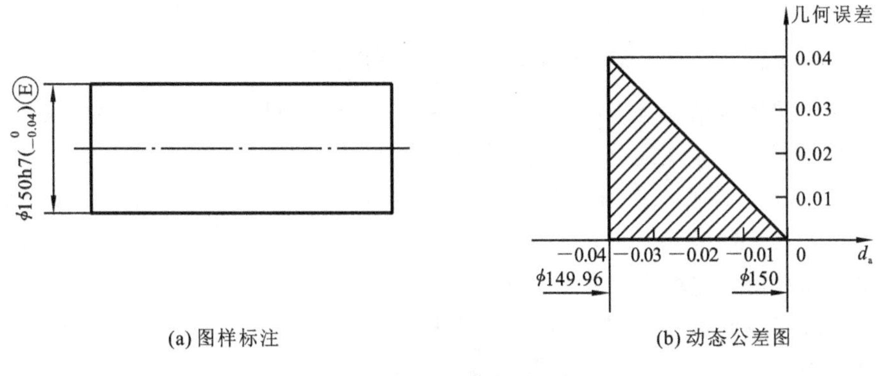

(a) 图样标注　　(b) 动态公差图

图 4-31 包容要求标注示例

如图 4-32(a)、图 4-32(b)所示，提取轴的圆柱面应在其最大实体边界（MMB）之内，该边界的尺寸为最大实体尺寸（MMS）$\phi150$ mm。其局部尺寸不得小于 $\phi149.96$ mm。当轴的提取圆柱面的局部尺寸为 $\phi149.96$ mm 时，允许提取中心线的几何误差为 0.04 mm；当提取圆柱面的局部尺寸为 $\phi150$ mm 时，允许提取中心线的几何误差为 0 mm，如图 4-32(c)、图 4-32(d)所示。图4-31(b)给出了表述上述关系的动态公差图。

2. 最大实体要求

最大实体要求（maximum material requirement，MMR）是尺寸要素的非理想要素不得违反其最大实体实效状态（MMVC）的一种尺寸要素要求，也即尺寸要素的非理想要素不得超越其最大实体实效边界（MMVB）的一种尺寸要素要求。

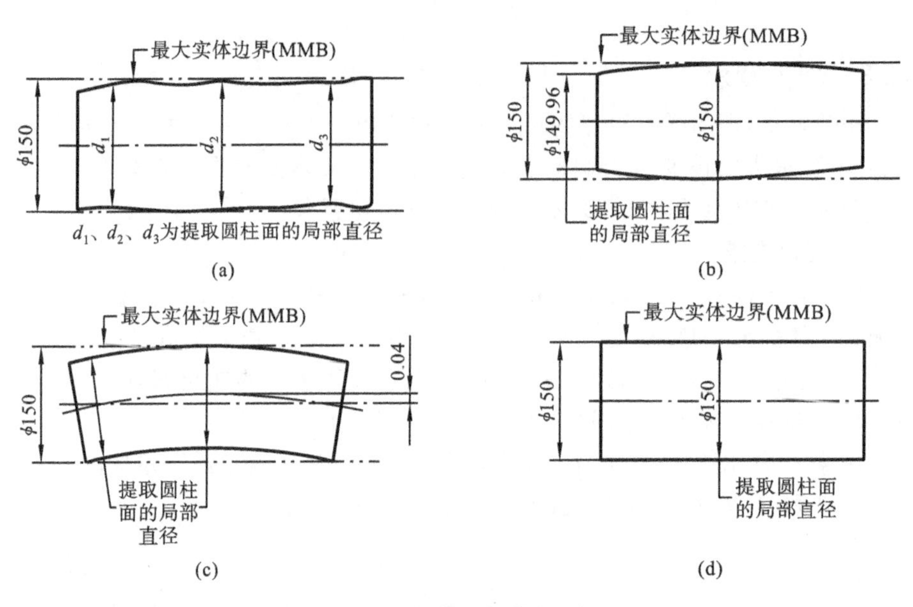

图 4-32　包容要求应用示例

最大实体要求涉及组成要素的尺寸和几何公差的相互关系，这些要求只用于尺寸要素的尺寸及其导出要素几何公差的综合要求。

1）最大实体要求应用于注有公差的要素

最大实体要求(MMR)在图样上用符号Ⓜ(见 GB/T 1182—2008)标注在导出要素的几何公差值之后。

最大实体要求(MMR)用于注有公差的要素时，对尺寸要素的表面规定了以下规则：

① 对于外尺寸要素，要求注有公差的要素的提取局部尺寸大于或等于最小实体尺寸(LMS)，小于或等于最大实体尺寸(MMS)；

② 对于内尺寸要素，要求注有公差的要素的提取局部尺寸大于或等于最大实体尺寸(MMS)，小于或等于最小实体尺寸(LMS)；

③ 注有公差的要素的提取组成要素不得违反其最大实体实效状态(MMVC)或其最大实体实效边界(MMVB)，当几何公差为形状公差时，标注0Ⓜ和Ⓔ意义相同；

④ 当一个以上注有公差的要素用同一公差标注，或者是注有公差的要素的导出要素标注方向或位置公差时，其最大实体状态或最大实体实效边界要与各自基准的理论正确方向或位置相一致。

例 4-6　图 4-33(a)所示为一标注公差的孔，其预期的功能是可与一个等长

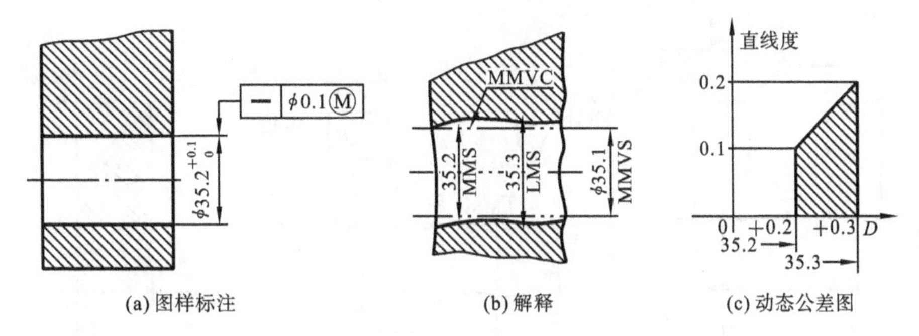

(a) 图样标注　(b) 解释　(c) 动态公差图

图 4-33　一个内圆柱要素具有尺寸要求和对其轴线具有形状要求的 MMR 示例

的标注公差的轴形成间隙配合。试解释标注的含义。

解　如图 4-33(b)所示：孔的提取要素不得违反其最大实体实效状态(MMVC)，其直径为 MMVS＝(35.2－0.1) mm＝35.1 mm；孔的提取要素各处的局部直径应小于 LMS＝(35.2＋0.1) mm＝35.3 mm，且应大于 MMS＝(35.2＋0) mm＝35.2 mm；最大实体实效状态(MMVC)方向和位置无约束。

图 4-33(a)中轴线的直线度公差(ϕ0.1 mm)是该孔为其最大实体状态(MMC)时给定的。若该孔处于最小实体状态(LMC)，其轴线直线度误差允许达到的最大值可为图 4-33(a)给定的轴线直线度公差(ϕ0.1 mm)与该孔的尺寸公差(0.1 mm)之和 ϕ0.2 mm；若该孔处于最大实体状态(MMC)与最小实体状态(LMC)之间，其轴线直线度公差在 ϕ0.1～ϕ0.2 mm 之间变化。图 4-33(c)给出了表述上述关系的动态公差图。

例 4-7　图 4-34 所示零件的预期功能是两销柱要与一个具有两个相距 25 mm、公称尺寸为 ϕ10 mm 的孔的板类零件装配，且要与平面 *A* 相垂直。试解释标注的含义。

解　如图 4-34 所示：两销柱的提取要素不得违反其最大实体实效状态(MMVC)，其直径为 MMVS＝10.3 mm；两销柱的提取要素各处的局部直径均应大于 LMS＝9.8 mm，且均应小于 MMS＝10.0 mm；两个 MMVC 的位置处于其轴线彼此相距为理论正确尺寸 25 mm 处，且与基准平面 *A* 保持理论正确垂直。

图 4-34 中两销柱的轴线位置度公差(ϕ0.3 mm)是在两销柱均处于最大实体状态(MMC)时给定的。若这两销柱均处于最小实体状态(LMC)，其轴线位置度误差允许达到的最大值可为图 4-34(a)中给定的轴线位置度公差(ϕ0.3 mm)与销柱的尺寸公差(0.2 mm)之和 ϕ0.5 mm；若两销柱各自处于其最大实体状态(MMC)与最小实体状态(LMC)之间，其轴线位置度公差在 ϕ0.3～ϕ0.5 mm 之间变化。图 4-34(c)给出了表述上述关系的动态公差图。

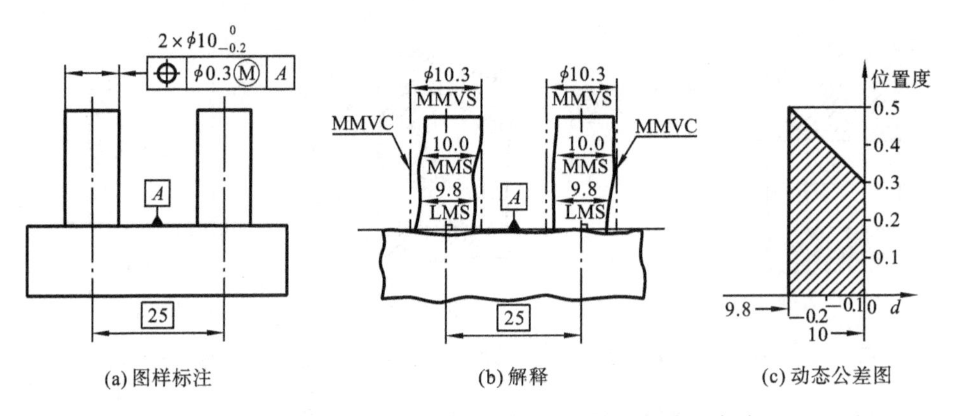

(a) 图样标注　　(b) 解释　　(c) 动态公差图

图 4-34　两外圆柱要素具有尺寸要求和对其轴线具有位置度要求的 MMR 示例

2) 最大实体要求应用于基准要素

最大实体要求应用于基准要素时，在图样上用符号Ⓜ标注在基准字母之后。

最大实体要求应用于基准要素时，对基准要素的表面规定了以下规则：

① 基准要素的提取组成要素不得违反基准要素的最大实体实效状态(MMVC)或最大实体实效边界(MMVB)；

② 当基准要素的导出要素没有标注几何公差要求，或者注有几何公差但其后没有符号Ⓜ时，基准要素的最大实体实效尺寸(MMVS)为最大实体尺寸(MMS)；

③ 当基准要素的导出要素注有形状公差，且其后有符号Ⓜ时，基准要素的最大实体实效尺寸由 MMS 加上(对外部要素)或减去(对内部要素)该形状公差。

例 4-8　如图 4-35(a)所示，孔 $\phi35.2^{+0.1}_{0}$ 的轴线对孔 $\phi70^{+0.1}_{0}$ 的轴线的同轴度公差采用 MMR，且作为基准的孔 $\phi70^{+0.1}_{0}$ 也应用 MMR，零件的预期功能是与某轴零件相装配。试解释标注的含义。

解　内尺寸要素的提取要素不得违反其最大实体实效状态(MMVC)，其直径为 MMVS＝35.1 mm；内尺寸要素的提取要素各处的局部直径应大于MMS＝35.2 mm，且应小于 LMS＝35.3 mm；MMVC 的位置与基准要素的 MMVC 同轴；基准要素的提取要素不得违反其最大实体实效状态(MMVC)，其直径为 MMVS＝MMS＝70.0 mm；基准要素的提取要素各处的局部直径应小于LMS＝70.1 mm。

图 4-35(a)中内尺寸要素轴线相对于基准要素轴线的同轴度公差(ϕ0.1 mm)是该内尺寸要素及其基准要素均为其最大实体状态(MMC)时给定的。若

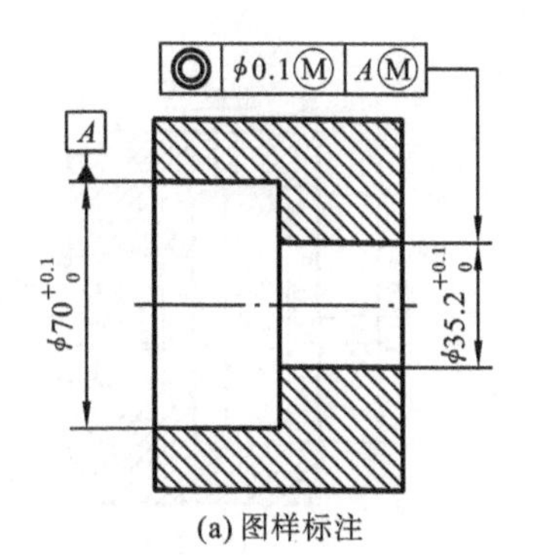

(a) 图样标注

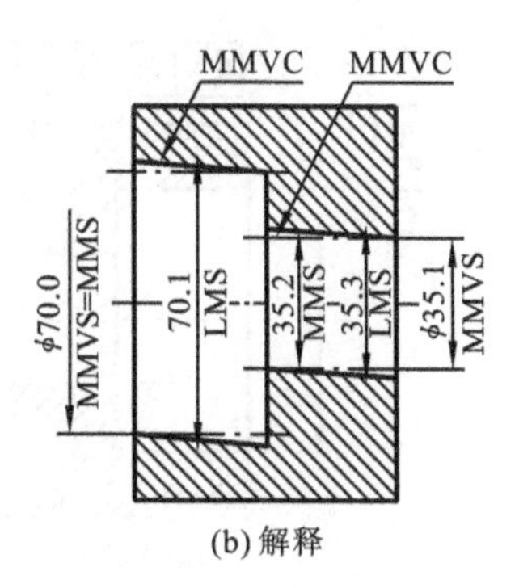

(b) 解释

图 4-35　作为基准的尺寸要素具有尺寸要求同时也应用 MMR 的示例

内尺寸要素为其最小实体状态(LMC)，基准要素仍为其最大实体状态(MMC)时，内尺寸要素的轴线同轴度误差允许达到的最大值可为图 4-35(a)中给定的同轴度公差(ϕ0.1 mm)与其尺寸公差(0.1 mm)之和 ϕ0.2 mm；若内尺寸要素处于最大实体状态(MMC)与最小实体状态(LMC)之间，基准要素仍为其最大实体状态(MMC)，其轴线同轴度公差在 ϕ0.1～ϕ0.2 mm 之间变化。

若基准要素偏离其最大实体状态(MMC)，由此可使其轴线相对于其理论正确位置有一些浮动(如偏移、倾斜或弯曲等)。当基准要素处于最小实体状态(LMC)时，其轴线相对于其理论正确位置的最大浮动量(70.1～70 mm)可以达到的最大值为 ϕ0.1 mm，在此情况下，若内尺寸要素也处于最小实体状态(LMC)，其轴线与基准要素轴线的同轴度误差可能会超过 ϕ0.3 mm，即图 4-35(a)中给定的同轴度公差(ϕ0.1 mm)、内尺寸要素的尺寸公差(0.1 mm)与基准要素的尺寸公差(0.1 mm)三者之和，同轴度误差的最大值可以根据零件具体的结构尺寸近似估算。

例 4-9　如图 4-36(a)所示，孔 $\phi35.2^{+0.1}_{0}$ 的轴线对孔 $\phi70^{+0.1}_{0}$ 的轴线的同轴度公差应用 MMR，作为基准的孔 $\phi70^{+0.1}_{0}$ 的轴线具有直线度要求且应用 MMR，零件的预期功能是与某零件相装配，试解释标注的含义。

解　内尺寸要素的提取要素不得违反其最大实体实效状态(MMVC)，其直径为 MMVS＝35.1 mm；内尺寸要素的提取要素各处的局部直径应大于 MMS＝35.2 mm，且应小于 LMS＝35.3 mm；MMVC 的位置与基准要素的 MMVC 同轴；基准要素的提取要素不得违反其最大实体实效状态(MMVC)，其直径为 MMVS＝(70－0.2) mm＝69.8 mm；基准要素的提取要素各处的局部直径应小于 LMS＝70.1 mm，且均应大于 MMS＝70.0 mm。

图 4-36(a)中内尺寸要素轴线相对于基准要素轴线的同轴度公差(ϕ0.1

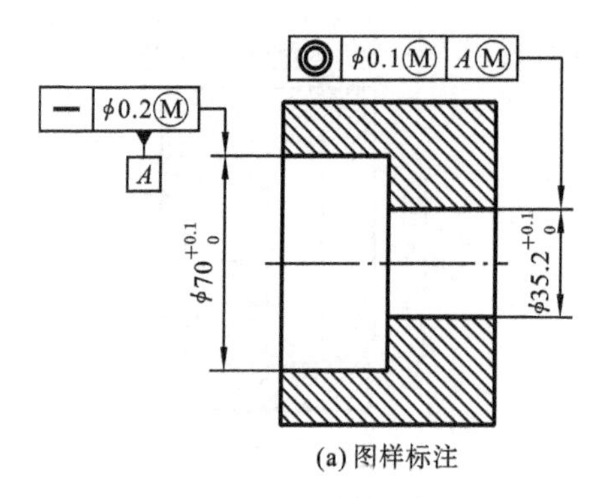

(a) 图样标注

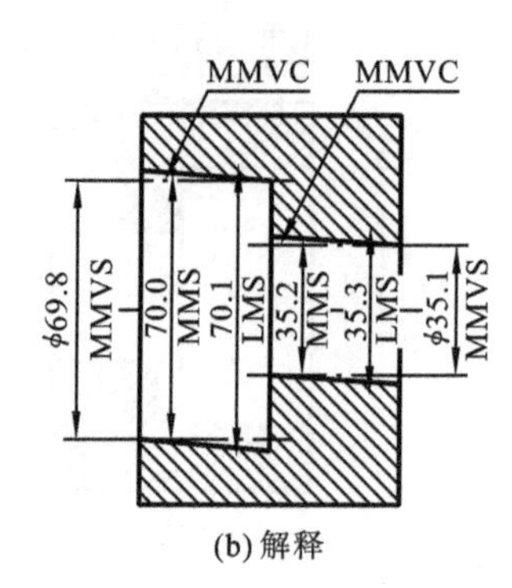

(b) 解释

图 4-36　作为基准的内尺寸要素具有尺寸要求、其轴线具有形状要求同时也应用 MMR 的示例

mm)是它们均处于最大实体状态(MMC)时给定的。当内尺寸要素和基准要素都处于最大实体状态(MMC)时,由于基准要素的最大实体实效状态(MMVC)小于最大实体状态(MMC),因此,其轴线相对于理论正确位置可以有一些浮动,在此条件下基准轴线相对于理论正确位置具有最大浮动量(φ0.2 mm)。

若内尺寸要素处于最小实体状态(LMC),基准要素也处于最小实体状态(LMC),此时,基准轴线相对于理论正确位置的浮动量可为 φ0.3 mm,即等于基准要素的尺寸公差(0.1 mm)与基准轴线的直线度公差(φ0.2 mm)之和,在此情况下同轴度误差最大,具体数值可以根据零件的具体结构尺寸近似算出。

3. 最小实体要求

1) 最小实体要求(least material requirement,LMR)应用于注有公差的要素

最小实体要求(LMR)在图样上用符号Ⓛ(见 GB/T1182—2008)标注在导出要素的几何公差值之后。

最小实体要求(LMR)用于注有公差的要素时,对尺寸要素的表面规定了以下规则:

① 对于外尺寸要素,注有公差的要素的提取局部尺寸大于或等于最小实体尺寸(LMS),小于或等于最大实体尺寸(MMS);

② 对于内尺寸要素,注有公差的要素的提取局部尺寸小于或等于最小实体尺寸(LMS),大于或等于最大实体尺寸(MMS);

③ 注有公差的要素的提取组成要素不得违反其最小实体实效状态(LMVC)或其最小实体实效边界(LMVB);

④ 当一个以上注有公差的要素用同一公差标注,或者是注有公差的要素的导出要素标注方向或位置公差时,其最小实体实效状态或最小实体实效边界要

与各自基准的理论正确方向或位置相一致。

例 4-10 图 4-37(a)所示零件的预期功能是控制最小壁厚，试解释标注的含义。

解 图 4-37(a)仅说明最小实体要求的一些原则。本图样标注不全，不能控制最小壁厚。在其他要素上缺少最小实体要求，因此不表示这一功能。本图例可以用位置度、同轴度或同心度标注，其意义均相同。

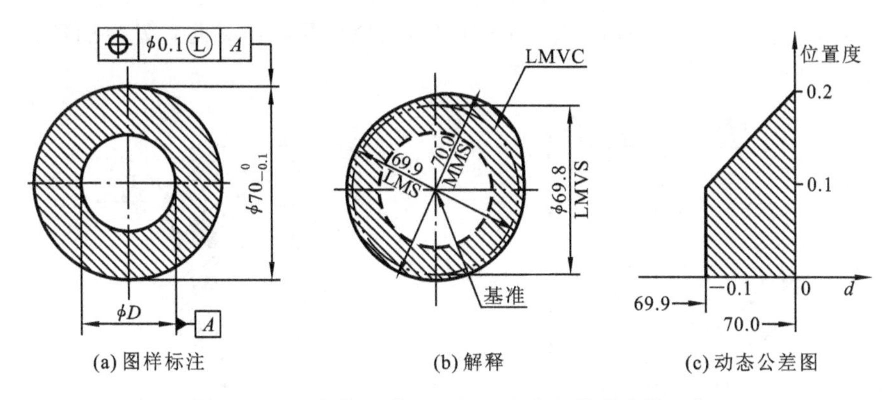

(a) 图样标注 (b) 解释 (c) 动态公差图

图 4-37 一个外尺寸要素与一个作为基准的同心内尺寸要素具有位置度要求的 LMR 示例

图 4-37(b)表示，外尺寸要素的提取要素不得违反其最小实体实效状态(LMVC)，其直径为 LMVS＝LMS－0.1＝(70－0.1－0.1) mm＝69.8 mm；外尺寸要素的提取要素各处的局部直径应小于 MMS＝70.0 mm，且应大于 LMS＝(70－0.1) mm＝69.9 mm；LMVC 的方向与基准 *A* 相平行，并且其位置在与基准 *A* 同轴的理论正确位置上。

图 4-37(a)中轴线的位置度公差(φ0.1 mm)是该外尺寸要素为其最小实体状态(LMC)时给定的。若该外尺寸要素为其最大实体状态(MMC)时，其轴线位置度误差允许达到的最大值可为图 4-37(a)中给定的轴线位置度公差(φ0.1 mm)与该轴的尺寸公差(0.1 mm)之和 φ0.2 mm；若该轴处于最小实体状态(LMC)与最大实体状态(MMC)之间，其轴线位置度公差在 φ0.1～φ0.2 mm 之间变化。图 4-37(c)给出了表述上述关系的动态公差图。

2) 最小实体要求应用于基准要素

最小实体要求应用于基准要素时，在图样上用符号Ⓛ标注在基准字母之后，对基准要素的表面规定了以下规则：

① 基准要素的提取组成要素不得违反基准要素的最小实体实效状态(LMVC)或最小实体实效边界(LMVB)；

② 当基准要素的导出要素没有标注几何公差要求，或者注有几何公差但其后没有符号Ⓛ时，基准要素的最小实体实效尺寸(LMVS)为最小实体尺寸(LMS)；

③ 当基准要素的导出要素注有形状公差，且其后有符号Ⓛ时，基准要素的最小实体实效尺寸由LMS减去(对外部要素)或加上(对内部要素)该形状公差值。

例4-11 图4-38(a)所示零件的预期功能是承受内压并防止发生崩裂。试解释其中标注的含义。

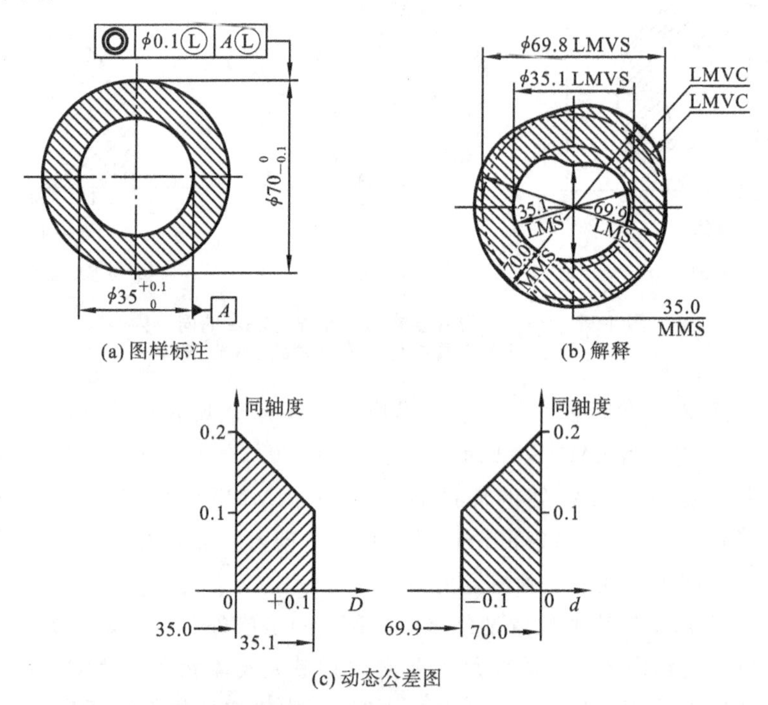

图4-38 一个外圆柱要素由尺寸和相对于由尺寸和LMR控制的内圆柱要素作为基准的位置(同轴度)控制的LMR示例

解 如图4-38所示：外圆柱要素的提取要素不得违反其最小实体实效状态(LMVC)，其直径为LMVS=69.8 mm；外圆柱要素的提取要素各处的局部直径应小于MMS=70.0 mm，且应大于LMS=69.9 mm；内圆柱要素(基准要素)的提取要素不得违反其最小实体实效状态(LMVC)，其直径为LMVS=LMS=35.1 mm；内圆柱要素(基准要素)的提取要素各处的局部直径应大于MMS=35.0 mm，且应小于LMS=35.1 mm；外圆柱要素的最小实体实效状态

(LMVC)位于内圆柱要素(基准要素)轴线的理论正确位置。

外圆柱要素轴线相对于内圆柱要素(基准要素)的同轴度公差(ϕ0.1 mm)是它们均为其最小实体状态(LMC)时给定的。

若外圆柱要素处于最大实体状态(MMC),内圆柱要素(基准要素)仍处于最小实体状态(LMC),外圆柱要素的轴线同轴度误差允许达到的最大值可为图4-38(a)中给定的同轴度公差(ϕ0.1 mm)与其尺寸公差(0.1 mm)之和 ϕ0.2 mm;若外圆柱要素处于最小实体状态(LMC)与最大实体状态(MMC)之间,内圆柱要素(基准要素)仍处于最小实体状态(LMC),其轴线的同轴度公差在ϕ0.1～ϕ0.2 mm之间变化。

若内圆柱要素(基准要素)偏离其最小实体状态(LMC),可使其轴线相对于理论正确位置有一些浮动;若内圆柱要素(基准要素)处于最大实体状态(MMC),其轴线相对于理论正确位置的最大浮动量(35.1～35.0 mm,如图4-38(c)所示)可以达到的最大值为 ϕ0.1 mm,在此情况下,若外圆柱要素也处于最大实体状态(MMC),其轴线与内圆柱要素(基准要素)轴线的同轴度误差可能会超过ϕ0.3 mm,即图 4-38(a)中的同轴度公差(ϕ0.1 mm)与外圆柱要素的尺寸公差(0.1 mm)、内圆柱要素(基准要素)的尺寸公差(0.1 mm)三者之和,同轴度误差的最大值可以根据零件的具体结构尺寸近似算出。

4. 可逆要求

可逆要求(reciprocity requirement,RPR)是最大实体要求(MMR)或最小实体要求(LMR)的附加要求,在图样上用符号Ⓡ(见 GB/T 1182—2008)标注在Ⓜ或Ⓛ之后。可逆要求仅用于注有公差的要素。在最大实体要求(MMR)或最小实体要求(LMR)附加可逆要求后,改变了尺寸要素的尺寸公差,用可逆要求可以充分利用最大实体实效状态(MMVC)和最小实体实效状态(LMVC)的尺寸。在有制造可能性的基础上,可逆要求允许尺寸和几何公差之间相互补偿。

例 4-12　图 4-39 所示零件的预期功能是两销柱要与理论中心距为 25 mm 的两个ϕ10 mm 孔装配,且与基准平面 A 相垂直。试解释标注的含义。

解　图 4-39 表示,两销柱的提取要素不得违反其最大实体实效状态(MMVC);其直径为 MMVS＝10.3 mm;两销柱的提取要素各处的局部直径均应大于 LMS＝9.8 mm,RPR 允许其局部直径从 MMS＝10.0 mm 增加至 MMVS＝10.3 mm,两个 MMVC 的位置处于其轴线彼此相距为理论正确尺寸 25 mm,且与基准平面 A 保持理论正确垂直。

图 4-39(a)中两销柱的轴线位置度公差(ϕ0.3 mm)是这两销柱均处于最大实体状态(MMC)时给定的。若这两销柱均处于最小实体状态(LMC),其轴线

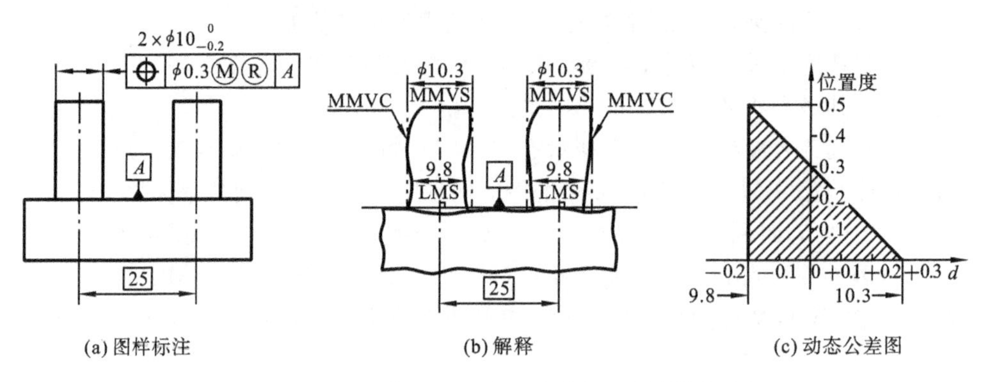

(a) 图样标注　　(b) 解释　　(c) 动态公差图

图 4-39　两外圆柱要素具有尺寸要求和对其轴线具有位置度要求的 MMR 和附加 RPR 示例

位置度误差允许达到的最大值可为图 4-39(a)中给定的轴线位置公差(ϕ0.3 mm)与销柱的尺寸公差(0.2 mm)之和 ϕ0.5 mm，当两销柱各自处于最大实体状态(MMC)与最小实体状态(LMC)之间时，其轴线位置度公差在ϕ0.3～ϕ0.5 mm之间变化。由于本例还附加了可逆要求(RPR)，因此如果两销柱的轴线位置度误差小于给定的公差(ϕ0.3 mm)时，两销柱的尺寸公差允许大于 0.2 mm，即其提取要素各处的局部直径均可大于它们的最大实体尺寸(MMS＝10 mm)；如果两销柱的轴线位置度误差为零，则两销柱的尺寸公差允许增大至 10.3 mm。图 4-39(c)给出了表述上述关系的动态公差图。

4.4　几何公差的设计及选用

几何公差的设计及选用对保证产品质量和降低制造成本具有十分重要的意义。它对保证零件的旋转精度、保证结合件的连接强度和密封性、保证齿轮传动零件的承载均匀性等都有重要的作用。几何公差的选用主要包括几何公差项目的选择、公差等级与公差值的选择、公差原则的选择和基准要素的选择等。

4.4.1　公差原则与相关要求的选用

选择公差原则和相关要求时，应根据被测要素的功能要求、各公差原则的应用场合、可行性和经济性等方面来考虑。表 4-23 列出了几种公差原则和相关要求的应用场合和示例，可供选择时参考。

表 4-23　公差原则和相关要求的应用场合和示例

公差原则	应用场合	示　例
独立原则	尺寸精度与形位精度需要分别满足要求	齿轮箱体孔的尺寸精度与两孔轴线的平行度，连杆活塞销孔的尺寸精度与圆柱度，滚动轴承内、外圈滚道的尺寸精度与形状精度
	尺寸精度与形位精度要求相差较大	滚筒类零件尺寸精度要求很低，形状精度要求较高；平板的尺寸精度要求不高，形状精度要求很高；通油孔的尺寸有一定精度要求，形状精度无要求
	尺寸精度与形位精度无联系	滚子链条的套筒或滚子内、外圆柱面的轴线同轴度与尺寸精度，发动机连杆上的尺寸精度与孔轴线间的位置精度
	保证运动精度	导轨的形状精度要求严格，尺寸精度一般
	保证密封性	汽缸的形状精度要求严格，尺寸精度一般
	未注公差	凡未注尺寸公差与未注形位公差都采用独立原则，如退刀槽、倒角、圆角等非功能要素
包容要求	保证国家标准规定的配合性质	如 ϕ30H7Ⓔ孔与 ϕ30h6Ⓔ轴的配合，可以保证配合的最小间隙等于零
	尺寸公差与形位公差间无严格比例关系要求	一般的孔与轴配合，只要求作用尺寸不超越最大实体尺寸，局部实际尺寸不超越最小实体尺寸
最大实体要求	保证关联作用尺寸不超越最大实体尺寸	关联要素的孔与轴有配合性质要求，在公差框格的第二格标注“0Ⓜ”
	保证可装配性	轴承盖上用于穿过螺钉的通孔，法兰盘上用于穿过螺栓的通孔
最小实体要求	保证零件强度和最小壁厚	孔组轴线的任意方向位置度公差，采用最小实体要求可保证孔组间的最小壁厚
可逆要求	与最大（最小）实体要求联用	能充分利用公差带，扩大被测要素实际尺寸的变动范围，在不影响使用性能要求的前提下可以选用

4.4.2 几何公差项目的选择

形位公差项目的选择，取决于零件的几何特征与功能要求，同时也要考虑检测的方便性。

1. 零件的几何特征

形状公差项目主要是按要素的几何形状特征制定的，因此要素的几何特征是选择单一要素公差项目的基本依据。例如，控制平面的形状误差应选择平面度，控制导轨导向面的形状误差应选择直线度，控制圆柱面的形状误差应选择圆度或圆柱度等。

位置公差项目是按要素间几何方位关系制定的，所关联要素的公差项目应以它与基准间的几何方位关系为基本依据。对线(轴线)、面可规定定向和定位公差；对点只能规定位置度公差；只有对回转零件才规定同轴度公差和跳动公差。

2. 零件的使用要求

零件的功能要求不同，对形状公差提出的要求也不同，所以应分析形状误差对零件使用性能的影响。一般说来：平面的形状误差将影响支承面安置的平稳性和定位可靠性，影响贴合面的密封性和滑动面的磨损；导轨面的形状误差将影响导向精度；圆柱面的形状误差将影响定位配合的连接强度和可靠性，影响转动配合的间隙均匀性和运动平稳性；轮廓表面或中心要素的位置误差将直接决定机器的装配精度和运动精度，如齿轮箱体上两孔轴线不平行将影响齿轮副的接触精度，降低其承载能力；滚动轴承的定位轴肩与轴线不垂直，将影响轴承旋转时的精度等。

3. 检测的方便性

为了检测方便，有时可将所需的公差项目用控制效果相同或相近的公差项目来代替。例如，要素为一圆柱面时，圆柱度是理想的项目，因为它能综合控制圆柱面的各种形状误差，但是由于圆柱度检测不便，故可选用圆度、直线度几个分项，或者选用径向跳动公差等进行控制。又如，径向圆跳动可综合控制圆度和同轴度误差，而径向圆跳动误差的检测简单易行，所以在不影响设计要求的前提下，可尽量选用径向圆跳动公差项目。同样，可近似地用端面圆跳动代替端面对轴线的垂直度公差要求。端面全跳动的公差带和端面对轴线的垂直度的公差带完全相同，可互相取代。

4.4.3　几何公差等级的确定

1. 几何公差值的确定

(1) 根据零件的功能要求，并考虑加工的经济性和零件的结构、刚性等情况，按公差表中数系确定要素的公差值，并考虑下列情况。

① 在同一要素上给出的形状公差值应小于位置公差值。如要求平行的两个表面，其平面度公差值应小于平行度公差值。

② 圆柱形零件的形状公差值(轴线的直线度除外)一般情况下应小于其尺寸公差值。圆度、圆柱度的公差值小于同级的尺寸公差值的 1/3，因而可按同级选取，也可根据零件的功能在临近的范围内选取。线对线或面对面的平行度公差值应小于其相应距离的尺寸公差值。

③ 形位公差与表面粗糙度的关系：表面粗糙度的 Ra 值为形状公差值的 20%～25%。

(2) 对于下列情况，考虑到加工的难易程度和除主参数外其他参数的影响，在满足零件功能的要求下，适当降低 1～2 级选用：①孔相对于轴；②细长比较大的轴和孔；③距离较大的轴和孔；④宽度较大(一般大于 1/2 长度)的零件表面；⑤线对线和线对面相对于面对面的平行度、垂直度公差。

2. 几何公差等级的确定

国标 GB/T 1184—1996 规定如下。

① 直线度、平面度、平行度、垂直度、倾斜度、同轴度、对称度、圆跳动、全跳动公差分 1,2,…,12 级共 12 级，公差等级按序由高变低，公差值按序递增(见表 4-24、表 4-26、表 4-27)。

② 圆度、圆柱度公差分 0,1,2,…,12 共 13 级，公差值按序递增，公差等级按序由高变低(见表 4-25)。

③ 位置度公差值应通过计算得出。例如用螺栓做连接件，被连接零件上的孔均为通孔，其孔径大于螺栓的直径，位置度公差的计算式为

$$t = X_{\min}$$

式中：t——位置度公差；

$X_{\min}$——通孔与螺栓间的最小间隙。

再如用螺钉连接时，被连接零件中有一个零件上的孔有螺纹，而其余零件上的孔都是通孔，且孔径大于螺钉直径，其位置度公差为

$$t = 0.5X_{\min}$$

按上式计算确定的公差，经化整规定了表 4-28 的位置度公差值数系，国家

标准未规定位置度公差等级。

表 4-24　直线度、平面度(摘自 GB/T 1184—1996)

主参数 L/mm	公差等级											
	1	2	3	4	5	6	7	8	9	10	11	12
	公差值/μm											
≤10	0.2	0.4	0.8	1.2	2	3	5	8	12	20	30	60
>10~16	0.25	0.5	1	1.5	2.5	1	6	10	15	25	40	80
>16~25	0.3	0.6	1.2	2	3	5	8	12	20	30	50	100
>25~40	0.4	0.8	1.5	2.5	4	6	10	15	25	40	60	120
>40~63	0.5	1	2	3	5	8	12	20	30	50	80	150
>63~100	0.6	1.2	2.5	4	6	10	15	25	40	60	100	200
>100~160	0.8	1.5	3	5	8	12	20	30	50	80	120	250
>160~250	1	2	4	6	10	15	25	40	60	100	150	300

注:L 为被测要素的长度。

表 4-25　圆度、圆柱度(摘自 GB/T 1184—1996)

主参数 $d(D)$/mm	公差等级												
	0	1	2	3	4	5	6	7	8	9	10	11	12
	公差值/μm												
>6~10	0.12	0.25	0.4	0.6	1	1.5	2.5	4	6	9	15	22	36
>10~18	0.15	0.25	0.5	0.8	1.2	2	3	5	8	11	18	27	43
>18~30	0.2	0.3	0.6	1	1.5	2.5	4	6	9	13	21	33	52
>30~50	0.25	0.4	0.6	1	1.5	2.5	4	7	11	16	25	39	62
>50~80	0.3	0.5	0.8	1.2	2	3	5	8	13	19	30	46	74
>80~120	0.4	0.6	1	1.5	2.5	4	6	10	15	22	35	54	87
>120~180	0.6	1	1.2	2	3.5	5	8	12	18	25	40	63	100
>180~250	0.8	1.2	2	3	4.5	7	10	14	20	29	46	72	115

注:$d(D)$为被测要素的直径。

表 4-26 平行度、垂直度、倾斜度(摘自 GB/T 1184—1996)

主参数 $d(D)$、L/mm	公差等级											
	1	2	3	4	5	6	7	8	9	10	11	12
	公差值/μm											
≤10	0.4	0.8	1.5	3	5	8	12	20	30	50	80	120
>10～16	0.5	1	2	4	6	10	15	25	40	60	100	150
>16～25	0.6	1.2	2.5	5	8	12	20	30	50	80	120	200
>25～40	0.8	1.5	3	6	10	15	25	40	60	100	150	250
>40～63	1	2	4	8	12	20	30	50	80	120	200	300
>63～100	1.2	2.5	5	10	15	25	40	60	100	150	250	400
>100～160	1.5	3	6	12	20	30	50	80	120	200	300	500
>160～250	2	4	6	15	25	40	60	100	150	250	400	600

注:L 为被测要素的长度。

表 4-27 同轴度、对称度、圆跳动、全跳动(摘自 GB/T 1184—1996)

主参数 $d(D)$、B/mm	公差等级											
	1	2	3	4	5	6	7	8	9	10	11	12
	公差值/μm											
>6～10	0.6	1	1.5	2.5	4	6	10	15	30	60	100	200
>10～18	0.8	1.2	2	3	5	8	12	20	40	80	120	250
>18～30	1	1.5	2.5	4	6	10	15	25	50	100	150	300
>30～50	1.2	2	3	5	8	12	20	30	60	120	200	400
>50～120	1.5	2.5	4	6	10	15	25	40	80	150	250	500
>120～250	2	3	5	8	12	20	30	50	100	200	300	600

注:$d(D)$、B 为被测要素的直径、宽度。

表 4-28 位置度公差值数系(摘自 GB/T 1184—1996) (单位:μm)

1	1.2	1.5	2	2.5	3	4	5	6	8
1×10^n	1.2×10^n	1.5×10^n	2×10^n	2.5×10^n	3×10^n	4×10^n	5×10^n	6×10^n	8×10^n

注:n 为正整数。

4.4.4 未注几何公差的规定

为了简化制图及获得其他好处，在对于一般机床加工能够保证的形位精度，以及在要素的形状公差值大于未注公差值的情况下，要采用未注公差值，而不将形状公差一一在图样上注出。实际要素的误差，由未注形状公差控制。国家标准 GB/T 1184—1996 对直线度与平面度、垂直度、对称度、圆跳动分别规定了未注公差值(见表 4-29 至表 4-32)，其公差等级都分为 H、K、L 三种。对其他项目的未注公差说明如下。

圆度未注公差值等于其尺寸公差值，但不能大于径向圆跳动的未注公差值。

圆柱度的未注公差未作规定。实际圆柱面的误差由其构成要素(如截面圆、轴线、素线等)的注出公差或未注公差控制。

平行度的未注公差值等于给出的尺寸公差值或直线度(平面度)未注公差值。

同轴度的未注公差未作规定，可考虑与径向圆跳动的未注公差相等。

其他项目(如线轮廓度、面轮廓度、倾斜度、位置度、全跳动等)由各要素的注出或未注形位公差、线性尺寸公差或角度公差控制。

若采用标准规定的未注公差值，如采用 K 级，应在标题栏附近或在技术要求、技术文件(如企业标准)中注出标准号及公差等级代号，如 GB/T 1184—K。

表 4-29 直线度、平面度未注公差值 (mm)

公差等级	基本长度范围					
	≤10	>10～30	>30～100	>100～300	>300～1 000	>1 000～3 000
H	0.02	0.05	0.1	0.2	0.3	0.4
K	0.05	0.1	0.2	0.4	0.6	0.8
L	0.1	0.2	0.4	0.8	1.2	1.6

表 4-30 垂直度未注公差值 (mm)

公差等级	基本长度范围			
	≤100	>100～300	>300～1 000	>1 000～3 000
H	0.2	0.3	0.4	0.5
K	0.4	0.6	0.8	1
L	0.6	1	1.5	2

表 4-31 对称度未注公差值 (mm)

公差等级	基本长度范围			
	≤100	>100～300	>300～1 000	>1 000～3 000
H	0.5			
K	0.6		0.8	1
L	0.6	1	1.5	2

表 4-32 圆跳动未注公差值 (mm)

公差等级	公差值
H	0.1
K	0.2
L	0.2

4.4.5 典型案例及其几何公差选择

图 4-40 所示为减速器的输出轴，两轴颈 ϕ55j6 与 P0 级滚动轴承内圈相配合。为保证配合性质，采用了包容要求；为保证轴承的旋转精度，在遵循包容要求的前提下，又进一步提出圆柱度公差的要求，其公差值由 GB/T 1184—1996 查得为 0.005 mm。该两轴颈上安装滚动轴承后，将分别与减速器箱体的两孔配合，因此需限制两轴颈的同轴度误差，以保证轴承外圈和箱体孔的安装精度，为检测方便，实际给出了两轴颈的径向圆跳动公差 0.025 mm（跳动公差 7 级）。ϕ62 mm 处的两轴肩都是止推面，起一定的定位作用，为保证定位精度，提出了两轴肩相对于基准轴线的端面圆跳动公差 0.015 mm（由 GB/T 1184—1996 查得）。

ϕ56r6 和 ϕ45m6 轴颈分别与齿轮和带轮配合，为保证配合性质，也采用了包容要求。为保证齿轮的运动精度，对与齿轮配合的 ϕ56r6 轴颈又进一步提出了对基准轴线的径向圆跳动公差 0.025 mm（跳动公差 7 级）。对 ϕ56r6 和 ϕ45m6 轴颈上的键槽 16N9 和 12N9 都提出了对称度公差 0.02 mm（对称度公差 8 级），以保证键槽的安装精度和安装后的受力状态。

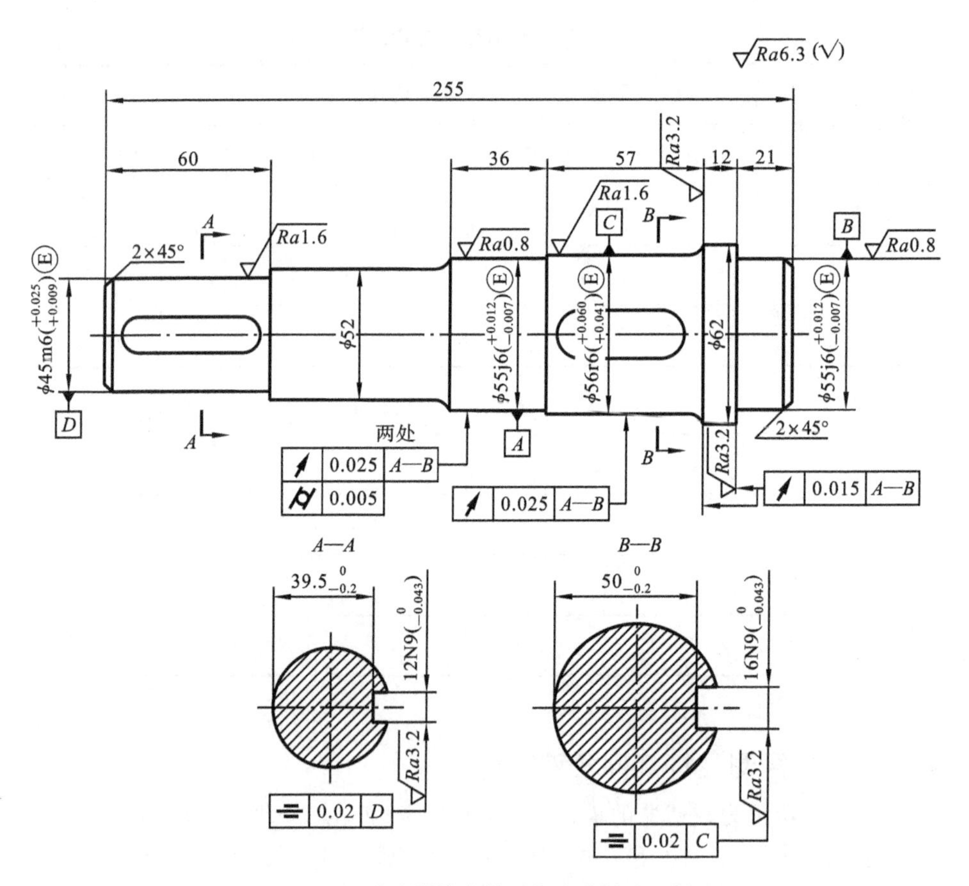

图 4-40　减速器输出轴形位公差标注示例

本章重点与难点

1. 国家标准对几何公差的主要规定

1）几何要素的基本概念

几何要素是指构成零件几何特征的点、线、面，是形位公差研究的对象。可以从不同的角度对几何要素进行分类，如分成轮廓要素与中心要素、被测要素与基准要素、理想要素和实际要素、单一要素和关联要素等。

2）几何公差的 14 个特征项目的名称及符号

形位公差的 14 个特征项目中，有形状公差 4 项——直线度、平面度、圆度和圆柱度；轮廓度公差 2 项——线轮廓度和面轮廓度，当有基准时为位置公差，无基准时为形状公差；位置公差8项——定向的位置公差3项，即平行度、垂直度、倾斜度；定位的位置公差3项，即同轴度、对称度、位置度；跳动公差2项，即圆跳动、全跳动。

3）形位公差带的特征

形位公差带是限制实际要素变动的区域，实际要素落在公差带内就是合格的。由于特征项目及针对的要素不同，形位公差带要比尺寸公差带复杂。尺寸公差带只有两个要素：公差带位置（由基本偏差确定）、公差带大小（由标准公差确定）。形位公差带有四个要素：公差带的形状、大小、方向、位置。

（1）形位公差带主要有11种形状。有些项目的公差带形状是唯一的，如圆度、平面度、同轴度等；有些项目的公差带却可以有几种不同的形状，如在直线度公差中，包括给定平面内的直线度、给定方向的直线度、任意方向的直线度，其公差带有不同的形状。

（2）形位公差带的大小即公差数值的大小，是指公差带的宽度或直径。应注意：公差带大小是指被测实际要素变动区域的全量，而不能理解为实际要素对理想要素的偏离量，特别是对于定位的位置公差（如同轴度、对称度和位置度等）。

（3）公差带的方向和位置有固定的和浮动的两种。若被测要素相对于基准的方向或位置关系以理论正确尺寸（打方框的角度或长度尺寸）标注，则其方向或位置是固定的；否则是浮动的。

4）几何误差的概念及其评定

（1）形位误差是指实际要素对理想要素的变动量。实际评定时，通常用一个包容区域来包容实际要素，包容区域的宽度或直径表示形位误差的大小。

（2）最小条件是指在评定形位误差时，应使评定出的误差值最小（实际要素对理想要素的最大变动量为最小），即建立“最小包容区域”。国家标准规定“最小条件”的目的是为了使评定结果唯一，且使工件最容易合格。

（3）对于形状误差、定向的位置误差和定位的位置误差，它们的最小包容区域的共同特点是，其形状都与各自的公差带的形状相同。这三者的区别如下。

① 形状误差最小包容区域——对其他要素无方向和位置要求，它的方向和位置需要用“最小条件判断准则”来判断，各项形状误差有各自的判断准则。如给定平面直线度误差的最小包容区域为两条平行直线间的区域。其最小条件的判断准则是：实际直线应至少与两包容直线有“高-低-高”或“低-高-低”三点相间接触。平面度、圆度、圆柱度等都有相应的判断准则。

② 定向的位置误差最小包容区域——对基准保持正确的方向，即称为“定向最小包容区域”。如垂直度误差的最小包容区域应与基准保持垂直。包容区

域的位置随实际要素的变动而变动。

③ 定位的位置误差最小包容区域——对基准保持正确的位置，即称为“定位最小包容区域”。如同轴度误差的最小包容区域应是包容实际要素，且与基准轴线同轴的圆柱面内的区域。

(4) 最小包容区域的形状、方向和位置都与其公差带相同，仅大小不同。但最小包容区域和公差带是两个不同的概念：前者是针对完工后的实际要素而言的，而后者是设计给定的要求，若最小包容区域的宽度或直径小于公差带的宽度或直径，即是合格的。

(5) 实际工作中，完全按最小条件评定形状误差有时较困难，所以，允许采用近似方法评定(如用两端点连线法评定直线度误差，用三点法评定平面度误差等)，这些方法使用方便，得出的误差值一般不小于用最小条件评定的值，如果该误差都不超过公差，则是合格的。有争议时，应按最小条件仲裁。

(6) 由于跳动公差是针对特定的检测方式定义的项目，其误差值可在测量时直接从指示器中读出，不需要建立最小包容区。

5) 基准的建立和常用体现方法(略)

6) 公差原则的基本内容

公差原则情况比较复杂，用到的名词术语较多，是本章的难点。学习时注意找出这几种公差原则的区别与联系(见表 4-33)。

表 4-33　几种公差原则的区别与联系

公差原则	符　号	应用要素	应用项目	功能要求	控制边界	允许的形位误差变化范围	允许的实际尺寸变化范围	检测方法	
								形位误差	实际尺寸
独立原则	无	轮廓要素及中心要素	各种形位公差项目	各种功能要求，但互相不能关联	无边界，形位误差和实际尺寸各自满足要求	按图样中注出的或未注形位公差要求	按图样中注出的或未注尺寸公差要求	通用量仪	用两点法测量

续表

公差原则		符号	应用要素	应用项目	功能要求	控制边界	允许的形位误差变化范围	允许的实际尺寸变化范围	检测方法	
									形位误差	实际尺寸
相关要求	包容要求	Ⓔ	单一尺寸要素（圆、圆柱面、两平行平面）	形状公差（线、面轮廓度除外）	配合要求	最大实体边界	各项形状误差不能超出其控制边界	最大实体尺寸不能超出其控制边界，而局部实际尺寸不能超越其最小实体尺寸	通端极限量规及专用量仪	用通端极限量规测量最大实体尺寸，用两点法测量最小实体尺寸
	最大实体要求	Ⓜ	中心要素(轴线及中心平面)	直线度、倾斜度、平行度、垂直度、同轴度、对称度、位置度	满足装配要求但无严格的配合要求时采用，如螺栓孔轴线的位置度，两轴线的平行度等	最大实体实效边界	当局部实际尺寸偏离其最大实体尺寸时，形位公差可获得补偿值（增大）	其局部实际尺寸不能超出的尺寸公差允许范围	综合量规（功能量规及专用量仪）	用两点法测量

续表

<table>
<tr><th colspan="2" rowspan="2">公差原则</th><th colspan="2" rowspan="2">符　号</th><th rowspan="2">应用要素</th><th rowspan="2">应用项目</th><th rowspan="2">功能要求</th><th rowspan="2">控制边界</th><th rowspan="2">允许的形位误差变化范围</th><th rowspan="2">允许的实际尺寸变化范围</th><th colspan="2">检测方法</th></tr>
<tr><th>形位误差</th><th>实际尺寸</th></tr>
<tr><td rowspan="3">相关要求</td><td>最小实体要求</td><td colspan="2">Ⓛ</td><td>中心要素（轴线及中心平面）</td><td>直线度、垂直度、同轴度、位置度等</td><td>满足临界设计值的要求，以控制最小壁厚，提高对中度，满足最小实体的要求</td><td>最小实体实效边界</td><td>当局部实际尺寸偏离其最小实体尺寸时，形位公差可获得补偿值（增大）</td><td>其局部尺寸不能超出尺寸公差的允许范围</td><td>通用量仪</td><td>用两点法测量</td></tr>
<tr><td rowspan="2">可逆要求</td><td rowspan="2">Ⓡ</td><td>ⓂⓇ</td><td rowspan="2">中心要素（轴线及中心平面）</td><td>适用于Ⓜ的各项目</td><td>对最大实体尺寸没有严格要求的场合</td><td>最大实体实效边界</td><td>当与Ⓜ同时使用时，形位误差变化同Ⓜ</td><td rowspan="2">当形位误差小于给出的形位公差时，可补偿尺寸公差，使尺寸公差增大，其局部实际尺寸可超出给定范围</td><td>用综合量规或专用量仪控制其最大实体边界</td><td>仅用两点法测量最小实体尺寸</td></tr>
<tr><td>ⓁⓇ</td><td>适用于Ⓛ的各项目</td><td>对最小实体尺寸没有严格要求的场合</td><td>最小实体实效边界</td><td>当与Ⓛ同时使用时，形位误差变化同Ⓛ</td><td>用三坐标仪或专用量仪控制其最小实体边界</td><td>仅用两点法测量其最大实体尺寸</td></tr>
</table>

2. 几何公差的选用

1）公差项目的选择

对形位公差项目应根据零件的几何特征、功能要求，以及检测的方便程度等方面来选择。对旋转体零件，尽量采用跳动公差代替其他项目（如用径向全跳动代替同轴度、圆柱度，用端面全跳动代替端面对轴线的垂直度等），这样既便于检测，又可保证使用要求。

2）公差数值的选择

选择公差数值时，同一要素的形状公差＜定向的位置公差＜定位的位置公差。一般情况下，圆柱形零件的形状公差＜尺寸公差，在没有经验的情况下，可与尺寸公差同级。平行度公差＜相应的距离公差；使用要求相同，但加工难度大的情况应降低1～2级。

3）公差原则和相关要求的选择

常用的公差原则（要求）主要应用场合如表4-33所示，应学会选用。

表4-34 标注中常见错误

举　例	错　　误	正　　确	简要说明
圆柱体的素线直线度	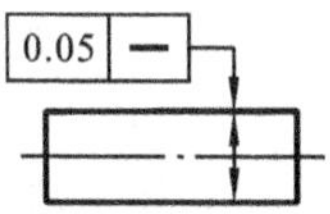 0.05 —	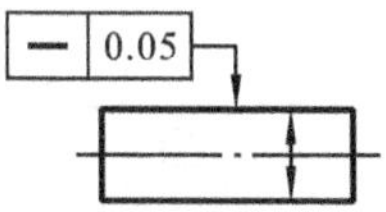 — 0.05	（1）公差框格水平放置时，书写顺序为从左至右；公差框格垂直放置时，书写顺序从下到上 （2）当被测要素（或基准要素）为轮廓要素时，箭头（或基准符号）应明显地与尺寸线错开
轴线的同轴度	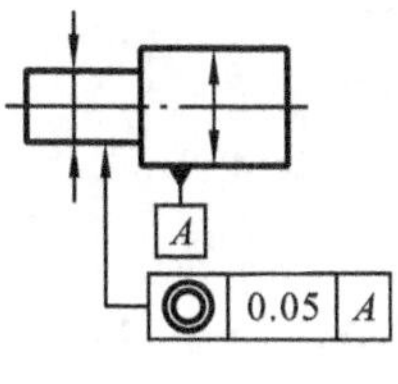 A ◎ 0.05 A	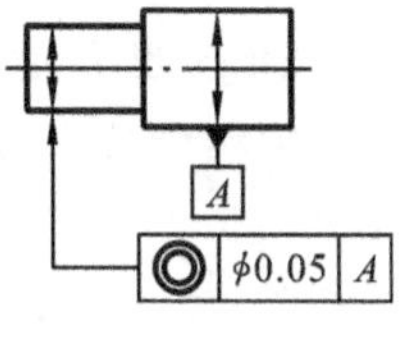 A ◎ ϕ0.05 A	（1）当被测要素（或基准要素）为中心要素时，箭头（或基准符号）应与尺寸线对齐 （2）公差带为圆、圆柱面内的区域时，公差值前面应加“ϕ”

续表

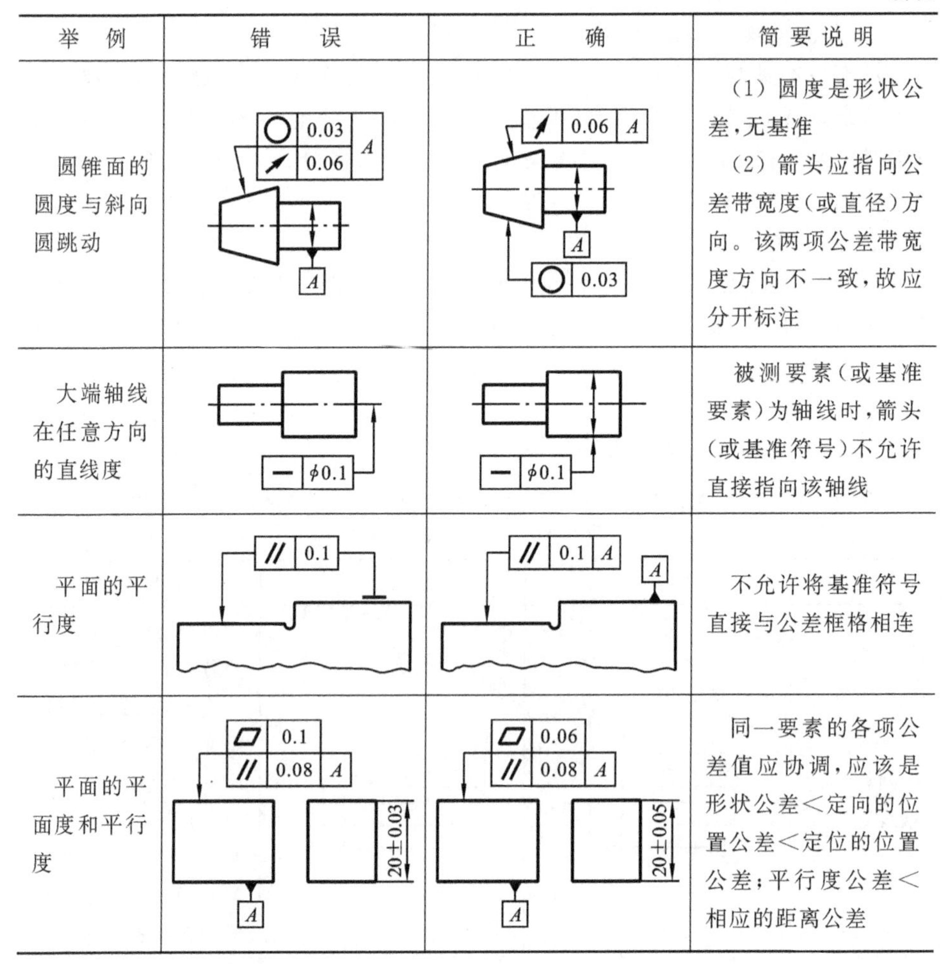

举　例	错　误	正　确	简要说明
圆锥面的圆度与斜向圆跳动			(1) 圆度是形状公差,无基准 (2) 箭头应指向公差带宽度(或直径)方向。该两项公差带宽度方向不一致,故应分开标注
大端轴线在任意方向的直线度			被测要素(或基准要素)为轴线时,箭头(或基准符号)不允许直接指向该轴线
平面的平行度			不允许将基准符号直接与公差框格相连
平面的平面度和平行度			同一要素的各项公差值应协调,应该是形状公差<定向的位置公差<定位的位置公差;平行度公差<相应的距离公差

3. 几何公差的标注

对几何公差的标注,应做到以下几点:

(1) 能正确理解图样上一般的形位公差标注。

(2) 已知形位公差要求,会使用公差框格正确标注。

(3) 注意常见的特殊标注和标注中常见错误,如表 4-34 所示。

4. 几何误差的检测原则

(1) 形位误差特征项目多,零件结构形式也各式各样,所以形位误差的检测方法和种类很多,GB/T 1958—2004《产品几何量技术规范(GPS)形状和位置公差　检测规定》中列举了检测方案,需要时可参阅。按其原理,可归纳成 5 大原则。

(2) 通过实验,掌握直线度误差、孔中心线的平行度、垂直度误差、圆度误差等常用的测量方法和数据处理。

思考与练习

1. 选择题。

(1) 国家标准规定的形位公差共有________项,其中位置公差有________项,另有________项有时作为形状公差,有时作为位置公差。

A. 2　　B. 6　　C. 8　　D. 14

(2) 直线度公差适用于________,对称度公差适用于________,跳动公差适用于________。

A. 轮廓要素　　B. 中心要素　　C. 中心要素或轮廓要素

(3) 某中心平面对基准中心平面的对称度公差为 0.1 mm,则允许该中心平面对基准中心平面的偏离量为________。

A. 0.1 mm　　B. 0.05 mm　　C. 0.2 mm

(4) 若某轴对于基准轴线的径向全跳动误差为 0.08 mm,则该轴对于此基准轴线的同轴度误差为________。

A. ≥0.08 mm　　B. ≤0.08 mm　　C. ≤0.08 mm 或≥0.08 mm

(5) 某轴线对基准轴线的最大距离为 0.035 mm,最小距离为 0.010 mm,则该轴线对基准轴线的同轴度误差为________。

A. ϕ0.035 mm　　B. ϕ0.010 mm　　C. ϕ0.070 mm　　D. ϕ0.025 mm

(6) 工件的局部尺寸是________,最大实体尺寸是________,最大实体实效尺寸是________。

A. 设计给定的　　B. 加工后形成的

(7) 一般说来,对于孔,其最大实体实效尺寸________其最大实体尺寸,体外作用尺寸________其局部实际尺寸,对于轴,其最大实体实效尺寸________其最大实体尺寸,体外作用尺寸________其局部实际尺寸。

A. 大于　　B. 小于　　C. 大于或小于

(8) 包容要求适用于________,最大实体要求适用于________,最小实体要求适用于________。

A. 需要保证可装配性的场合

B. 需要保证较严格配合要求的场合

C. 需要保证零件强度和最小壁厚的场合

D. 尺寸公差和形位公差要求的精度相差很大的场合

(9) 在形位公差标准中,没有规定________的公差等级,只规定了公差值数系,对________没有规定精度等级和公差数值,对________没有规定未注公差等级,而是由该要素的尺寸公差来控制。

A. 圆度　　B. 对称度

C. 位置度　　D. 线轮廓度和面轮廓度

(10) 国家标准中对注出的大多数形位公差项目规定的精度等级为________,圆度和圆柱度为________,未注形位公差为________。

A. 0～12 共 13 个等级　　B. 1～12 共 12 个等级

C. 1～13 共 14 个等级　　D. f、m、c、v 共 4 个等级

E. H、K、L 共 3 个等级

(11) 一般说来,同一要素的形状误差________位置误差,定向位置误差________定位位置误差,圆柱形零件的圆度误差________其尺寸误差。

A. 大于　　B. 小于　　C. 大于或小于

2. 判断以下说法是否正确。

(1) 位置误差是关联实际要素的位置对实际基准的变动量。(　　)

(2) 独立原则、包容要求都既可用于中心要素,也可用于轮廓要素。(　　)

(3) 可逆要求可用于任何公差原则与要求。(　　)

(4) 如某平面的平面度误差为 f,则该平面对基准面的平行度误差大于 f。(　　)

(5) 按照最小条件,形状误差是被测实际要素对理想要素的最大变动量。(　　)

(6) 圆柱度公差可用圆度公差和直线度公差综合评定。(　　)

(7) 未注公差指没有对尺寸、形状或位置作出公差要求。(　　)

3. 解释图 4-41 标注出的各项形位公差(如被测要素、基准要素、公差带形状、大小、方向、位置等),并填入表 4-35 中。

表 4-35　习题 4-3 表

序号	项目的名称	被测要素	基准要素	公差带形状	公差带大小/mm	公差带方向	公差带位置
1							
2							
3							

续表

序号	项目的名称	被测要素	基准要素	公差带形状	公差带大小/mm	公差带方向	公差带位置
4							
5							
6							

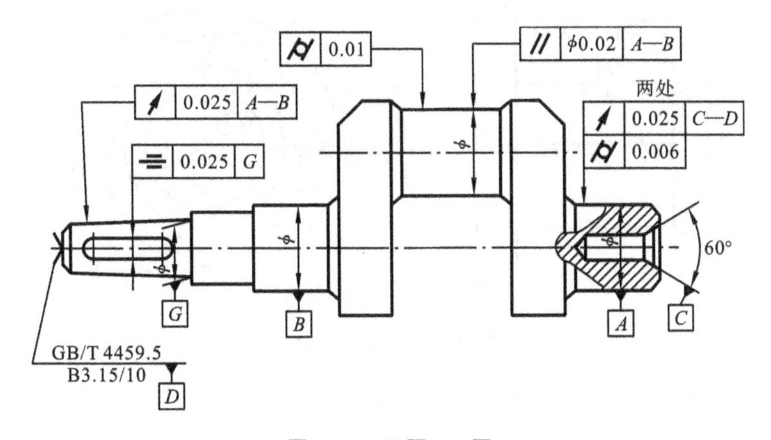

图 4-41 习题 4-3 图

4. 把下列形位公差要求标注在图 4-42 上：

(1) ϕ40h8 圆柱面对两 ϕ25h7 轴颈公共轴线的径向圆跳动公差为 0.015 mm；

(2) 两 ϕ25h7 轴颈的圆度公差为 0.01 mm；

(3) ϕ40h8 左、右端面对两 ϕ25h7 轴颈公共轴线的端面圆跳动公差为 0.02 mm；

(4) 键槽 10H9 中心平面对 ϕ40h8 轴颈轴线的对称度公差为 0.015 mm。

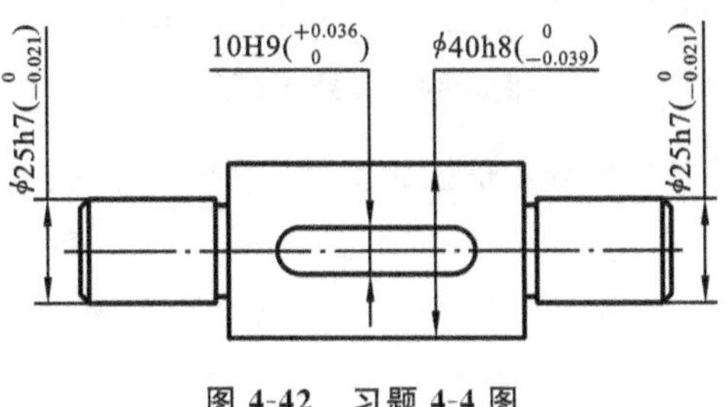

图 4-42 习题 4-4 图

5. 把下列形位公差要求标注在图 4-43 上：

(1) 法兰盘端面 A 的平面度公差为 0.008 mm;

(2) A 面对 ϕ18H8 孔的轴线的垂直度公差为 0.015 mm;

(3) ϕ35 mm 圆周上均匀分布的 4×ϕ8H8 孔的轴线对 A 面和 ϕ18H8 的孔中心线的位置度公差为 ϕ0.05 mm,且遵守最大实体要求;

(4) 4×ϕ8H8 孔中最上边一个孔的轴线与 ϕ4H8 孔的轴线应在同一平面内,其偏离量不超过±10 μm。

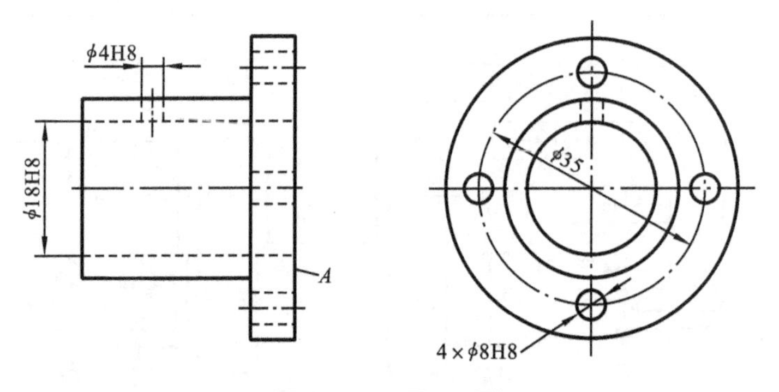

图 4-43　习题 4-5 图

6. 指出图 4-44 中形位公差标注的错误,并加以改正(不改变形位公差特征符号)。

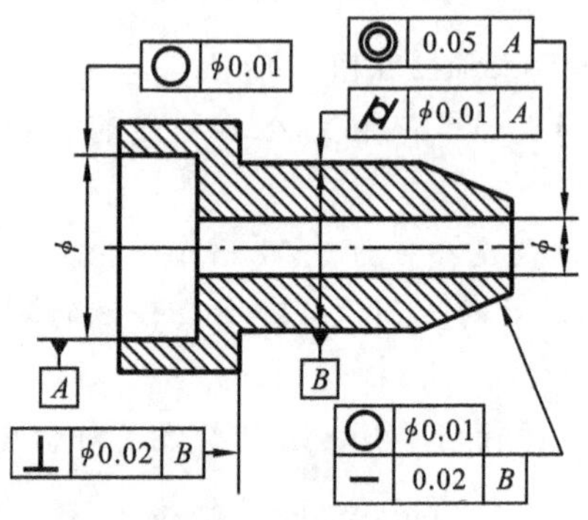

图 4-44　习题 4-6 图

7. 指出图 4-45 中形位公差标注的错误,并加以改正(不改变形位公差特征符号)。

8. 在底板的边角上有一个孔,要求位置度公差为 ϕ0.1 mm,图 4-46 所示的四种标注中哪些标注是错的?为什么?

9. 分析图 4-47 所示三个小图中的公差带有何异同。

10. 分析图 4-48 所示两个小图中的公差带有何异同。

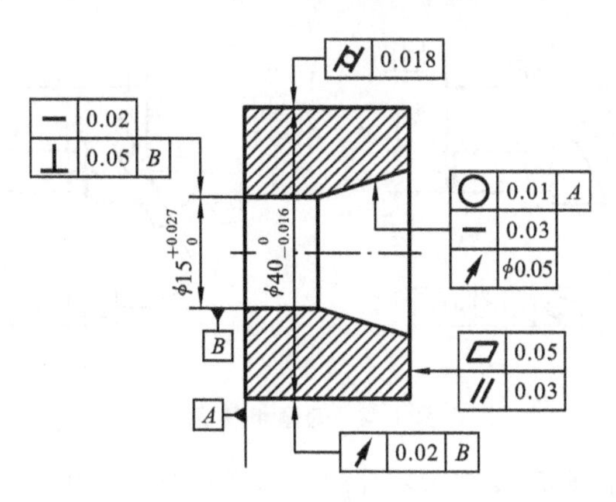

图 4-45 习题 4-7 图

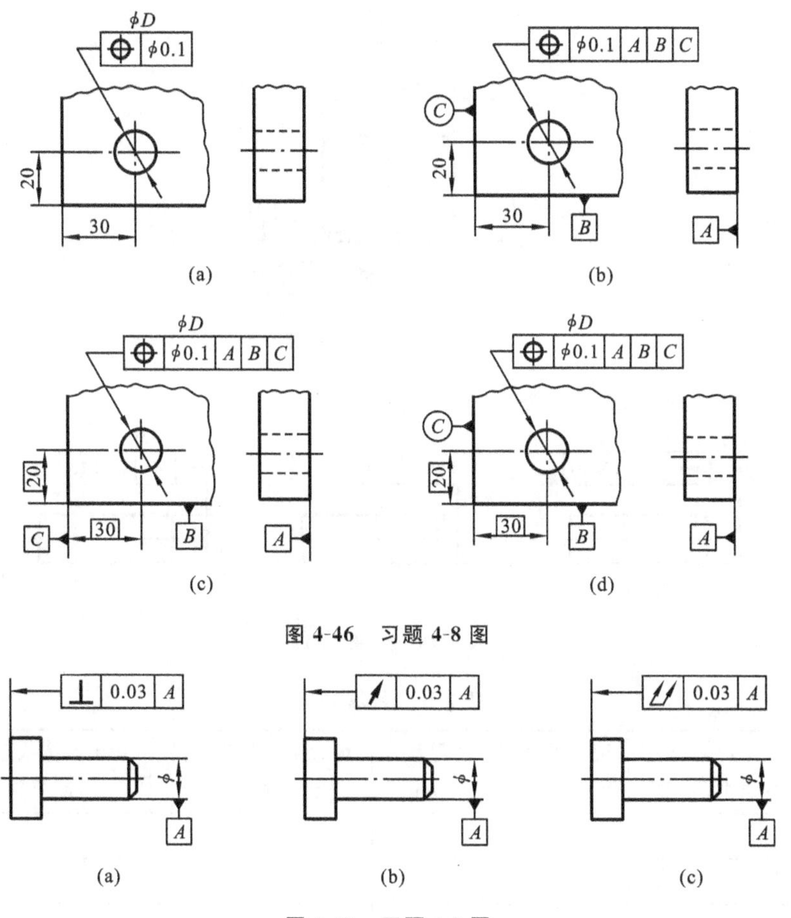

图 4-46 习题 4-8 图

图 4-47 习题 4-9 图

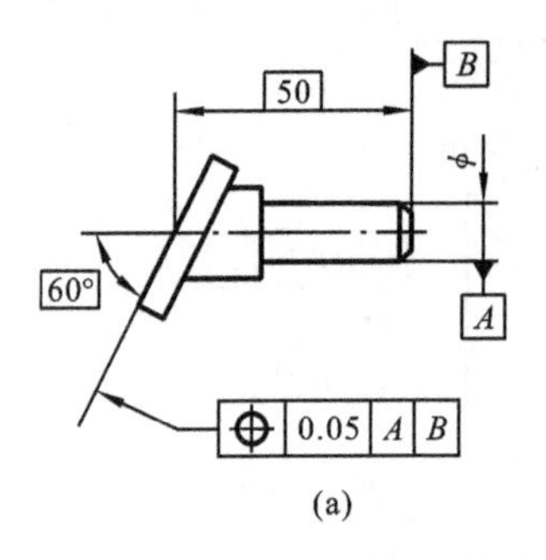

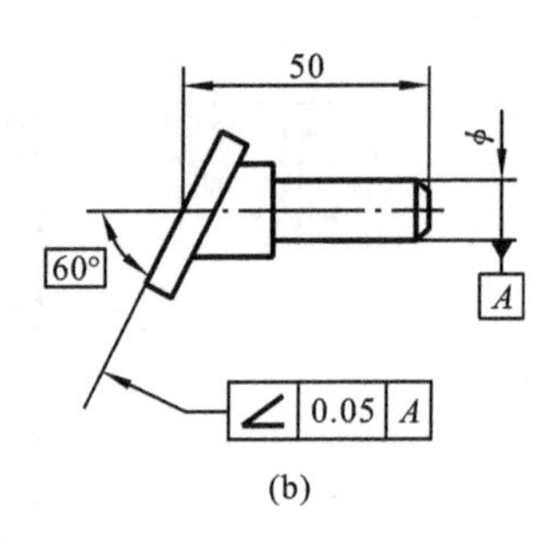

图 4-48　习题 4-10 图

11. 如图 4-49 所示，若实测零件的圆柱直径为 $\phi19.97$ mm，其轴线对基准平面的垂直度误差为 $\phi0.04$ mm，试判断其垂直度是否合格。为什么？

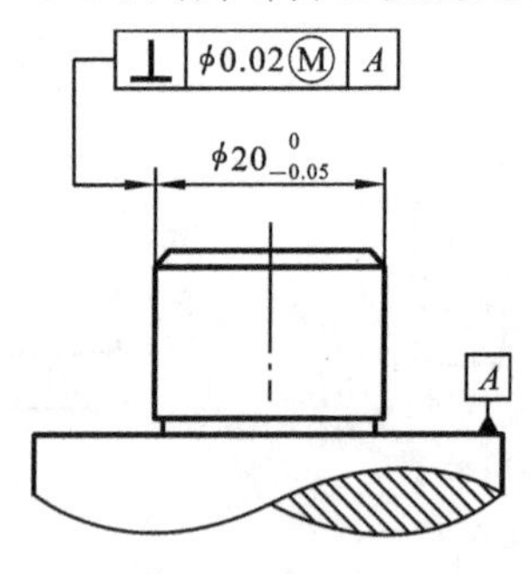

图 4-49　习题 11 图

12. 根据图 4-50 的标注填表 4-36。

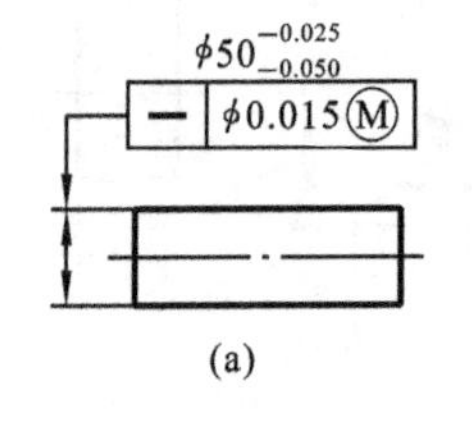

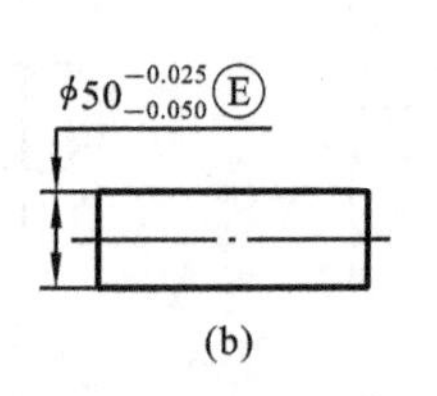

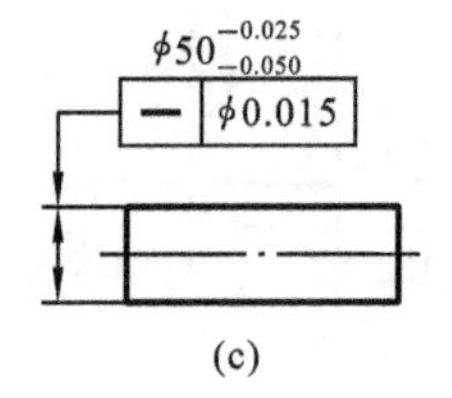

图 4-50　习题 12 图

表 4-36　习题 12 表

图序	采用的公差原则(要求)	遵守的理想边界	边界尺寸/mm	最大实体状态下的直线度公差/mm	最小实体状态下的直线度公差/mm
(a)					
(b)					
(c)					

13. 根据图 4-51 的标注填表 4-37,并画出动态公差图。

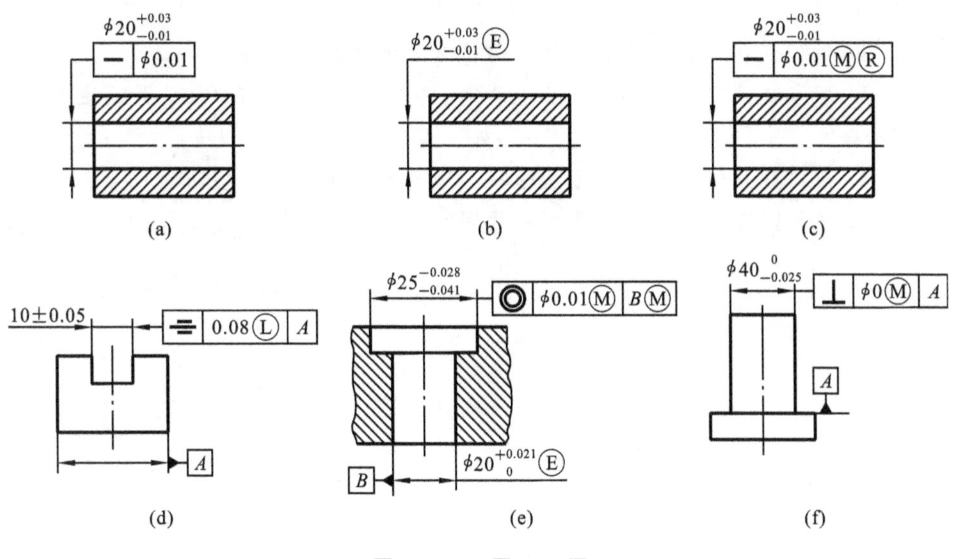

图 4-51 习题 4-13 图

表 4-37 习题 4-13 表

序号	采用的公差原则(要求)	遵守的理想边界	边界尺寸/mm	最大实体状态下的形位公差/mm	最小实体状态下的形位公差/mm	局部实际尺寸的合格范围/mm
(a)						
(b)						
(c)						
(d)						
(e)						
(f)						

14. 用水平仪测某导轨的直线度误差,水平仪的分度值为 0.02 mm/m,跨距 L 为 200 mm,依次测得各段读数为(格):−1.5、+3、+0.5、−2.5、+1.5,用图解法按最小条件评定导轨的直线度误差。

15. 问答题。

(1) 几何公差特征共有多少项?其名称和符号是什么?

(2) 几何公差带的四要素是什么?

(3) 形状公差、定向的位置公差、定位的位置公差，其公差带的方向、位置有何特点？

(4) 举例说明什么是最小条件。为什么要规定最小条件？

(5) 国家标准规定了哪几种公差原则(要求)？理解它们的含义并简述其应用场合。

(6) 几何公差值常用什么方法选择？选择时主要考虑哪些因素？

(7) 几何误差的检测方法有哪些原则？

第5章 表面粗糙度

第3章、第4章介绍了尺寸配合与公差、形位公差的设计、选择与标注。然而，在一个零件的工作图上，除了要规定上述零件的宏观形貌之外，还要规定其微观形貌，也即表面粗糙度，如图5-1所示。但是，为什么图5-1采用了 *Ra* 参数？为什么同样的 *Ra* 参数，却有五种不同的数值，如 *Ra*0.8、*Ra*1.6、*Ra*3.2、*Ra*6.3 和 *Ra*12.5，如此设计或选择的依据是什么？

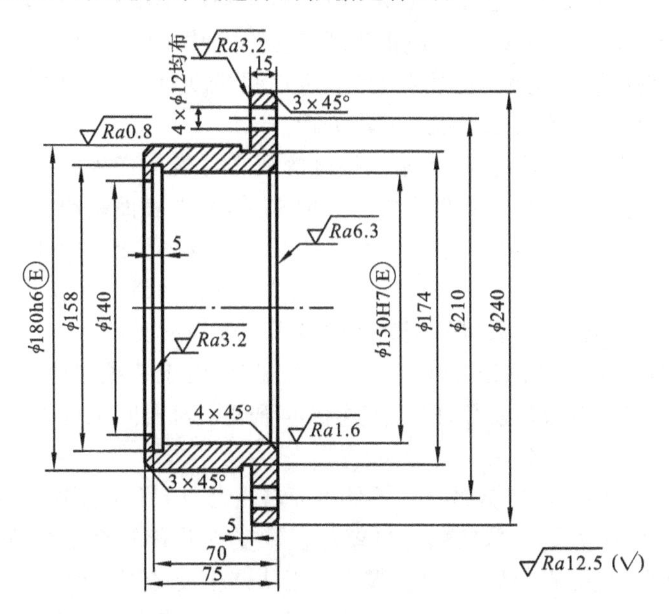

图5-1 轴承套

学习本章的基本任务是：①掌握表面粗糙度的基本概念及其国家标准；②领会国家标准规定的表面粗糙度涉及的主要参数及其数值系列；③学会根据机械产品及其零部件的使用要求选择粗糙度的相关参数及其数值，并予以正确标注。

学习本章要清楚的基本内容是：①粗糙度的相关参数及其数值选择不仅与

零件的功能要求有关,而且与加工方法及其成本有关;②选择粗糙度的相关参数及其数值的原则是有效协调使用要求和制造要求这一对矛盾,即既要依据使用要求,又要考虑不同几何要素的加工方法及其经济的表面粗糙度;③一般情况下,粗糙度数值与尺寸公差、形状公差数值具有一定的联系,但也有不少例外,如纺织机械过纱零件。

5.1 概　　述

表面粗糙度是零件几何精度的重要指标之一。无论采用何种机械加工方法,所获得的工件表面都会有微小的峰和谷,这些微小峰谷的高低程度和间距状况(通常波距<1 mm)称为表面粗糙度,它是一种微观几何形状误差。

表面粗糙度数值越小,表面越光滑。表面粗糙度对机械零件的使用性能及寿命的影响很大,主要表现在以下几个方面。

(1) 影响零件的耐磨性　当相互接触的两零件表面产生相对运动时,峰顶间接触就会产生摩擦,造成零件磨损。一般来说,零件表面越粗糙,零件的磨损就越快。但需指出:表面过于光滑,磨损量不一定越小。磨损量除受表面粗糙度的影响外,还与磨损下来的金属微粒的刻划作用、润滑油被挤出以及分子间的吸附作用等因素有关,所以特别光滑的表面其磨损反而加剧。

(2) 影响配合性质的稳定性　对于过盈配合,由于装配中将表面轮廓峰顶挤平,减小了实际有效过盈量,降低了连接的强度。对于间隙配合,因相对运动的表面的峰顶迅速磨损,间隙会增大。

(3) 影响零件的抗疲劳强度　零件表面越粗糙,凹痕就越深,其根部的曲率半径就越小,对应力集中越敏感。当零件在承受重载荷及交变载荷时,由于应力集中的影响,其抗疲劳强度降低,零件会很快产生疲劳裂缝而损坏。

(4) 影响零件的耐蚀性　零件表面越粗糙,越易使腐蚀性气体或液体积存在凹谷处,并渗入零件内部,加剧腐蚀。

(5) 影响结合件的密封性能　相互结合的表面越粗糙,则无法严密贴合,使气体或液体通过接触面间的缝隙渗漏。

此外,表面粗糙度对接触刚度、冲击强度、零件的外观及测量精度等都有很大的影响。总之,表面粗糙度在零件的精度设计中是必不可少的。为保证和提高产品质量,促进互换性生产,适应国际交流和对外贸易,我国对表面粗糙度标准进行了多次修订，本章以 GB/T 3505—2009《产品几何技术规范(GPS) 表面结构 轮廓法 术语、定义及表面结构参数》为例介绍表面粗糙度的相关内容，同时简要介绍 GB/T 1031—2009《产品几何技术规范(GPS) 表面结构 轮廓法 表面粗糙度参数及其数值》、GB/T 131—2006《产品几何技术规范(GPS) 技术产品文件中表面结构的表示法》等国家标准。

5.2 表面粗糙度的评定

5.2.1 基本术语

1. 取样长度 lr

取样长度是在 X 轴方向判别被评定轮廓不规则特征的长度。它是测量或评定表面粗糙度时所规定的一段基准线长度，至少包含 5 个以上轮廓峰和谷，取样长度值的大小对表面粗糙度测量结果有影响。一般表面越粗糙，取样长度就越大。国家标准规定的取样长度选用值如表 5-1 所示。

表 5-1 取样长度和评定长度的选用值(摘自 GB/T 1031—2009)

Ra/μm	Rz/μm	lr/mm	$ln(ln=5lr)$/mm
≥0.008～0.05	≥0.025～0.10	0.08	0.4
>0.02～0.10	>0.10～0.50	0.25	1.25
>0.10～2.0	>0.50～10.0	0.8	4.0
>2.0～10.0	>10.0～50.0	2.5	12.5
>10.0～80.0	>50.0～320	8.0	40.0

2. 评定长度 ln

评定长度是指用于判别被评定轮廓的 X 轴方向上粗糙度的长度。由于零件表面粗糙度不均匀，为了合理地反映其特征，在测量和评定时所规定的一段最小长度称为评定长度。

评定长度包括一个或几个取样长度，一般情况下取 $ln=5lr$。如果被测表面比较均匀，可选 $ln<5lr$；如果均匀性差，则选 $ln>5lr$。

3. 中线

中线是指具有几何轮廓形状并划分轮廓的基准线。粗糙度轮廓中线是指用轮廓滤波器 λ_c 抑制了长波轮廓成分相对应的中线。

1）轮廓最小二乘中线

在取样长度范围内，实际被测轮廓线上的各点至轮廓最小二乘中线的距离 $Z(x)$ 平方和最小，如图 5-2 所示。

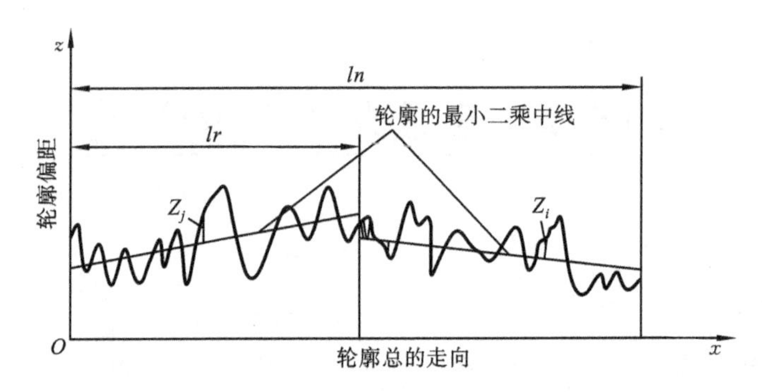

图 5-2 轮廓最小二乘中线

2）轮廓算术平均中线

轮廓算术平均中线是指在取样长度范围内，将实际轮廓划分为上、下两部分，且使上、下两部分面积相等的直线，即 $F_1+F_2+\cdots+F_i+\cdots+F_n=F'_1+F'_2+\cdots+F'_i+\cdots+F'_n$，如图 5-3 所示。

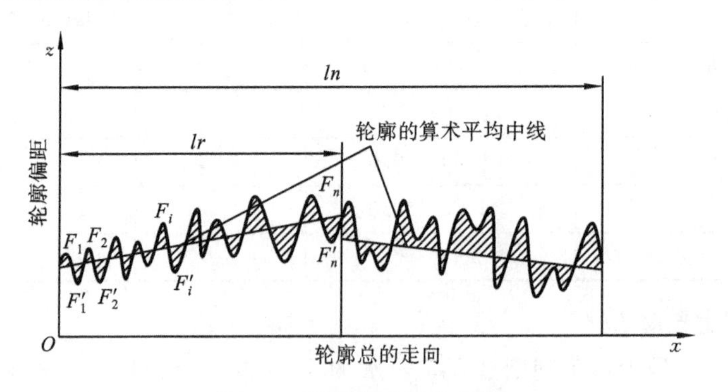

图 5-3 轮廓算术平均中线

在轮廓图形上确定最小二乘中线的位置比较困难，在实际评定和测量时，可使用轮廓算术平均中线。通常用目测估计算术平均中线。

5.2.2　评定参数

为了满足对零件表面的不同功能要求，国家标准（GB/T 3505—2009）规定的评定表面粗糙度的参数有幅度参数、间距特性参数、混合参数、曲线参数和相关参数等。下面介绍其中几种常用的评定参数。

1. 轮廓的幅度参数

（1）轮廓的算术平均偏差 Ra　它是指在一个取样长度内纵坐标值 $Z(x)$ 绝对值的算术平均值，如图 5-4 所示。Ra 的数学表达式为

$$Ra = \frac{1}{lr}\int_0^{lr} |Z(x)| \mathrm{d}x$$

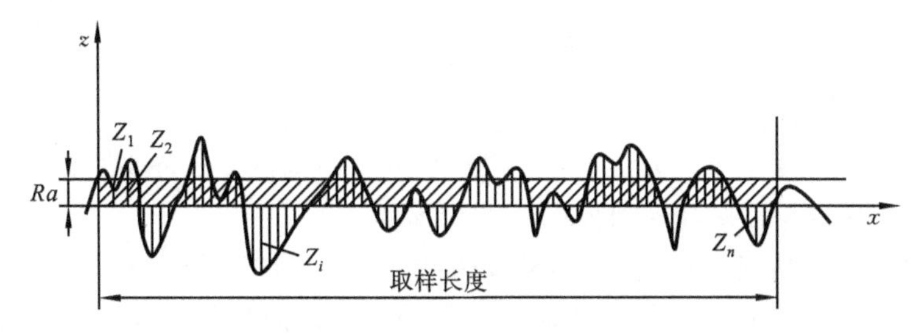

图 5-4　轮廓算术平均偏差 Ra

（2）轮廓的最大高度 Rz　它是指在一个取样长度内最大轮廓峰高 Zp 与轮廓谷深 Zv 之和，如图 5-5 所示。

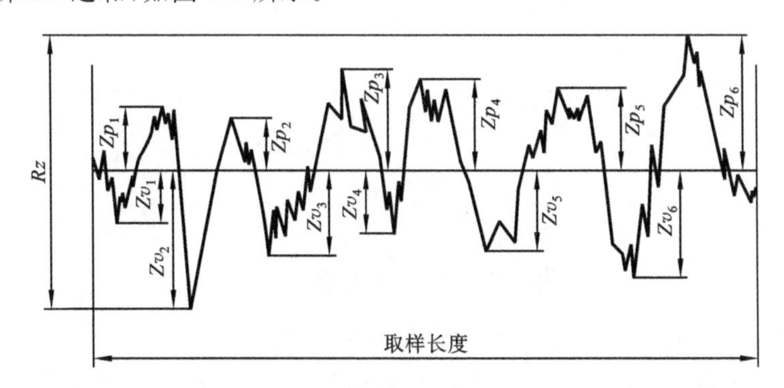

图 5-5　轮廓最大高度 Rz

2. 间距特性参数

轮廓单元的平均宽度 Rsm 是指在一个取样长度内轮廓单元宽度 Xs 的平均值，如图 5-6 所示。

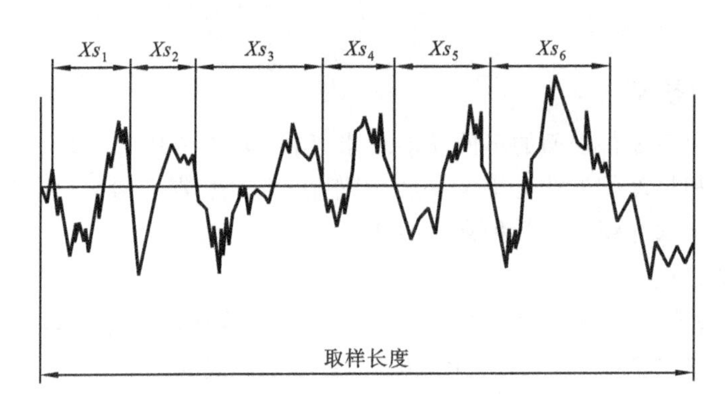

图 5-6　轮廓单元的宽度

$$Rsm = \frac{1}{m}\sum_{i=1}^{m} Xs_i$$

3. 相关参数

轮廓支承长度率 $Rmr(c)$ 是指在给定水平截面高度 c 上轮廓的实体材料长度 $Ml(c)$ 与评定长度的比率，即 $Rmr(c)=Ml(c)/ln$。

在水平截面高度 c 上，轮廓的实体材料长度 $Ml(c)$ 是指在一给定水平截面高度 c 上用一平行于 X 轴的线与轮廓单元相截所得的各段截线长度之和，如图 5-7 所示。

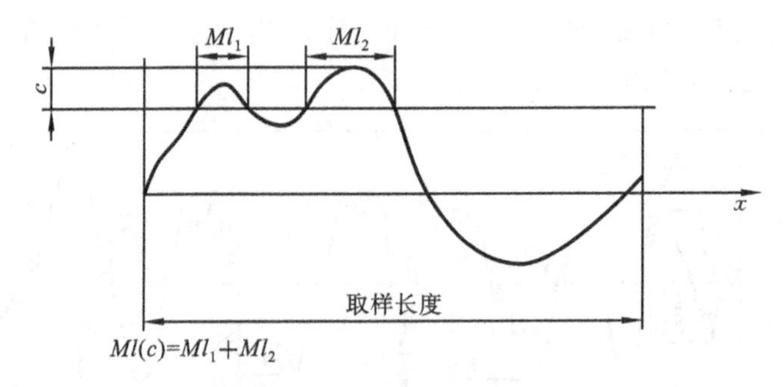

图 5-7　实体材料长度 $Ml(c)$

轮廓支承长度率是随水平截距的大小的变化而变化的。

轮廓支承长度率 $Rmr(c)$ 与表面轮廓形状有关，是反映表面耐磨性能的指标。如图 5-8 所示，在给定水平位置时，图 5-8(a)所示表面比图 5-8(b)所示表面实体材料长度大，其表面更耐磨。

间距参数 Rsm 与相关参数 $Rmr(c)$ 相对基本参数而言称为附加参数。它们是只有少数零件的重要表面有特殊要求时，才选用的附加评定参数。

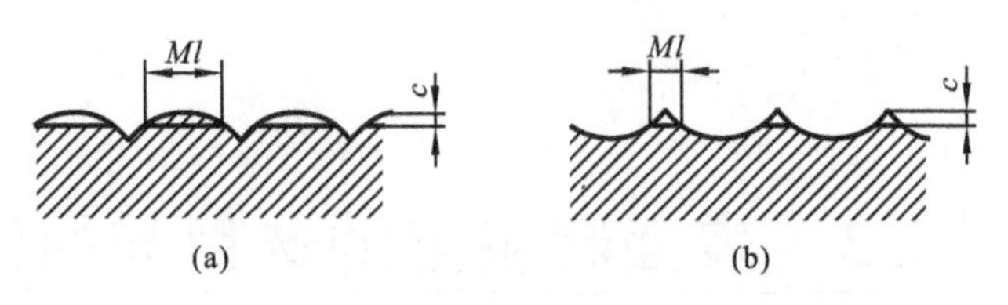

图 5-8 表面粗糙度的不同形状

5.2.3 评定参数的数值规定

国家标准 GB/T 1031—2009 规定了评定粗糙度的参数值(见表 5-2 至表 5-5)。

表 5-2 轮廓的算术平均偏差 *Ra* 的数值 (μm)

Ra	0.012	0.2	3.2	50
	0.025	0.4	6.3	100
	0.05	0.8	12.5	—
	0.1	1.6	25	—

表 5-3 轮廓的最大高度 *Rz* 的数值 (μm)

Rz	0.025	0.4	6.3	100	1 600
	0.05	0.8	12.5	200	—
	0.1	1.6	25	400	—
	0.2	3.2	50	800	—

表 5-4 轮廓单元的平均宽度 *Rsm* 的数值 (μm)

Rsm	0.006	0.025	0.1	0.4	1.6	6.3
	0.0125	0.05	0.2	0.8	3.2	12.5

表 5-5 轮廓的支承长度率 *Rmr*(*c*)的数值 (%)

Rmr(*c*)	10	15	20	25	30	40	50	60	70	80	90

注:选用轮廓的支承长度率 *Rmr*(*c*)时,应同时给出轮廓截面高度 *c* 值。它可用微米或 *Rz* 的百分数表示。

5.3 表面粗糙度的选用与标注

5.3.1 表面粗糙度的选用

正确选择零件表面粗糙度参数和数值，对改善机器和仪表的工作性能及提高其使用寿命意义重大。表面粗糙度的选用包括评定参数的选用和评定参数值的选用。

1. 评定参数的选用

表面粗糙度评定参数的选择应根据零件的工作条件、使用性能、检测的方便性及工艺的经济性等来选择。

国家标准规定，轮廓的幅度参数（Ra 或 Rz）是必须标注的参数，一般情况下选择 Ra 或 Rz 就可以满足要求。只有对少数零件表面有特殊要求，如对涂镀性、耐蚀性、密封性等有要求时需加选 RSm 来控制间距的细密度，对表面的支承刚度和耐磨性有较高的要求时应加选 $Rmr(c)$来控制表面的形状特征。

选用高度参数 Ra 或 Rz 时要注意：由于 Ra 能充分反映零件表面微观几何形状特征，而且测量方便，采用普通的轮廓仪就可测量 Ra 值，在常用数值范围内（Ra 为 0.025～6.3 μm，Rz 为 0.1～25 μm）时，国家标准推荐的首选参数为 Ra。Rz 是反映最大高度的参数，反映轮廓情况不如 Ra 全面，往往被用在表面不允许有较深加工痕迹（防止应力集中）的零件或测量长度较小（如刀尖、刀具的刃部等）的表面。

2. 评定参数值的选用

表面粗糙度数值的选用原则是，在满足功能要求的前提下，尽量选用较大的表面粗糙度数值（除 $Rmr(c)$外），从而降低生产成本，减少加工难度。

由于零件的材料和功能要求不同，每个零件表面都有一个合理的参数值范围。一般来说，参数值高于或低于合理值都会影响零件的性能和使用寿命。在具体设计中，通常采用经验法统计资料，用类比法来选择，再对比相应的工作条件进行适当的调整，并考虑以下因素：

(1) 同一零件上工作面的粗糙度参数值应小于非工作面的粗糙度参数值；

(2) 摩擦表面的粗糙度参数值应小于非摩擦表面的,滚动摩擦表面比滑动摩擦表面的粗糙度参数值要小;

(3) 运动精度要求高、受循环载荷的表面以及易引起应力集中的部位(如圆角、沟槽等),应选取较小的粗糙度参数值;

(4) 配合性质要求高的结合面,配合间隙小的配合面及要求连接可靠、受重载的过盈面,应选取较小的粗糙度参数值;

(5) 配合性质相同和公差等级相同的零件,基本尺寸越小则表面粗糙度数值应越小,轴的数值应小于孔的数值;

(6) 有耐蚀性和密封性能要求的表面或有美观性要求的外表面粗糙度参数值应小;

(7) 对于操作手柄、食品用具等,为保证外观光滑、亮洁,也应选取较小的粗糙度参数值。

表 5-6 列出了各种加工方法能达到的 Ra 值,表 5-7 列出了表面粗糙度参数值的应用实例,供选择时参考。

表 5-6 各种加工方法能达到的 Ra 值

加工方法		表面粗糙度 $Ra/\mu m$													
		0.012	0.025	0.05	0.100	0.20	0.40	0.80	1.60	3.20	6.30	12.5	25	50	100
砂模铸造											—	—	—	—	—
精密铸造								—	—	—	—	—			
模锻									—	—	—	—	—	—	—
冷拉						—	—	—	—	—	—				
刨削	粗										—	—	—		
	半精								—	—	—				
	精						—	—	—						
钻								—	—	—	—	—	—		
端面铣	粗									—	—	—			
	半精						—	—	—	—	—				
	精					—	—	—	—						
滚铣	粗									—	—	—	—		
	半精							—	—	—	—				
	精						—	—	—						

续表

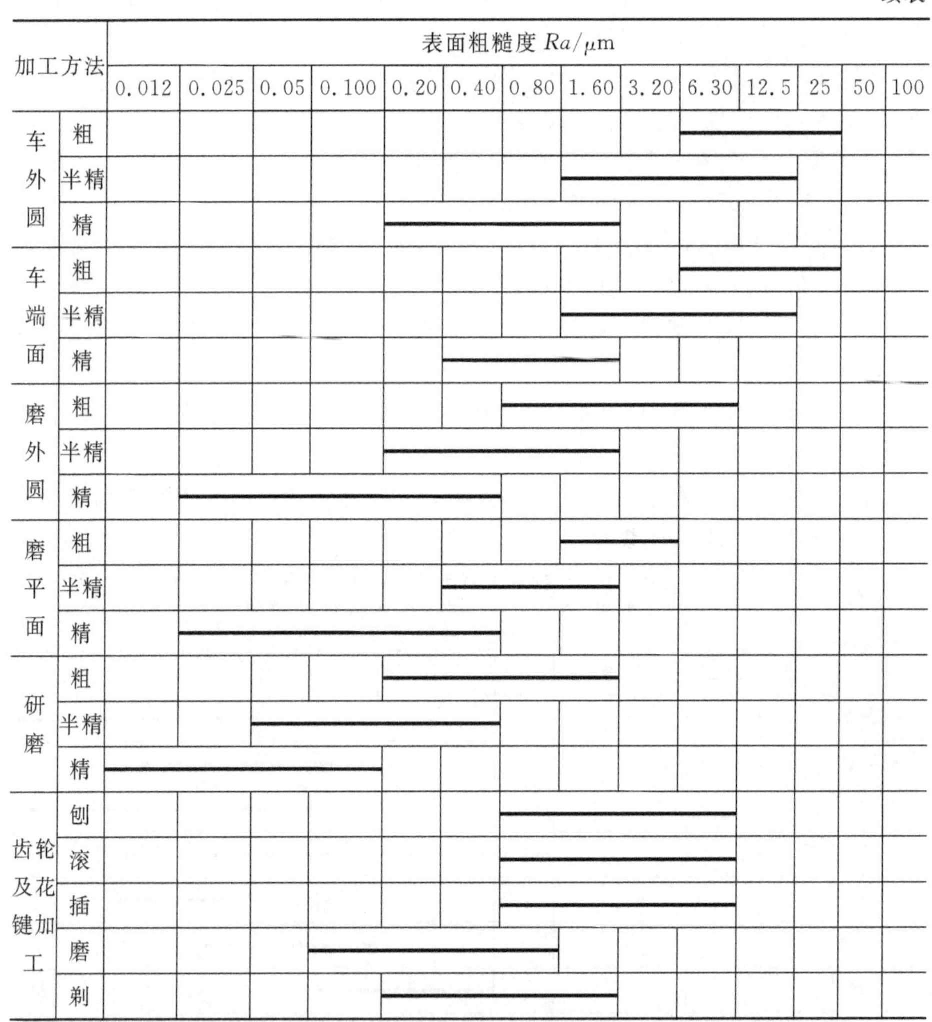

加工方法		表面粗糙度 *Ra*/μm													
		0.012	0.025	0.05	0.100	0.20	0.40	0.80	1.60	3.20	6.30	12.5	25	50	100
车外圆	粗										—	—	—		
	半精								—	—	—	—			
	精					—	—	—	—						
车端面	粗										—	—	—		
	半精								—	—	—	—			
	精						—	—	—						
磨外圆	粗							—	—	—	—				
	半精					—	—	—	—						
	精		—	—	—	—	—								
磨平面	粗								—	—					
	半精						—	—	—						
	精		—	—	—	—	—								
研磨	粗					—	—	—	—						
	半精			—	—	—	—								
	精	—	—	—	—										
齿轮及花键加工	刨							—	—	—	—				
	滚							—	—	—	—				
	插							—	—	—	—				
	磨				—	—	—	—							
	剃					—	—	—	—						

表 5-7　表面粗糙度参数值应用实例

Ra/μm	应用实例
12.5	粗加工非配合表面,如轴端面、倒角、钻孔、键槽非配合表面、垫圈接触面、不重要安装支承面、螺钉、螺钉孔表面等
6.3	半精加工表面,不重要零件的非配合表面,如支柱、轴、支架、外壳、衬套、盖的端面;螺钉、螺栓和螺母的自由表面;不要求定心及配合特性的表面,如螺栓孔、螺钉孔、铆钉孔等,飞轮、皮带轮、离合器、联轴节、凸轮、偏心轮的侧面;平键及键槽的上、下面,花键非定心表面、齿顶圆表面,所有轴和孔的退刀槽;不重要的连接配合表面;犁铧、犁侧板、深耕铲等零件的摩擦工作面等

续表

$Ra/\mu m$	应用实例
3.2	半精加工表面，如外壳、箱体、盖、套筒、支架和其他零件连接而不形成配合的表面；不重要的紧固螺纹表面；非传动用梯形螺纹、锯齿形螺纹表面；燕尾槽表面；键和键槽工作面；要发蓝的表面；需滚花的预加工表面；低速滑动轴承和轴的摩擦表面；张紧链轮、导向滚轮与轴的配合表面；滑块及导向面（速度为 20～50 m/min）；收割机械切割器的摩擦器动刀片、压力片的摩擦面等
1.6	要求有定心及配合特性的固定支承、衬套、轴承和定位销的压入孔表面；不要求定心及配合特性的活动支承面，活动关节及花键结合面；8 级齿轮的齿面、齿条齿面；传动螺纹工作面；低速传动的轴颈表面；楔形键及键槽上、下面；轴承盖凸肩（对中心用）三角皮带轮槽表面；电镀前的金属表面等
0.8	要求保证定心及配合特性的表面，如锥销和圆柱销表面；与 0 级和 6 级滚动轴承相配合的孔和轴颈表面，中速转动和轴颈过盈配合的孔 IT7，间隙配合的孔 IT8、IT9，花键轴定心表面，滑动导轨面；不要求保证定心及配合特性的活动支承面，如高精度的活动球状接头表面，支承垫圈、磨削的轮齿、榨油机螺旋轧辊表面等
0.4	要求能长期保持配合特性的孔 IT7、IT6，7 级精度齿轮工作面，蜗杆齿面 7～8 级与 5 级滚动轴承配合的孔和轴颈表面；要求保证定心及配合特性的表面滑动轴承的轴瓦工作表面、分度盘表面；工作时受交变应力的重要零件表面，如受力螺栓的圆柱表面、曲轴和凸轮轴工作表面、发动机气门圆锥面与橡胶油封相配合的轴表面等
0.2	工作时受交变应力的重要零件表面，保证零件的疲劳强度、防蚀性和耐久性，并在工作时不破坏配合特性要求的表面，如轴颈表面、活塞表面，要求气密的表面和支承面；精密机床主轴锥孔顶尖圆锥表面；精确配合的 IT6、IT5 孔，3、4、5 级精度齿轮的工作表面；与 4 级滚动轴承配合的孔的轴颈表面；喷油器针阀体的密封配合面；液压油缸和柱塞的表面，齿轮泵轴颈等

5.3.2 表面粗糙度的标注

国家标准 GB/T 131—2006《产品几何技术规范（GPS）技术产品文件中表面结构的表示法》规定了表面结构的符号、代号及图样上的表示方法。本章只介绍表面结构中表面粗糙度的相关内容。

1. 表面粗糙度的符号

按照 GB/T 131—2006 标准，各种符号的含义如表 5-8 所示。

表 5-8　表面粗糙度符号及含义(摘自 GB/T131—2006)

符　　号	含　　义
√	基本图形符号,未指定工艺方法的表面,当通过一个注释解释时可单独使用
∇√	扩展图形符号,用去除材料的方法获得的表面。仅当其含义是"被加工表面"时可单独使用
○√	扩展图形符号,不去除材料获得的表面。也可用于保持上道工序形成的表面,不管这种状况是通过去除材料还是不去除材料形成的
√‾ ∇‾ ○‾	完整图形符号,用于标注表面粗糙度特征相关的补充信息,如加工方法、表面纹理、加工余量等
√○ ∇○ ○○	工件轮廓各表面的图形符号,表示对视图上构成封闭轮廓的各表面具有相同的表面粗糙度要求

2. 表面粗糙度的代号

在表面粗糙度符号的基础上,当要求注写若干必要的表面特征规定时,可按表 5-9 所示各项参数、符号的注写位置注写。表 5-10 列出了加工纹理方向符号。

表 5-9　表面粗糙度代号

代　　号	含　　义
c a b e　d	*a*——表面粗糙度的单一要求(单位:μm); *b*——第二个表面粗糙度的要求; *c*——加工方法; *d*——表面纹理和纹理的方向(加工纹理方向的符号如表 5-10 所示); *e*——加工余量(单位:mm)

表 5-10　加工纹理方向符号(摘自 GB/T131—2006)

符　　号	说　　明	示　意　图
=	纹理平行于标注代号的视图的投影面	纹理方向

续表

符　　号	说　　明	示　意　图
⊥	纹理垂直于标注代号的视图的投影面	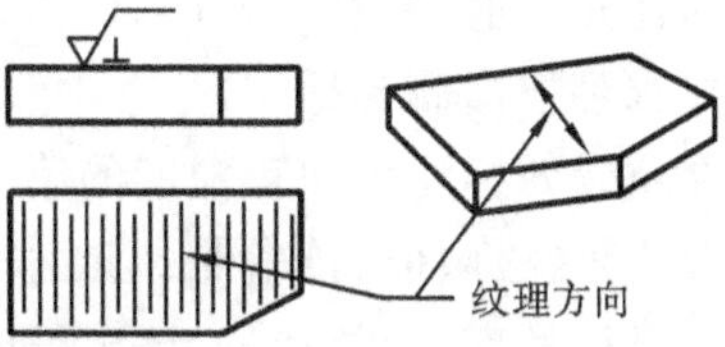 纹理方向
×	纹理呈两相交的方向	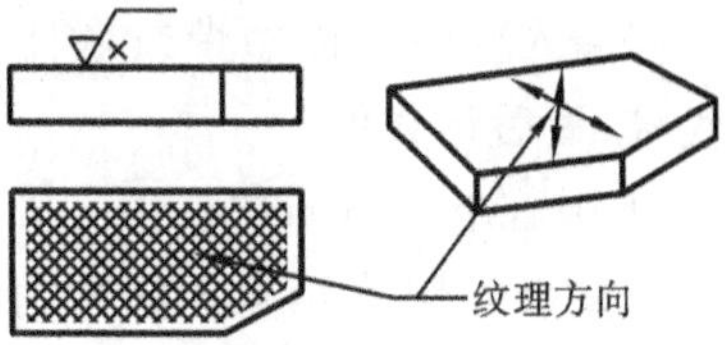 纹理方向
M	纹理呈多方向	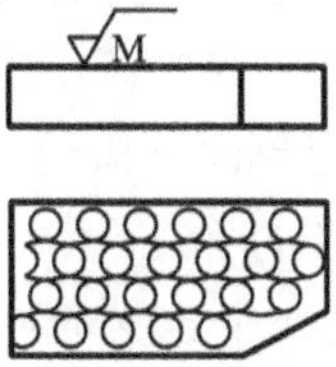
C	纹理呈近似同心圆	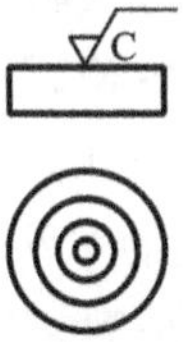
R	纹理呈近似放射形	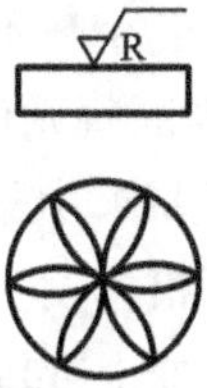
P	纹理无方向或呈凸起的细粒状	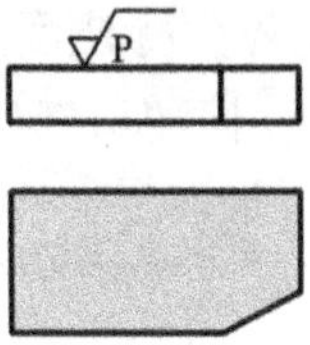

3. 表面粗糙度在图样上的标注

为明确表面粗糙度的要求，在图样上除了标注表面粗糙度的单一要求外，

必要时需标注补充要求。补充要求包括传输带、取样长度、加工方法、表面纹理及方向、加工余量等。在完整图形符号中，表面粗糙度的单一要求(见表5-9(a))和补充要求(见表5-9(b)、(c)、(d)、(e))应注写在表5-9所示的指定位置。补充要求可根据需要标注。

在位置 a 标注表面粗糙度的第一要求，是不能省略的。它包含了表面粗糙度参数代号、极限值、传输带或取样长度。标注的顺序为：上限或下限符号、传输带或取样长度、参数代号、评定长度和极限值。为避免误解，在参数代号和极限值间应插入空格。传输带或取样长度后应有一斜线“/”，之后是表面粗糙度参数代号，最后是数值。

1) 上限或下限符号的标注

在完整符号中表示双向极限时应标注极限代号。上限值在上方，用U表示；下限值在下方，用L表示。如果同一参数有双向极限要求，在不引起歧义时，可不加注“U”和“L”。当只有单向极限要求时：如果是单向上限值，则可不加注“U”；若为单向下限值，应加注“L”。

2) 传输带的标注

传输带是两个定义的滤波器之间的波长范围，传输带被一个短波滤波器和另一个长波滤波器限制。滤波器由截止波长值表示，长波滤波器的截止波长值就是取样长度。传输带标注时，短波滤波器在前，长波滤波器在后，用“—”隔开，例如：0.002 5—0.8/Rz6.3。

3) 评定长度的标注

如果采用的是默认的评定长度即 $ln=5lr$，则评定长度可以不标注。如果评定长度内取样长度个数不等于5，应在相应参数代号后面标注出个数。

4) 极限值判断规则的标注

表面粗糙度要求中给定极限值的判断规则有16%规则和最大规则两种。16%规则是表面粗糙度标注的默认规则，如果最大规则用于表面粗糙度要求，则参数代号后应加上“max”。

4. 表面粗糙度标注示例

表面粗糙度标注示例如表5-11所示。

表5-11　表面粗糙度标注示例

符　　号	含　　义
Rz0.4	表示不去除材料，单向上限值，默认传输带，粗糙度轮廓的最大高度为0.4 μm，评定长度为5个取样长度(默认)，采用16%规则(默认)

续表

符　　号	含　　义
Rz max0.2	表示去除材料，单向上限值，默认传输带，粗糙度轮廓的最大高度为 0.2 μm，评定长度为 5 个取样长度（默认）、采用最大规则
0.008—0.8/Ra3.2	表示去除材料，单向上限值，传输带采用 0.008—0.8 mm，算术平均偏差为 3.2 μm，评定长度为 5 个取样长度（默认），采用 16%规则（默认）
—0.8/Ra3 3.2	表示去除材料，单向上限值，传输带依据 GB/T 6062—2009，取样长度为 0.8 mm，算术平均偏差为 3.2 μm，评定长度包含 3 个取样长度，采用 16%规则（默认）
U Ra max 3.2 L Ra0.8	表示不去除材料，双向极限值，两极限值均使用默认传输带。上限值：算术平均偏差为 3.2 μm，评定长度为 5 个取样长度（默认），采用最大规则。下限值：算术平均偏差为 0.8 μm，评定长度为 5 个取样长度（默认），采用 16%规则（默认）
磨 Ra1.6 3 ⊥ −2.5/Rz max 6.3	两个单向上限值：算术平均偏差为 1.6 μm，评定长度为 5 个取样长度（默认），采用 16%规则（默认）。轮廓的最大高度为 6.3 μm，传输带采用 −2.5 μm，评定长度为 5 个取样长度（默认），采用最大规则。表面纹理垂直于视图的投影面；加工方法为磨削；加工余量为 3 mm

5. 表面粗糙度在图样上的标注示例

表面粗糙度在图样上的标注示例如表 5-12 所示。

表 5-12　表面粗糙度在图样上的标注示例

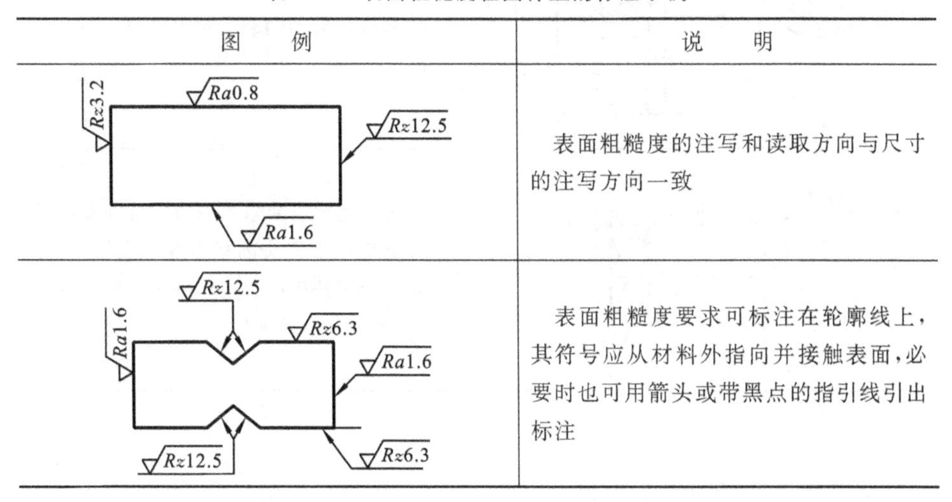

图　　例	说　　明
Rz3.2　Ra0.8　Rz12.5　Ra1.6	表面粗糙度的注写和读取方向与尺寸的注写方向一致
Rz12.5　Ra1.6　Rz6.3　Ra1.6　Rz12.5　Rz6.3	表面粗糙度要求可标注在轮廓线上，其符号应从材料外指向并接触表面，必要时也可用箭头或带黑点的指引线引出标注

续表

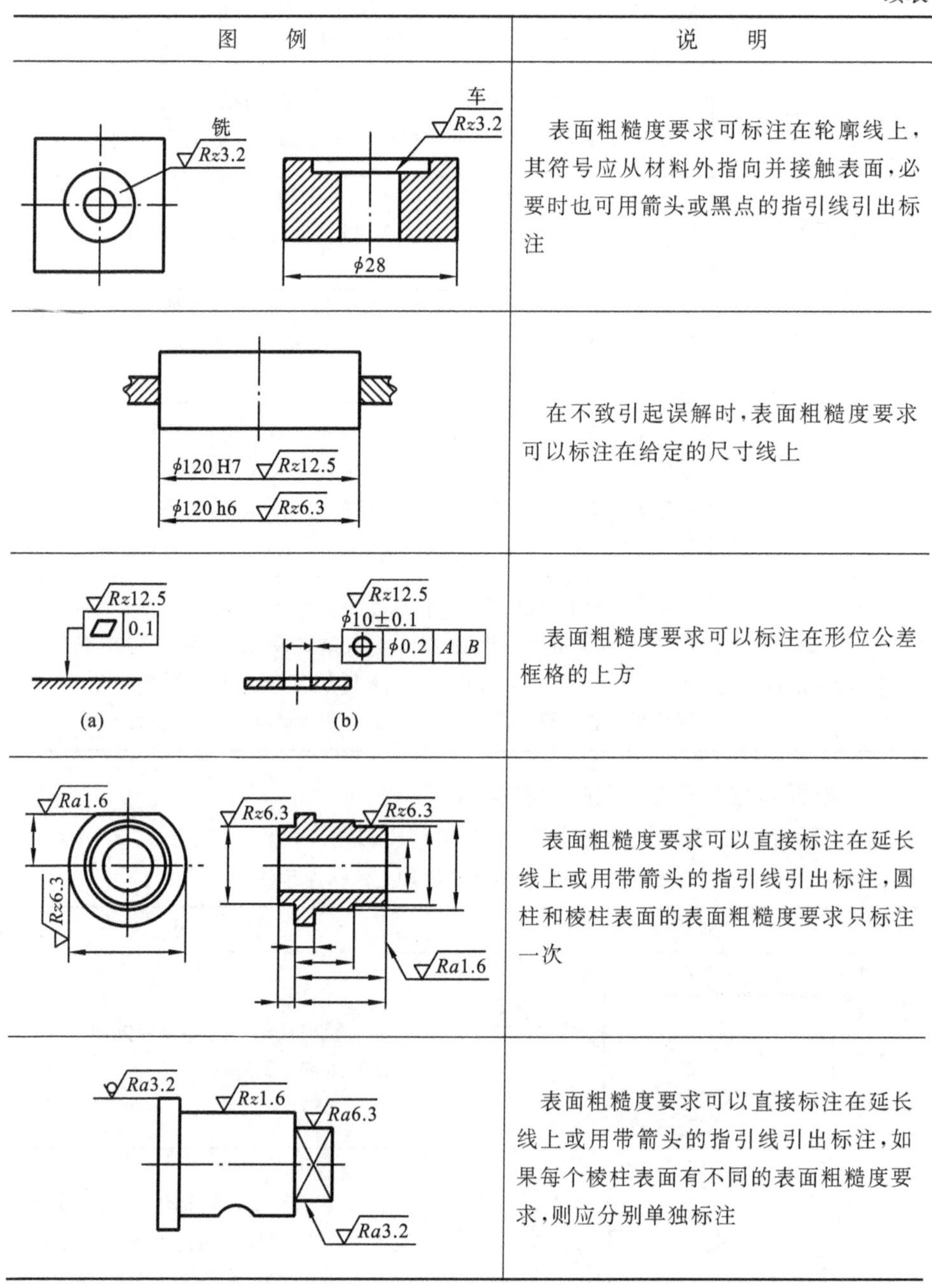

图　　例	说　　明
	表面粗糙度要求可标注在轮廓线上，其符号应从材料外指向并接触表面，必要时也可用箭头或黑点的指引线引出标注
	在不致引起误解时，表面粗糙度要求可以标注在给定的尺寸线上
	表面粗糙度要求可以标注在形位公差框格的上方
	表面粗糙度要求可以直接标注在延长线上或用带箭头的指引线引出标注，圆柱和棱柱表面的表面粗糙度要求只标注一次
	表面粗糙度要求可以直接标注在延长线上或用带箭头的指引线引出标注，如果每个棱柱表面有不同的表面粗糙度要求，则应分别单独标注

续表

图　　例	说　　明
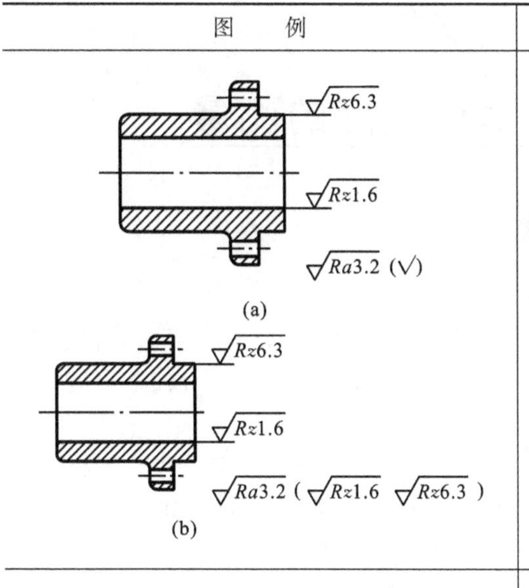	如果工件的多数(包括全部)表面有相同的表面粗糙度要求,则其表面粗糙度要求可统一标注在图样的标题栏附近。此时(除全部表面有相同要求的情况外),表面粗糙度要求的符号应有:在圆括号内给出无任何其他标注的基本符号(见图(a)),或给出不同的表面粗糙度要求(见图(b))
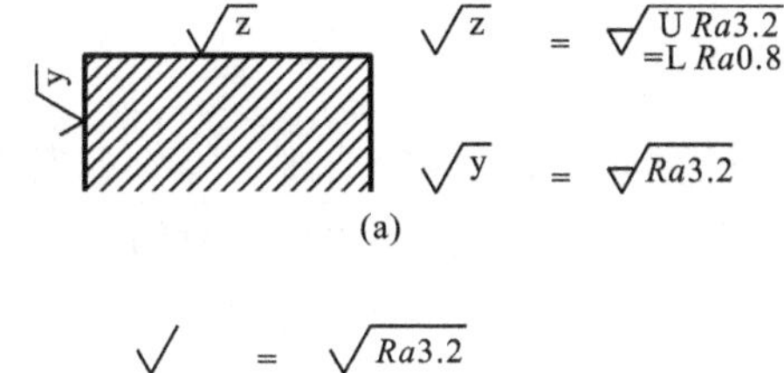 (a) √ = √Ra3.2 (b) √ = √Ra3.2 (c) √ = √Ra3.2 (d)	当多个表面具有相同的表面粗糙度要求或图纸空间有限时,可以采用简化标注。 (1) 可用带字母的完整符号,以等式的形式,在图样或标题栏附近,对有相同粗糙度要求的表面进行简化标注(见图(a))。 (2) 可用表面粗糙度基本图形符号和扩展图形符号,以等式的形式给出对多个表面共同的表面粗糙度要求,如图(b)、(c)、(d)所示
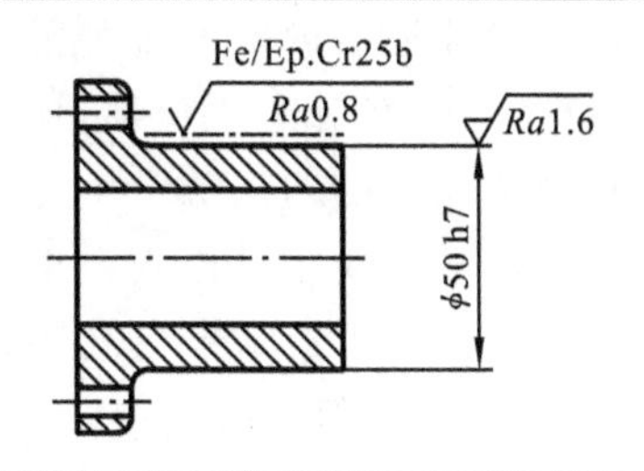	由几种不同工艺方法获得的同一表面,当需要明确每种工艺方法的表面粗糙度要求时,可按示例图进行标注

5.4 表面粗糙度的测量

5.4.1 目测或感触法

目测或感触法是指将被测表面与粗糙度样块进行比较来评定表面粗糙度。可通过目测直接判断或借助放大镜、显微镜进行目测，也可用手摸、指甲划过的感觉来判定被测表面的粗糙度。

这种方法在工厂的车间应用较多，且经济、方便，用于评定一些表面粗糙度参数值较大的工件。要尽可能使表面粗糙度样板的材料、形状和加工方法及加工纹理与被测工件相同，从而减少误差，提高判定的准确性。

5.4.2 非接触测量法

非接触测量法通常是指采用光学仪器(如双管显微镜、干涉仪等)，利用光切原理和光波干涉原理来测量表面粗糙度的一种方法。该方法主要用来测量 Ra、Rz 参数值，其中光切法测量范围一般为 0.8～80 μm，干涉法测量范围一般为 0.025～0.8 μm。

5.4.3 接触测量法

接触测量法是指通过触针与被测表面接触来测量表面粗糙度的一种方法，主要通过电动轮廓仪，利用针描法来测量表面粗糙度(见图 5-9)。

测量工件表面粗糙度时，将传感器放在工件被测表面上，由仪器内部的驱动机构带动传感器沿被测表面进行等速滑行，传感器通过内置的锐利触针感受被测表面的粗糙度，此时工件被测表面的粗糙度导致触针产生位移，该位移使传感器电感线圈的电感量发生变化，从而在相敏整流器的输出端产生与被测表面粗糙度成比例的模拟信号，该信号经过放大及电平转换之后进入数据采集系统，DSP 芯片将采集的数据进行数字滤波和参数计算，测量结果在液晶显示器上读出(见图 5-10)，也可在打印机上输出，还可以与计算机进行通信。

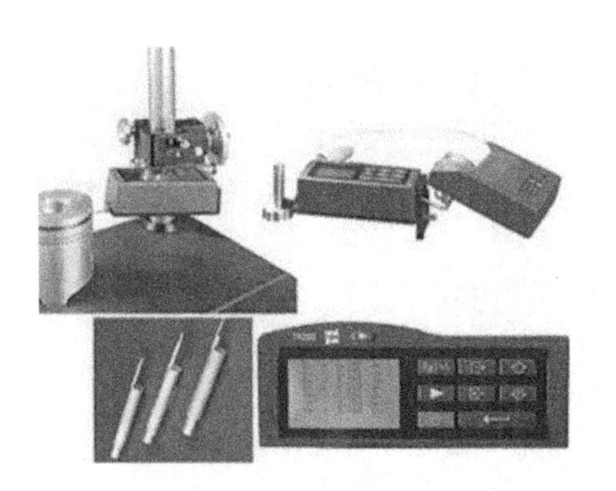

图 5-9 TR200 手持式粗糙度测量仪

图 5-10 TR100 表面粗糙度测量仪

本章重点与难点

由于表面粗糙度对零件使用性能的影响很大，是评定产品质量的重要指标，也是几何精度设计必须要考虑的问题。因此，在学习中重点要了解表面粗糙度的实质及对零件使用性能的影响，掌握表面粗糙度的评定标准和参数及其在图纸中的标注。

本章的难点则是表面粗糙度的选用，包括参数的选择和参数值的选择。要选择合理的参数值对于初学者来说是件不容易的事情，本章介绍了确定的基本原则、应考虑的因素、表面特征及经济加工方法，供选择时参考。在没有经验的情况下，多采用类比法，并考虑按照尺寸精度来初步选择粗糙度数值。一般情况下，对尺寸精度的要求高，对表面粗糙度要求也高。但要注意，它们之间不存在确定的函数关系。

思考与练习

1. 表面粗糙度的含义是什么？对零件的使用性能有哪些影响？
2. 表面粗糙度的主要评定参数有哪些？应优先采用哪个参数？
3. 选择表面粗糙度参数值时应考虑哪些因素？
4. 当下列配合的工件使用性能相同时，哪个表面粗糙度要求高些？为什么?

(1) ϕ20H7/e6 和 ϕ20H7/r6　　(2) ϕ40G7 和 ϕ40g7

(3) ϕ30h7 和 ϕ80h7　　(4) ϕ50 H7/f6 和 ϕ50 H7/h6

5. 根据技术要求,在图 5-11 所示的轴承套图中规定位置标注表面粗糙度要求。

位置 1:去除材料,算术平均偏差 Ra 为 0.8 μm。

位置 2:去除材料,算术平均偏差 Ra 为 6.3 μm。

位置 3:去除材料,算术平均偏差 Ra 为 3.2 μm。

位置 4:去除材料,算术平均偏差 Ra 为 1.6 μm。

位置 5:去除材料,算术平均偏差 Ra 为 3.2 μm。

其余表面的表面粗糙度要求为:去除材料,算术平均偏差 Ra 为 12.5 μm。

6. 将下列要求标注在下面的图 5-12 中,各加工面均采用去除材料的方法获得。

(1) 直径为 ϕ50 mm 的圆柱外表面粗糙度 Ra 的允许值为 3.2 μm。

(2) 左端面的表面粗糙度 Ra 的允许值为 1.6 μm。

(3) 直径为 ϕ50 mm 的圆柱面的右表面粗糙度 Ra 的允许值为 1.6 μm。

(4) 内孔表面粗糙度 Ra 的允许值为 0.4 μm。

(5) 螺纹工作面的表面粗糙度 Rz 的最大值为 1.6 μm,最小值为 0.8 μm。

(6) 其余各加工表面的表面粗糙度 Ra 的允许值为 25 μm。

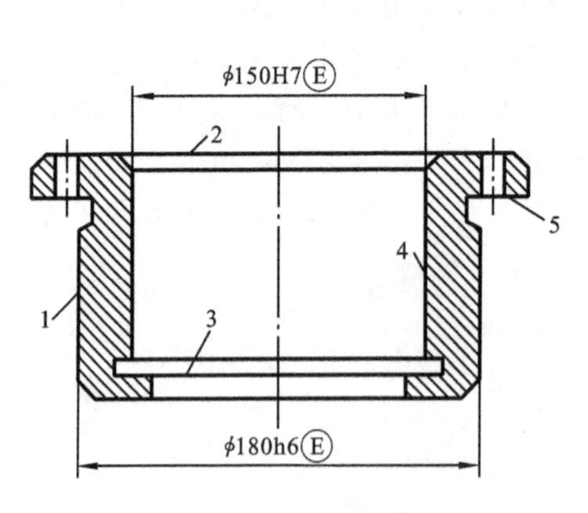

图 5-11　习题 5-5 图

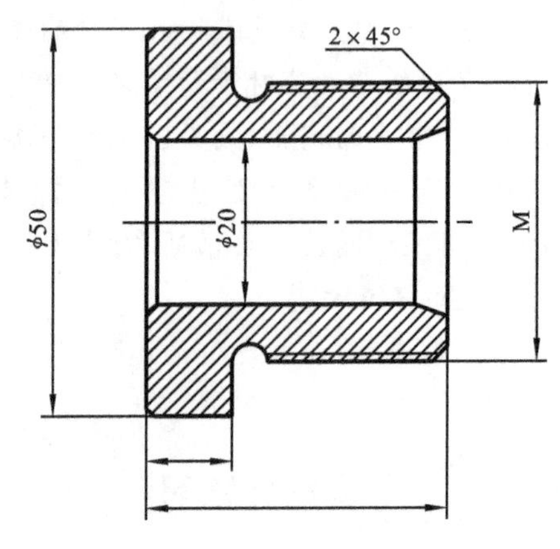

图 5-12　习题 5-6 图

第6章 量规设计与工件的检测

在完成相关零件加工后，要知道零件是否满足设计要求，需要进行检验、测量，如相关零件相关表面的尺寸、形状、位置和表面粗糙度的测量，根据测量结果，判断工件的合格性等。那么如何选择检测方法及其计量器具？各项误差是分别进行测量还是进行综合检验？如何既保证检测要求，又使检测变得方便与经济？进行测量或检测时，会不会有误判现象？如何防止误判与控制误判概率？如何理解和贯彻国家标准？

如图5-1所示的轴承套零件，对外圆 ϕ180 和内孔 ϕ150 采用了包容要求的公差原则（ϕ180h6Ⓔ和内孔 ϕ150H7Ⓔ），这样设计的理由与依据是什么？这样设计与进一步采用的检测方法有何关系？采用光滑极限量规的基本条件是什么？如果需要采用光滑极限量规，那么如何设计光滑极限量规？包括设计原理、结构形式、量规设计的技术要求及其加工检验等。

本章要掌握的基本内容是：①不同检测方法的特点及其应用场合；②测量工具、仪器的不确定度和测量精度；③光滑极限量规的应用特点、设计原则与设计方法。

6.1 概　　述

为了保证加工零件符合图样规定的精度要求，除了加工零件所用设备和工艺具有足够的精度和稳定性要求外，质量检验也很关键，故正确选用测量器具和确定合适的质量验收标准是非常重要的。为此，我国制定了 GB/T 3177—2009《产品几何技术规范(GPS) 光滑工件尺寸的检验》、GB/T 1957—2006《光滑极限量规　技术条件》等相关标准。

光滑工件尺寸的检验可使用通用计量器具，也可使用极限量规。一般来

讲,当零件图样上被测要素(孔、轴)的尺寸公差与几何公差的关系采用独立原则时,对它们的实际尺寸和几何公差可分别使用通用计量器具来测量。对于采用包容要求的孔、轴,对它们的实际尺寸和几何公差的综合结果应使用光滑极限量规(简称量规)来检验。用通用测量器具可以测量出工件的实际尺寸(具体数值),有利于分析并监督零件加工工艺,采取预防性措施,防止废品的产生。用量规检验工件时不能测量出工件的实际尺寸,但能判断工件是否合格。由于量规结构简单,使用方便、可靠,检验效率高,大批量生产加工时,多采用量规来检验。

无论采用极限量规还是通用器具检测工件,都不可避免地存在测量误差。由于测量误差对测量结果的影响,当工件被测真值在极限尺寸附近时,就有可能在检验时造成对工件的误判:

(1) 误收——把不合格品误认为合格品而接收;

(2) 误废——把合格品误认为不合格品而将其报废。

为了解决这一问题,必须规定验收极限和允许的测量误差(包括量规的极限偏差)。

6.2 光滑极限量规及其设计

6.2.1 量规的作用与分类

1. 量规的作用

光滑极限量规是一种以轴或孔的最大极限尺寸和最小极限尺寸为公称尺寸的无刻度的长度测量器具,因此用它检验工件时只能判定工件尺寸是否在规定的验收极限范围内,不能测量出工件的实际尺寸。

光滑极限量规一般分为塞规和卡规(或称环规)两种。检验孔的量规称为塞规(见图 6-1),检验轴的量规称为卡规(见图 6-2)。

无论卡规和塞规都有通规和止规两种,且成对使用。通规控制作用尺寸,止规控制实际尺寸。

用量规检验工件时,若通规通过,止规通不过,则被测工件视为合格品,否则视为不合格品。

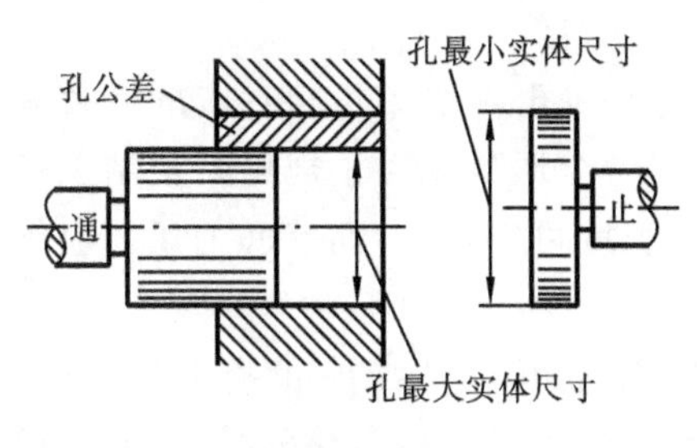

图 6-1 塞规

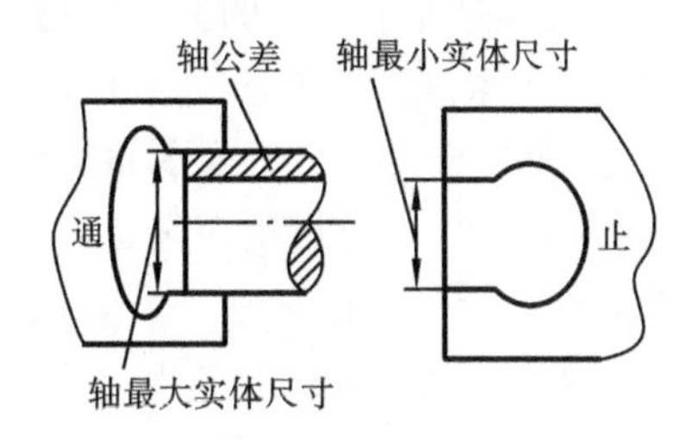

图 6-2 卡规

2. 量规的分类

量规按其用途可分为工作量规、验收量规和校对量规。

1）工作量规

工作量规是在工件加工制造中操作者检验工件时所使用的量规，通规用代号“T”表示，止规用代号“Z”表示。

2）验收量规

验收量规是验收工件时检验人员或用户代表所使用的量规。验收量规一般不需要另行制造，它是从磨损较多但未超出磨损极限的工作量规的通规中挑选出来的。

操作者使用新的或磨损小的量规自检合格的工件，当检验人员用验收量规验收时也一定合格。

3）校对量规

校对量规是用于检验工作量规的量规。孔用工作量规采用通用计量器具测量很方便，不需要校对量规，只有轴用工作量规才使用校对量规。校对量规可分为三种：校通-通（代号为 TT），校止-通（代号为 ZT）及校通-损（代号为 TS）。

6.2.2 量规的设计原则

1. 泰勒原则

设计光滑极限量规时应遵守泰勒原则（极限尺寸判断原则）：遵守包容要求的单一要素孔或轴的实际尺寸和形状误差综合形成的体外作用尺寸不允许超越最大实体尺寸，在孔或轴的任何位置上的实际尺寸不允许超越最小实体尺寸。

符合泰勒原则的量规的尺寸和形状要求如下。

(1) 量规尺寸要求　通规的基本尺寸应等于工件的最大实体尺寸，止规的

基本尺寸应等于工件的最小实体尺寸。

(2) 量规形状要求　通规的测量面应具有与孔或轴形状相对应的完整表面,且测量长度等于配合长度,因此通规常称为全形量规。止规用来控制工件的实际尺寸,它的测量面应是点状的,且测量长度可以短些,两点间的尺寸应等于工件的最小实体尺寸。

实际应用中,由于量规制造和使用等原因,极限量规常常偏离上述原则。国家标准对某些偏离作了一些规定,例如:为了使用已经标准化的量规,允许通规的长度小于工件的配合长度;对大尺寸的孔和轴通常采用非全形塞规(或球端杆规)和卡规代替笨重的全形通规。

对止规也不一定都是两点式接触,由于点接触容易磨损,一般以小平面、圆柱面或球面代替点。检验小孔的止规,常采用方便制造的全形塞规。对刚性较差的薄壁件,考虑到受力变形,常采用全形止规。

光滑极限量规国家标准规定,在保证被检验工件的形状误差不影响配合的性质时,使用偏离泰勒原则的量规。

泰勒原则是设计极限量规的依据,用依据泰勒原则设计的极限量规检验工件,基本上可保证工件极限与配合的要求,达到互换的目的。

2. 量规的公差带

光滑极限量规本身也是一个精密工件,制造时不可避免地会产生加工误差,同样需要规定制造公差。为确保产品质量,国家标准 GB/T 1957—2006 规定量规的公差带不得超过工件的公差带。

工作量规的通规由于经常通过被检工件,工件表面会有较大磨损,为使通规有一合理的使用寿命,除规定了制造公差外还规定了磨损极限,磨损极限值的大小决定了量规的使用寿命。

工作量规的止规由于不经常通过被检工件,磨损很小,故未规定磨损公差,只规定了制造公差。

图 6-3 所示为国家标准规定的光滑极限量规的公差带图。图中 T_1 为工作量规尺寸公差,Z_1 为通端位置要素,即通端工作量规尺寸公差带的中心线至工件最大实体尺寸之间的距离;T_p 为校对塞规的尺寸公差。T_1 和 Z_1 的值取决于工件公差的大小。

校对量规的公差带分布如下。

(1) “校通-通”量规　它的作用是防止通规尺寸小于其最小极限尺寸。检验时应通过被校对的轴用通规。其公差带从通规的下偏差起,向轴用通规公差带内分布。

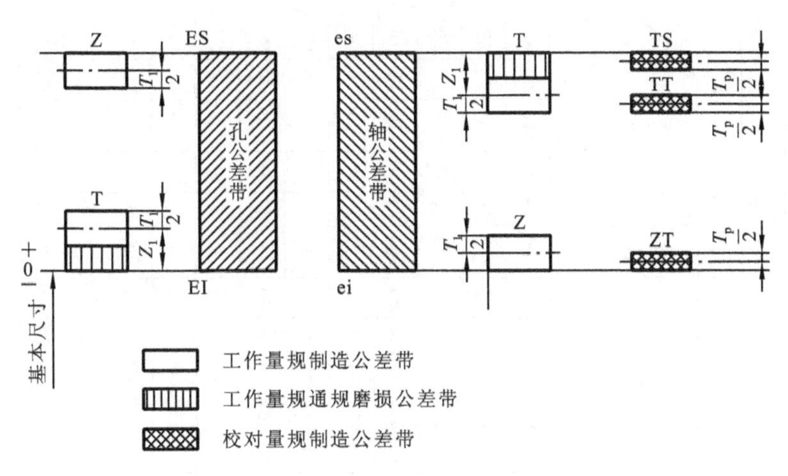

图 6-3　量规公差带图

(2)“校止-通”量规　它的作用是防止止规尺寸小于其最小极限尺寸。检验时应通过被校对的轴用止规。其公差带从止规的下偏差起,向轴用止规公差带内分布。

(3)“校通-损”量规　它的作用是防止通规超出磨损极限尺寸。检验时若通过了,则说明被校对的量规已超过磨损极限,应废弃。其公差带从通规的磨损极限起,向轴用通规公差带内分布。

GB/T 1957—2006 规定的各级工件用工作量规的尺寸公差值 T_1 和通端位置要素值 Z_1 如表 6-1 所示。

6.2.3　工作量规设计

工作量规的设计步骤一般如下。

(1) 根据被检工件的尺寸大小和结构特点等因素选择量规结构形式。

(2) 根据被检工件的基本尺寸和公差等级查出量规的制造公差 T_1 和位置要素 Z_1 值,画量规公差带图,计算量规工作尺寸的上、下偏差。

(3) 确定量规结构尺寸、计算量规工作尺寸,绘制量规工作图,标注尺寸及技术要求。

1. 量规结构形式的选择

GB/T 1957—2006 推荐了量规形式的应用尺寸范围和使用顺序,如图 6-4 所示。量规的结构形式可参见 GB/T 10920—2008《螺纹量规和光滑极限量规 型式与尺寸》及有关资料。

表 6-1　IT6～IT16 级工作量规的尺寸公差值 T_1 和通端位置要素值 Z_1(摘自 GB/T 1957—2006)

工件孔或轴的基本尺寸/mm		工件孔或轴的公差等级																																
		IT6			IT7			IT8			IT9			IT10			IT11			IT12			IT13			IT14			IT15			IT16		
		公差值	T_1	Z_1	公差值	T_1	Z_1	公差值	T_1	Z_1	公差值	T_1	Z_1	公差值	T_1	Z_1	公差值	T_1	Z_1	公差值	T_1	Z_1	公差值	T_1	Z_1	公差值	T_1	Z_1	公差值	T_1	Z_1	公差值	T_1	Z_1
大于	至	μm																																
—	3	6	1.0	1.0	10	1.2	1.6	14	1.6	2.0	25	2.0	3	40	2.4	4	60	3	6	100	4	9	140	6	14	250	9	20	400	14	30	600	20	40
3	6	8	1.2	1.4	12	1.4	2.0	18	2.0	2.6	30	2.4	4	48	3.0	5	75	4	8	120	5	11	180	7	16	300	11	25	480	16	35	750	25	50
6	10	9	1.4	1.6	15	1.8	2.4	22	2.4	3.2	36	2.8	5	58	3.6	6	90	5	9	150	6	13	220	8	20	360	13	30	580	20	40	900	30	60
10	18	11	1.6	2.0	18	2.0	2.8	27	2.8	4.0	43	3.4	6	70	4.0	8	110	6	11	180	7	15	270	10	24	430	15	35	700	24	50	1 100	35	75
18	30	13	2.0	2.4	21	2.4	3.4	33	3.4	5.0	52	4.0	7	84	5.0	9	130	7	13	210	8	18	330	12	28	520	18	40	840	28	60	1 300	40	90
30	50	16	2.4	2.8	25	3.0	4.0	39	4.0	6.0	62	5.0	8	100	6.0	11	160	8	16	250	10	22	390	14	34	620	22	50	1 000	34	75	1 600	50	110
50	80	19	2.8	3.4	30	3.6	4.6	46	4.6	7.0	74	6.0	9	120	7.0	13	190	9	19	300	12	26	460	16	40	740	26	60	1 200	40	90	1 900	60	130
80	120	22	3.2	3.8	35	4.2	5.4	54	5.4	8.0	87	7.0	10	140	8.0	15	220	10	22	350	14	30	540	20	46	870	30	70	1 400	46	100	2 200	70	150
120	180	25	3.8	4.4	40	4.8	6.0	63	6.0	9.0	100	8.0	12	160	9.0	18	250	12	25	400	16	35	630	22	52	1 000	35	80	1 600	52	120	2 500	80	180
180	250	29	4.4	5.0	46	5.4	7.0	72	7.0	10.0	115	9.0	14	185	10.0	20	290	14	29	460	18	40	720	26	60	1 150	40	90	1 850	60	130	2 900	90	200
250	315	32	4.8	5.6	52	6.0	8.0	81	8.0	11.0	130	10.0	16	210	12.0	22	320	16	32	520	20	45	810	28	66	1 300	45	100	2 100	66	150	3 200	100	220
315	400	36	5.4	6.2	57	7.0	9.0	89	9.0	12.0	140	11.0	18	230	14.0	25	360	18	36	570	22	50	890	32	74	1 400	50	110	2 300	74	170	3 600	110	250
400	500	40	6.0	7.0	63	8.0	10.0	97	10.0	14.0	155	12.0	20	250	16.0	28	400	20	40	630	24	55	970	36	80	1 550	55	120	2 500	80	190	4 000	120	280

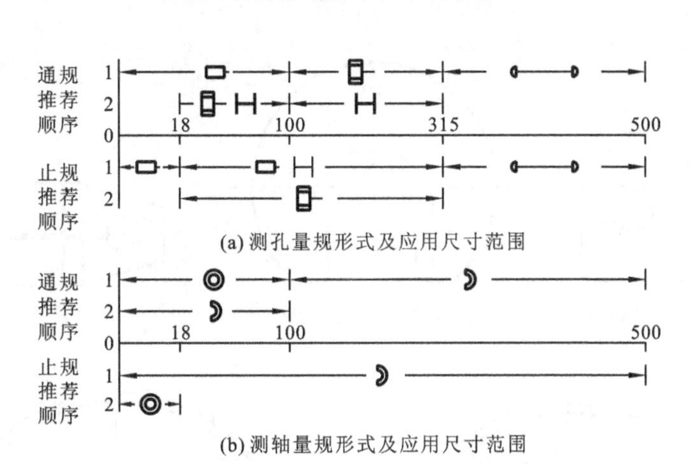

图 6-4　量规形式和应用尺寸范围

光滑极限量规的结构形式很多，图 6-5、图 6-6 中分别列举了几种常用的孔、轴用量规的结构形式。

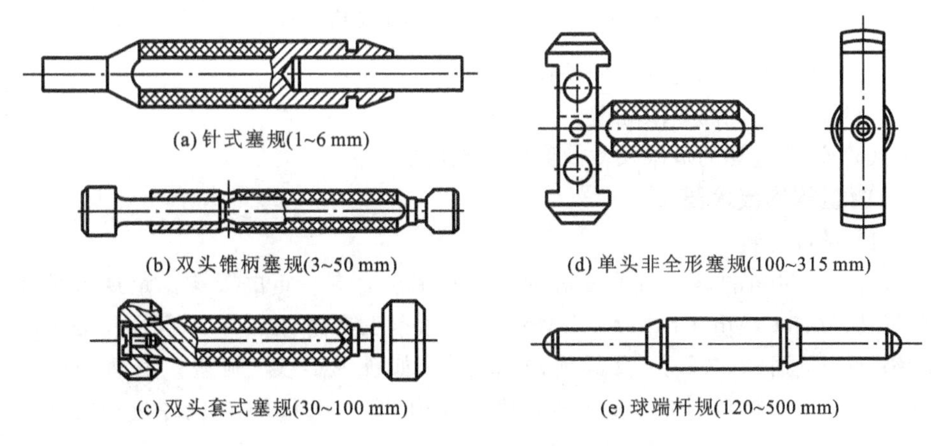

图 6-5　几种常用孔用量规的结构形式

2. 量规工作尺寸的计算

量规工作尺寸的计算步骤如下：

（1）查出被检验工件的极限偏差；

（2）查出工作量规的尺寸公差 T_1 和位置要素值 Z_1，并确定量规的几何公差；

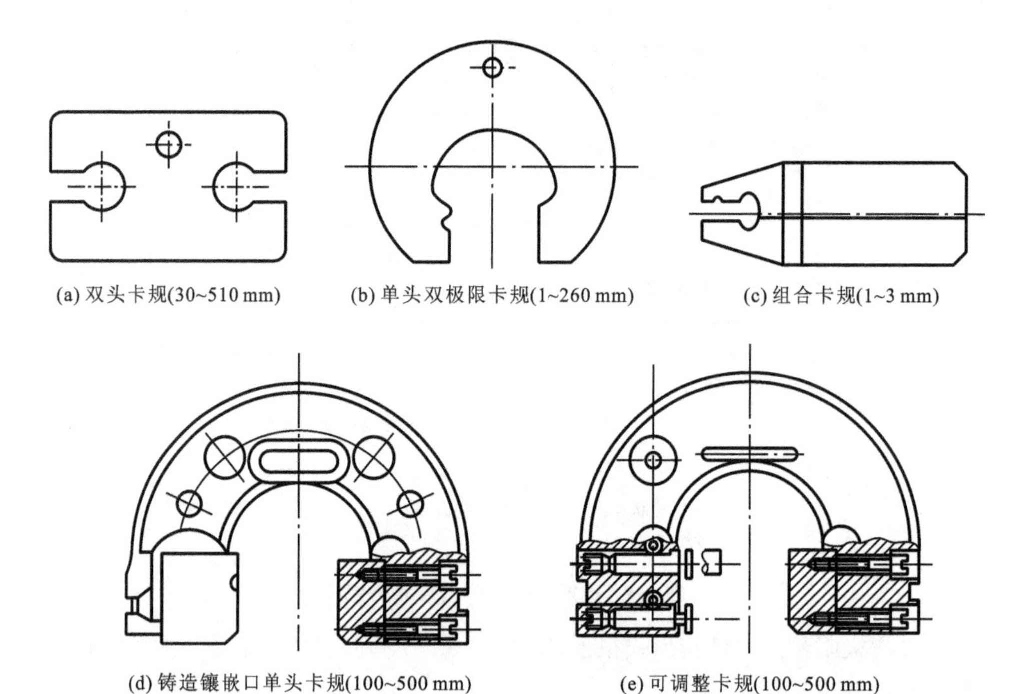
(a) 双头卡规(30~510 mm)　(b) 单头双极限卡规(1~260 mm)　(c) 组合卡规(1~3 mm)

(d) 铸造镶嵌口单头卡规(100~500 mm)　(e) 可调整卡规(100~500 mm)

图 6-6　几种常用轴用量规的结构形式

(3) 画出工件和量规的公差带图；

(4) 计算量规的极限偏差；

(5) 计算量规的极限尺寸及磨损极限尺寸。

3. 量规的技术要求

1) 量规材料

量规测量面的材料与硬度对量规的使用寿命有一定的影响。量规可用合金工具钢(如 CrMn、CrMnW、CrMoV 等)、碳素工具钢(如 T10A、T12A 等)、渗碳钢(如 15 钢、20 钢等)及其他耐磨材料(如硬质合金)制造。手柄一般用 Q235、2A11 等材料制造。量规测量面硬度为 58～65HRC,并应经过稳定性处理。

2) 几何公差

GB/T 1957—2006 规定了 IT6～IT16 工件的量规公差。量规的几何公差一般为量规制造公差的 50%。考虑到制造和测量的困难,当量规的尺寸公差小于 0.002 mm 时,其几何公差仍取 0.001 mm。

3) 表面粗糙度

量规测量面不应有锈迹、毛刺、黑斑、划痕等明显影响外观和使用质量的缺陷。工作量规测量表面的表面粗糙度 Ra 不应大于表 6-2 的规定。

表 6-2 量规测量表面的表面粗糙度 Ra(摘自 GB/T 1957—2006)

工作量规	工作量规的基本尺寸/mm		
	≤120	＞120～315	＞315～500
	工作量规测量面的粗糙度 $Ra/\mu m$		
IT6 级孔用工作量规	0.05	0.10	0.20
IT7～IT9 级孔用工作塞规	0.10	0.20	0.40
IT10～IT12 级孔用工作塞规	0.20	0.40	0.80
IT13～IT16 级孔用工作塞规	0.40	0.80	
IT6～IT9 级轴用工作环规	0.10	0.20	0.40
IT10～IT12 级轴用工作环规	0.20	0.40	0.80
IT13～IT16 级轴用工作环规	0.40	0.80	

4. 量规设计应用举例

例 6-1 设计检验 ϕ30H8/f7 孔和轴用工作量规的极限尺寸。

解 (1) 由国标 GB/T 1800.1—2009 的标准公差和基本偏差数值表查出孔、轴的上、下偏差分别如下。

ϕ30H8 孔： ES=+0.033 mm， EI=0

ϕ30f7 轴： es=−0.020 mm， ei=−0.041 mm

(2) 查表 6-1 得工作量规的尺寸公差 T_1 和位置要素 Z_1 如下。

塞规： $T_1=0.003\ 4$ mm $Z_1=0.005\ 0$ mm

卡规： $T_1=0.002\ 4$ mm $Z_1=0.003\ 4$ mm

(3) 确定工作量规的形状公差。

塞规： $T_1/2=0.001\ 7$ mm

卡规： $T_1/2=0.001\ 2$ mm

(4) 确定校对量规的制造公差。

$$T_p=T_1/2=0.001\ 2\ \text{mm}$$

(5) 计算各种尺寸及偏差。

ϕ30H8 孔用塞规

通规：上偏差 $=EI+Z_1+T_1/2=0+0.005\ 0+0.001\ 7$ mm $=+0.006\ 7$ mm

下偏差 $=EI+Z_1-T_1/2=0+0.005\ 0-0.001\ 7$ mm $=+0.003\ 3$ mm

磨损极限尺寸 $=D_{min}=30$ mm

止规:上偏差$=\mathrm{ES}=+0.033$ mm

下偏差$=\mathrm{ES}-T_1=0.033-0.0034$ mm$=+0.0296$ mm

$\phi 30\mathrm{f}7$ 轴用卡规

通规:上偏差$=\mathrm{es}-Z_1+T_1/2=-0.02-0.0034+0.0012$ mm

$=-0.0222$ mm

下偏差$=\mathrm{es}-Z_1-T_1/2=-0.02-0.0034-0.0012$ mm

$=-0.0246$ mm

磨损极限尺寸$=d_{\max}=29.98$ mm

止规:上偏差$=\mathrm{ei}+T_1=-0.041+0.0024$ mm$=-0.0386$ mm

下偏差$=\mathrm{ei}=-0.041$ mm

轴用卡规的校对量规

“校通-通”

上偏差$=\mathrm{es}-Z_1-T_1/2+T_p=-0.02-0.0034-0.0012+0.0012$ mm

$=-0.0234$ mm

下偏差$=\mathrm{es}-Z_1-T_1/2=-0.02-0.0034-0.0012$ mm$=-0.0246$ mm

“校通-损”

上偏差$=\mathrm{es}=-0.02$ mm

下偏差$=\mathrm{es}-T_p=-0.02-0.0012$ mm$=-0.0212$ mm

“校止-通”

上偏差$=\mathrm{ei}+T_p=-0.041+0.0012$ mm$=-0.0398$ mm

下偏差$=\mathrm{ei}=-0.041$ mm

(6) 画出 $\phi 30\mathrm{H}8/\mathrm{f}7$ 孔和轴用量规公差带图,如图 6-7 所示。

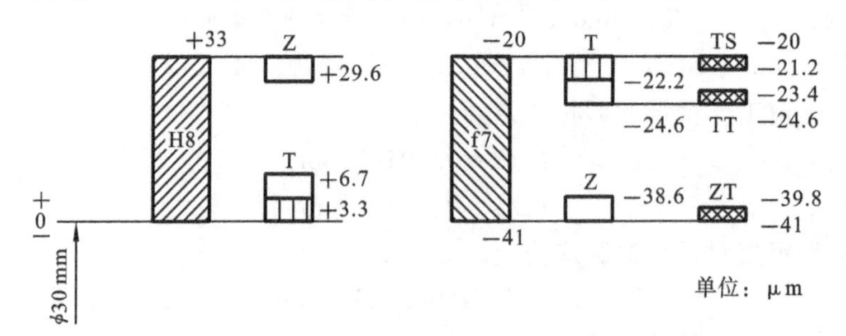

图 6-7　$\phi 30\mathrm{H}8/\mathrm{f}7$ 孔、轴用量规公差带图

(7) 绘制工作量规简图,如图 6-8、图 6-9 所示。

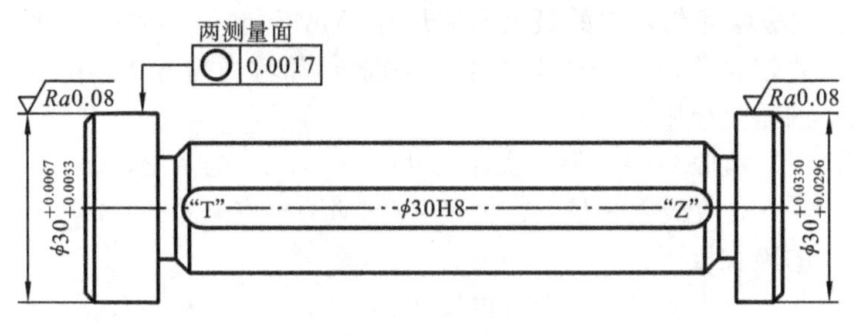

图 6-8 塞规简图

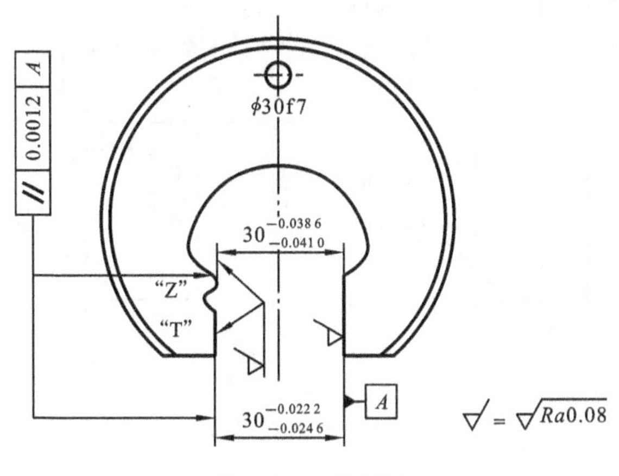

图 6-9 卡规简图

6.3 普通计量器具及其测量

6.3.1 验收极限

GB/T 3177—2009 中，规定了光滑工件尺寸检验的验收原则、验收极限、计量器具的不确定度允许值和计量器具的选用原则，适用于使用普通计量器具如游标卡尺、千分尺及车间使用的比较仪、投影仪等量具量仪，对图样上注出的公差等级为 6～18 级(IT6～IT18)、公称尺寸至 500 mm 的光滑工件尺寸的检验和对一般公差尺寸的检验。

为满足尺寸检验的需要，对验收极限给出了两种方案。

（1）验收极限凭借规定的最大实体尺寸（MMS）和最小实体尺寸（LMS）分别向工件公差带内移动一个安全裕度 A 来确定，简称内缩方式。

孔尺寸的验收极限：

上验收极限＝最小实体尺寸（LMS）－安全裕度（A）

下验收极限＝最大实体尺寸（MMS）＋安全裕度（A）

轴尺寸的验收极限：

上验收极限＝最大实体尺寸（MMS）－安全裕度（A）

下验收极限＝最小实体尺寸（LMS）＋安全裕度（A）

国家标准中规定按内缩方式验收工件的适用条件如下。

① 对于遵循包容要求的尺寸和公差等级要求较高的场合，如图 6-10 所示。

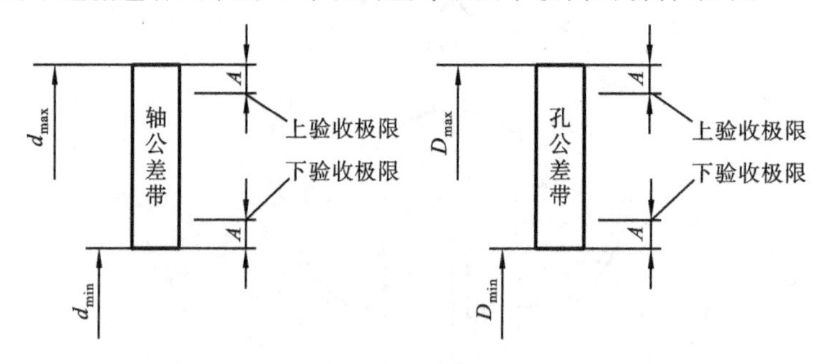

图 6-10　内缩方式(1)

② 工艺能力指数 $C_p \geqslant 1$，且遵循包容要求的尺寸，如图 6-11 所示。

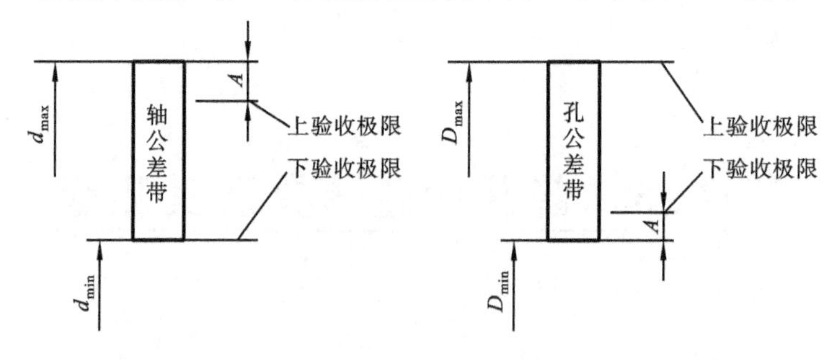

图 6-11　内缩方式(2)

③ 呈偏态分布的尺寸，验收极限向“实际尺寸偏向边”内缩一个安全裕度，如图 6-12 所示。按此方式验收工件可使误收率大大减少，但误废率有所增加。

（2）验收极限等于规定的最大实体尺寸和最小实体尺寸，即 A 值等于零，简称不内缩方式，如图 6-13 所示。

按不内缩方式验收工件的适用条件：

① 非配合表面和一般公差的尺寸；

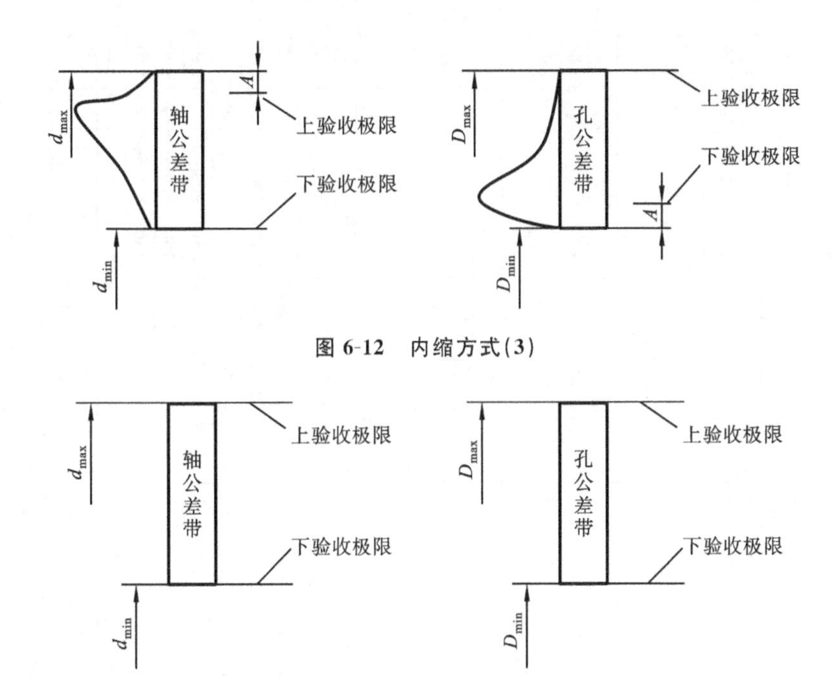

图 6-12　内缩方式(3)

图 6-13　不内缩方式

② 工艺能力指数 $C_p \geqslant 1$；

③ 呈偏态分布的尺寸，“实际尺寸非偏向边”的验收。

6.3.2　计量器具的选择

1. 计量器具的选择原则

按照计量器具所引起的测量不确定度的允许值 u_1（简称计量器具的测量不确定度允许值）选择计量器具。选择时应使所选用的计量器具的测量不确定度数值 u_1' 等于或小于选定的 u_1 值，即 $u_1' \leqslant u_1$。计量器具的测量不确定度允许值 u_1 按测量不确定度 u 与工件公差的比值分档：对应于 IT6～IT11 的分为Ⅰ、Ⅱ、Ⅲ三档；对应于 IT12～IT18 的分为Ⅰ、Ⅱ两档。测量不确定度 u 的三档值分别为工件公差的 1/10、1/6、1/4。计量器具的测量不确定度允许值 u_1 约为测量不确定度的 0.9 倍，其三档数值如表 6-3 所示。

2. 测量不确定度允许值 u_1 的选择

对于表 6-3 中计量器具的测量不确定度允许值 u_1，一般情况下优先选用Ⅰ档，其次选用Ⅱ档、Ⅲ档。表 6-4、表 6-5、表 6-6 分别列出了一些测量器具的不确定度允许值，供选择时参考。

表 6-3　安全裕度 A 与计量器具的测量不确定度允许值 u_1

(μm)

公差等级		IT6					IT7					IT8					IT9					IT10					IT11				
公称尺寸/mm		T	A	u_1			T	A	u_1			T	A	u_1			T	A	u_1			T	A	u_1			T	A	u_1		
大于	至			Ⅰ	Ⅱ	Ⅲ			Ⅰ	Ⅱ	Ⅲ			Ⅰ	Ⅱ	Ⅲ			Ⅰ	Ⅱ	Ⅲ			Ⅰ	Ⅱ	Ⅲ			Ⅰ	Ⅱ	Ⅲ
—	3	6	0.6	0.54	0.9	1.4	10	1.0	0.9	1.5	2.3	14	1.4	1.3	2.1	3.2	25	2.5	2.3	3.8	5.6	40	4.0	3.6	6.0	9.0	60	6.0	5.4	9.0	14
3	6	8	0.8	0.72	1.2	1.8	12	1.2	1.1	1.8	2.7	18	1.8	1.6	2.7	4.1	30	3.0	2.7	4.5	6.8	48	4.8	4.3	7.2	11	75	7.5	6.8	11	17
6	10	9	0.9	0.8	1.4	2.0	15	1.5	1.4	2.3	3.4	22	2.2	2.0	3.3	5.0	36	3.6	3.3	5.4	8.1	58	5.8	5.2	8.7	13	90	9.0	8.1	14	20
10	18	11	1.1	1.0	1.7	2.5	18	1.8	1.7	2.7	4.1	27	2.7	2.4	4.1	6.1	43	4.3	3.9	6.5	9.7	70	7.0	6.3	11	16	110	11	10	17	25
18	30	13	1.3	1.2	2.0	2.9	21	2.1	1.9	3.2	4.7	33	3.3	3.0	5.0	7.4	52	5.2	4.7	7.8	12	84	8.4	7.6	13	19	130	13	12	20	29
30	50	16	1.6	1.4	2.4	3.6	25	2.5	2.3	3.8	5.6	39	3.9	3.5	5.9	8.8	62	6.2	5.6	9.3	14	100	10	9.0	15	23	160	16	14	24	36
50	80	19	1.9	1.7	2.9	4.3	30	3.0	2.7	4.5	5.8	46	4.6	4.1	6.9	10	74	7.4	6.7	11	17	120	12	11	18	27	190	19	17	29	43
80	120	22	2.2	2.0	3.3	5.0	35	3.5	3.2	5.3	7.9	54	5.4	4.9	8.1	12	87	8.7	7.8	13	20	140	14	13	21	32	220	22	20	33	50
120	180	25	2.5	2.3	3.8	5.6	40	4.0	3.6	6.0	9.0	63	6.3	5.7	9.5	14	100	10	9.0	15	23	160	16	15	24	36	250	25	23	38	56
180	250	29	2.9	2.6	4.4	6.5	46	4.6	4.0	6.9	10	72	7.2	6.5	11	16	115	12	10	17	26	185	19	17	28	42	290	29	26	44	65
250	315	32	3.2	2.9	4.8	7.2	52	5.2	4.7	7.8	12	81	8.1	7.3	12	18	130	13	12	19	29	210	21	19	32	47	320	32	29	48	72
315	400	36	3.6	3.2	5.4	8.1	57	5.7	5.1	8.4	13	89	8.9	8.0	13	20	140	14	13	21	32	230	23	21	35	52	360	36	32	54	81
400	500	40	4.0	3.6	6.0	9.0	63	6.3	5.7	9.5	14	97	9.7	8.7	15	22	155	16	14	23	35	250	25	23	38	56	400	40	36	60	90

公差等级		IT12				IT13				IT14				IT15				IT16				IT17				IT18			
公称尺寸/mm		T	A	u_1		T	A	u_1		T	A	u_1		T	A	u_1		T	A	u_1		T	A	u_1		T	A	u_1	
大于	至			Ⅰ	Ⅱ			Ⅰ	Ⅱ			Ⅰ	Ⅱ			Ⅰ	Ⅱ			Ⅰ	Ⅱ			Ⅰ	Ⅱ			Ⅰ	Ⅱ
—	3	100	10	9.0	15	140	14	13	21	250	25	23	38	400	40	36	60	600	60	54	90	1 000	100	90	150	1 400	140	135	210
3	6	120	12	11	18	180	18	16	27	300	30	27	45	480	48	43	72	750	75	68	110	1 200	120	110	180	1 800	180	160	270
6	10	150	15	14	23	220	22	20	33	360	36	32	54	580	58	52	87	900	90	81	140	1 500	150	140	230	2 200	220	200	330
10	18	180	18	16	27	270	27	24	41	430	43	39	65	700	70	63	110	1 100	110	100	170	1 800	180	160	270	2 700	270	240	400
18	30	210	21	19	32	330	33	30	50	520	52	47	78	840	84	76	130	1 300	130	120	200	2 100	210	190	320	3 300	330	300	490
30	50	250	25	23	38	390	39	35	59	620	62	56	93	1 000	100	90	150	1 600	160	140	240	2 500	250	220	380	3 900	390	350	580
50	80	300	30	27	45	460	46	41	69	740	74	67	110	1 200	120	110	180	1 900	190	170	290	3 000	300	270	450	4 600	460	410	690
80	120	350	35	32	53	540	54	49	81	870	87	78	130	1 400	140	130	210	2 200	220	200	330	3 500	350	320	530	5 400	540	480	810
120	180	400	40	36	60	630	63	57	95	1 000	100	90	150	1 600	160	150	240	2 500	250	230	380	4 000	400	360	600	6 300	630	570	940
180	250	460	46	41	69	720	72	65	110	1 150	115	100	170	1 800	180	170	280	2 900	290	260	440	4 600	460	410	690	7 200	720	650	1 080
250	315	520	52	47	78	810	81	73	120	1 300	130	120	190	2 100	210	190	320	3 200	320	290	480	5 200	520	470	780	8 100	810	730	1 210
315	400	570	57	51	86	890	89	80	130	1 400	140	130	210	2 300	230	210	350	3 600	360	320	540	5 700	570	510	850	8 900	890	800	1 330
400	500	630	63	57	95	970	97	87	150	1 500	150	140	230	2 500	250	230	380	4 000	400	360	600	6 300	630	570	950	9 700	970	870	1 450

表 6-4 千分尺和游标卡尺的测量不确定度允许值 (mm)

<table>
<tr><th rowspan="3">尺寸范围</th><th colspan="4">计量器具的类型</th></tr>
<tr><th>分度值为0.01的外径千分尺</th><th>分度值为0.01的内径千分尺</th><th>分度值为0.02的游标卡尺</th><th>分度值为0.05的游标卡尺</th></tr>
<tr><th colspan="4">不确定度</th></tr>
<tr><td>0～50</td><td>0.004</td><td rowspan="3">0.008</td><td rowspan="6">0.020</td><td rowspan="4">0.050</td></tr>
<tr><td>50～100</td><td>0.005</td></tr>
<tr><td>100～150</td><td>0.006</td></tr>
<tr><td>150～200</td><td>0.007</td><td rowspan="3">0.013</td></tr>
<tr><td>200～250</td><td>0.008</td><td rowspan="8">0.100</td></tr>
<tr><td>250～300</td><td>0.009</td></tr>
<tr><td>300～350</td><td>0.010</td><td rowspan="3">0.020</td><td rowspan="7">—</td></tr>
<tr><td>350～400</td><td>0.011</td></tr>
<tr><td>400～450</td><td>0.012</td></tr>
<tr><td>450～500</td><td>0.013</td><td>0.025</td></tr>
<tr><td>500～600</td><td rowspan="3">—</td><td rowspan="3">0.030</td></tr>
<tr><td>600～700</td></tr>
<tr><td>700～800</td><td>0.150</td></tr>
</table>

表 6-5 比较仪的测量不确定度允许值 (mm)

<table>
<tr><th rowspan="2" colspan="2">尺寸范围</th><th colspan="4">所使用的计量器具</th></tr>
<tr><th>分度值为0.000 5(相当于放大倍数为2 000倍)的比较仪</th><th>分度值为0.001(相当于放大倍数为1 000倍)的比较仪</th><th>分度值为0.002(相当于放大倍数为400倍)的比较仪</th><th>分度值为0.005(相当于放大倍数为250倍)的比较仪</th></tr>
<tr><th>大于</th><th>至</th><th colspan="4">不确定度</th></tr>
<tr><td>—</td><td>25</td><td>0.000 6</td><td rowspan="2">0.001 0</td><td>0.001 7</td><td rowspan="6">0.003 0</td></tr>
<tr><td>25</td><td>40</td><td>0.000 7</td><td rowspan="3">0.001 8</td></tr>
<tr><td>40</td><td>65</td><td>0.000 8</td><td rowspan="2">0.001 1</td></tr>
<tr><td>65</td><td>90</td><td>0.000 8</td></tr>
<tr><td>90</td><td>115</td><td>0.000 9</td><td>0.001 2</td><td rowspan="2">0.001 9</td></tr>
<tr><td>115</td><td>165</td><td>0.001 0</td><td>0.001 3</td></tr>
</table>

续表

尺寸范围		所使用的计量器具			
		分度值为0.000 5(相当于放大倍数为2 000倍)的比较仪	分度值为0.001(相当于放大倍数为1 000倍)的比较仪	分度值为0.002(相当于放大倍数为400倍)的比较仪	分度值为0.005(相当于放大倍数为250倍)的比较仪
大于	至	不确定度			
165	215	0.001 2	0.001 4	0.002 0	0.003 5
215	265	0.001 4	0.001 6	0.002 1	
265	315	0.001 6	0.001 7	0.002 2	

表 6-6 指示表的测量不确定度允许值 (mm)

尺寸范围		所使用的计量器具			
		分度值为0.001的千分表(0级在全程范围内,1级在0.2 mm内);分度值为0.002的千分表(在1转范围内)	分度值为0.001、0.002、0.005的千分表(1级在全程范围内);分度值为0.01的百分表(0级在任意1 mm内)	分度值为0.01的百分表(0级在全程范围内,1级在任意1 mm内)	分度值为0.01的百分表(1级在全程范围内)
大于	至	不确定度			
—	25	0.005	0.010	0.018	0.030
25	40				
40	65				
65	90				
90	115				
115	165	0.006			
165	215				
215	265				
265	315				

选择计量器具时,除需考虑测量不确定度允许值外,还要考虑检测成本、计量器具的适用性和生产现场所拥有的计量器具的条件。

6.3.3 计量器具选择实例

例 6-2 试确定被测工件 $\phi60f9(^{-0.030}_{-0.104})$（无配合要求）的验收极限并选择合适的计量器具。

解 （1）确定检验工件 $\phi60f9(^{-0.030}_{-0.104})$ 的验收极限。

因为工件直径 $\phi60f9$ 无配合要求，所以根据国家标准规定，验收极限应按照“不内缩方式”确定。

取安全裕度 $A=0$，其上、下验收极限分别为

上验收极限＝最大实体尺寸(MMS)＝59.970 mm

下验收极限＝最小实体尺寸(LMS)＝59.896 mm

（2）选择计量器具。

查表 6-3 知，IT9 对应的 I 档计量器具的测量不确定度允许值 u_1 为 0.006 7 mm。

查表 6-4 知，测量范围在 50～100 mm，计量器具的测量不确定度允许值 $u_1'=0.005$ mm，分度值为 0.01 mm 的外径千分尺，满足 $u_1' \leqslant u_1$ 原则。

故应选用分度值为 0.01 mm，测量范围在 50～100 mm 的外径千分尺。

例 6-3 试确定被测工件 $\phi20H6(^{+0.013}_{0})$Ⓔ（即采用的是包容要求）的验收极限并选择合适的计量器具。

解 （1）确定检验工件 $\phi20H6(^{+0.013}_{0})$Ⓔ的验收极限。

因为工件 $\phi20H6(^{+0.013}_{0})$Ⓔ采用的是包容要求，验收极限应按照“内缩方式”确定。

查表 6-3 知，尺寸在 18～30 mm 范围，安全裕度 $A=0.001\,3$ mm，故

上验收极限＝最小实体尺寸(LMS)－安全裕度(A)

＝(20.013－0.001 3) mm＝20.011 7 mm

下验收极限＝最大实体尺寸(MMS)＋安全裕度(A)

＝(20＋0.001 3) mm＝20.001 3 mm

（2）选择计量器具。

查表 6-3 知，与 IT6 对应的 I 档计量器具的测量不确定度允许值 u_1 为 0.001 2 mm。

查表 6-5 知，测量范围在 0～25 mm，计量器具的测量不确定度允许值 $u_1'=0.001\,0$ mm，分度值为 0.001 mm 的比较仪，满足 $u_1' \leqslant u_1$ 原则。

故应选用分度值为 0.001 mm，测量范围在 0～25 mm 的比较仪。

本章重点与难点

本章主要介绍了误收和误废的产生及尺寸验收的原则,包括验收极限、安全裕度、量具选择等。在验收大批量的工件时,光滑极限量规是方便快捷的检验工具,因此,光滑极限量规的设计是一项与检验相关的重要工作。

通过本章内容的学习,我们看到选择测量器具不但要与被测量工件的精度、尺寸大小、结构形式、材料及被测表面的位置有关,还要受到工件的批量、生产方式和成本等多方面因素的影响。所以,在测量时应在保证精度要求的基础上,根据被测件的特点、要求等具体情况,选择合理的、经济的测量器具。这也是获得所需精度和测量结果,保证产品质量,降低成本及提高生产率的重要条件之一。

在本章的学习中,应重点学会在光滑工件尺寸的检测中如何正确选择通用计量器具的方法和步骤;了解光滑极限量规的类型和用途,并掌握极限量规的设计方法,学会绘制光滑极限量规的工作图,并能进行正确的标注。

思考与练习

1. 为什么要规定安全裕度和验收极限?

2. 光滑极限量规通规的基本尺寸和止规的基本尺寸分别应为工件的哪个尺寸?

3. 光滑极限量规按用途分为哪几种类型?

4. 计算检验 ϕ45k6Ⓔ工件的光滑极限量规工作量规的极限尺寸和通规的磨损极限尺寸,并绘出量规的工作图。

5. 工件尺寸为 ϕ250h11Ⓔ(即采用的是包容要求),试进行计量器具的选择。

第7章 常用结合件的互换性

通常，零件与零件的连接方式包括永久性和可拆装性两种。前者是一种不可逆的零件连接形式，它的连接稳定可靠，但是一旦两个零件连接在一起，除非破坏零件，否则无法解除装配，如焊接和粘接等；后者是一种可逆的零件连接形式，只要逆着装配顺序就可随时解除连接，将零件拆下，进行更换或维修。

滚动轴承、螺纹和键是机械产品中普遍使用的、典型的可拆装结合件。如何能够保证不同零件之间的连接既稳定可靠，而拆卸与更换又方便呢？如何实现零件间的相对运动（比如直线或旋转运动）？如何保证相对运动的精度？如何进行扭矩传递？这些都是机械设计中常常遇到的问题，不合理的设计不仅会导致加工和装配困难，而且会影响加工、装配的质量。

学习本章的基本任务是：①了解和掌握滚动轴承的精度等级及应用，轴承内、外圈（与其他连接件的配合面）的尺寸公差带分布特点；②了解和掌握键和花键的配合标准；③了解和掌握螺纹的配合标准；④根据连接功能和精度要求，合理选择轴承及其配合、键与螺纹及其配合，并能给予正确标注。

7.1 滚动轴承的互换性

7.1.1 滚动轴承的结构及分类

滚动轴承是将回转轴与支承座之间的滑动摩擦变为滚动摩擦，起减少摩擦、传递扭矩与支承作用的常用结合件。其基本结构如图 7-1 所示，包括内圈、滚动体、保持架和外圈。内圈和轴颈配合，外圈和轴承座孔配合。内圈内径（d）和外圈外径（D）是滚动轴承与其他零件配合的公称尺寸，如图 7-2 所示。

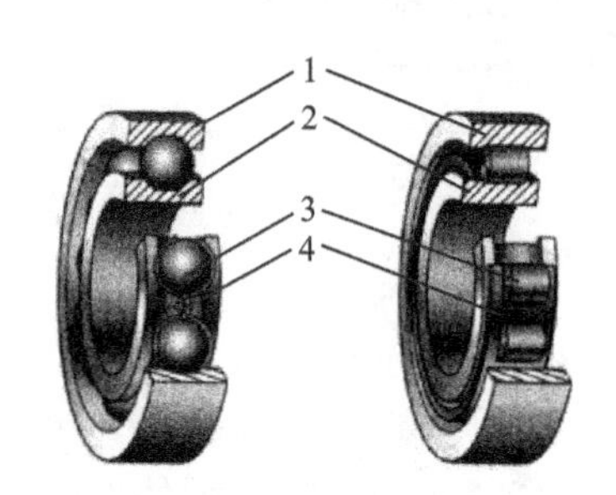

图 7-1　滚动轴承的结构

1—外圈;2—内圈;3—滚动体(钢球或滚子);
4—保持架(保持器或隔离圈)

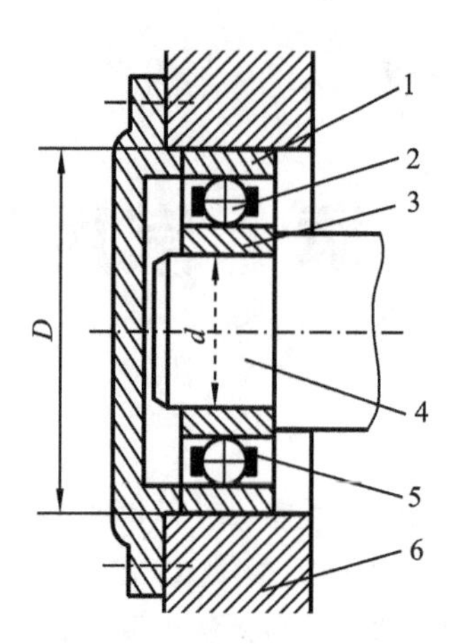

图 7-2　滚动轴承的公称尺寸

1—外圈;2—滚动体;3—内圈;
4—轴颈;5—保持架;6—壳体

根据结构类型,常用的滚动轴承分类,如表 7-1 所示。

表 7-1　滚动轴承的分类

分类方式	种　类	特　点
按承受的载荷方向(公称接触角)	向心轴承	承受径向载荷
	推力轴承	承受轴向载荷
	向心推力轴承	承受径向和轴向载荷
按滚动体的形状	球轴承	滚动体为球形
	滚子轴承	滚动体为滚子(包括圆柱滚子、圆锥滚子、滚针等)
按轴承工作时能否调心	调心轴承	能适应两滚道轴心线间的角偏差及角运动
	刚性轴承	能阻抗滚道间轴心线角偏移

7.1.2　滚动轴承的精度等级及应用

根据 GB/T 307.3—2005《滚动轴承 通用技术规则》规定,轴承按尺寸公差与旋转精度分级。公差等级依次由低到高排列,向心轴承(圆锥滚子轴承除外)分为 0、6、5、4、2 五级,圆锥滚子轴承分为 0、6X、5、4、2 五级,推力轴承分为 0、6、5、4 四级。公差值按 GB/T 307.1—2005《滚动轴承 向心轴承 公差》和 GB/T

307.4—2012《滚动轴承 公差 第4部分:推力轴承公差》的规定。

0级(普通级)轴承应用于旋转精度和运转平稳性要求不高、中等负荷、中等转速的一般机械结构中,如普通机床、汽车、拖拉机的变速机构,普通减速器、水泵、压缩机、涡轮机及农业机械等。

6级、6X级(中级)轴承应用于旋转精度和转速要求较高的旋转机构中,如普通机床的后轴承、比较精密的仪器、仪表的旋转机构等。

5级(较高级)、4级(高级)轴承应用于旋转精度和转速要求高的旋转机构中,如高精度机床、磨床、精密丝杠车床和滚齿机等。

2级(精密级)轴承应用于旋转精度和转速要求特别高的旋转机构中,如精密坐标镗床和高精度齿轮磨床主轴等。

7.1.3 滚动轴承的公差与配合

国家标准GB/T 307.1—2005《滚动轴承 向心轴承 公差》规定了轴承内径的单一平面平均内径偏差Δd_{mp}与轴承外径的单一平面平均外径偏差ΔD_{mp},如表7-2、表7-3所示。

表7-2 向心轴承内圈公差(摘自GB/T 307.1—2005) (μm)

d/mm			>10~18	>18~30	>30~50	>50~80	>80~120
Δd_{mp}	0级	上偏差	0	0	0	0	0
		下偏差	−8	−10	−12	−15	−20
	6级	上偏差	0	0	0	0	0
		下偏差	−7	−8	−10	−12	−15
	5级	上偏差	0	0	0	0	0
		下偏差	−5	−6	−8	−9	−10
	4级	上偏差	0	0	0	0	0
		下偏差	−4	−5	−6	−7	−8
	2级	上偏差	0	0	0	0	0
		下偏差	−2.5	−2.5	−2.5	−4	−5

表 7-3　向心轴承外圈公差(摘自 GB/T 307.1—2005)　(μm)

D/mm			>18～30	>30～50	>50～80	>80～120	>120～150
ΔD_{mp}	0 级	上偏差	0	0	0	0	0
		下偏差	−9	−11	−13	−15	−18
	6 级	上偏差	0	0	0	0	0
		下偏差	−8	−9	−11	−13	−15
	5 级	上偏差	0	0	0	0	0
		下偏差	−6	−7	−9	−10	−11
	4 级	上偏差	0	0	0	0	0
		下偏差	−5	−6	−7	−8	−9
	2 级	上偏差	0	0	0	0	0
		下偏差	−4	−4	−4	−5	−5

在公称尺寸相同的情况下，根据国家标准 GB/T 307.1—2005 所给出的内、外径的上、下偏差及不同公差等级形成的公差带如图 7-3 所示。内圈孔公差带位于内径 d 为零线的下方，且上偏差为零；外圈外圆柱面的公差带位于外径 D 为零线的下方，且上偏差为零。

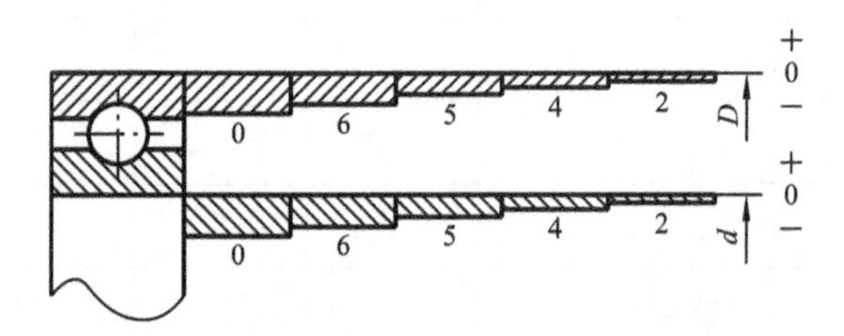

图 7-3　滚动轴承的内、外径公差带

滚动轴承内圈与轴的配合采用基孔制，外圈与轴承座孔的配合采用基轴制。

在轴承内圈与轴的基孔制配合中，内圈基准孔公差带不同于 GB/T 1800.2—2009 中基准孔 H 的公差带。因为在多数情况下，轴承内圈随传动轴一起转动，且不允许轴孔之间有相对运动，要求两者的配合具有一定的过盈量。但是由于内圈是薄壁零件，又经常需要拆换，故过盈量不宜过大。而一般基准孔，其公差带位于零线的上方，若选用过盈配合，则其过盈量太大；如改用过渡配合，又可能出现间隙，使内圈与轴在工作时发生相对滑动，导致结合面被磨损。因此，在采用相同的轴公差带的前提下，其所得到的配合比一般基孔制的相应配合要紧些。当其与 k6、m6、n6 等轴配合时，获得比一般基孔制过渡配合的过盈量稍大的过盈配合；当其与 g6、h6 等轴配合时，由间隙配合变成过渡配合，如图 7-4 所示。轴承外圈与轴承座孔的基轴制配合中，作为基准轴的轴承外圈圆柱面的公差带位置与一般基准轴相同，如图 7-5 所示。

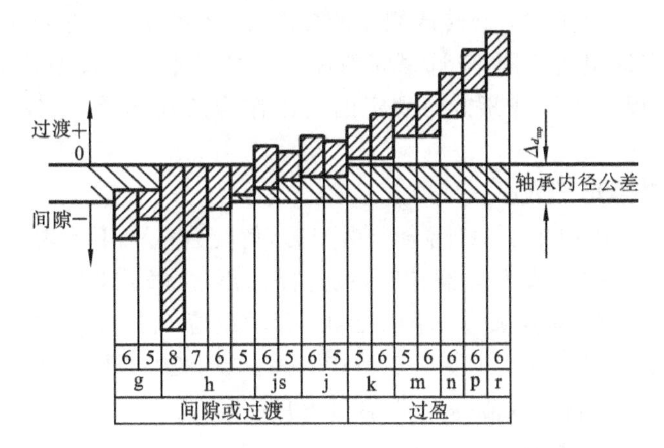

图 7-4　0 级公差轴承与轴配合常用公差带关系图

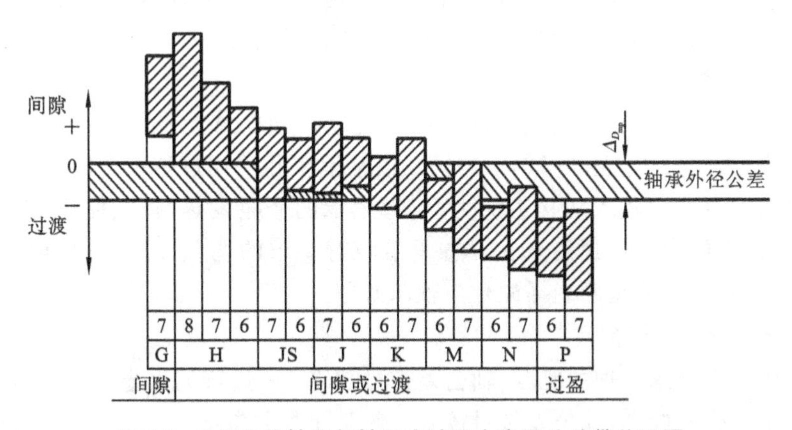

图 7-5　0 级公差轴承与轴承座孔配合常用公差带关系图

7.1.4　滚动轴承配合的选择

滚动轴承通过与轴和轴承座孔形成配合来确保其能实现稳定可靠的连接，同时又能保证运动的精确性。在同样的前提下，如果过盈量不足，在欠配合处会产生所谓“蠕变”的滑动现象，导致出现磨损、发热和振动现象，影响轴承寿命；如果过盈量过大，不仅会给装卸造成困难，而且容易使套圈变形，轴承的游隙受到破坏,轴承的精度下降。因此正确地选择轴承配合,对保证机器正常运转,提高轴承使用寿命,充分发挥轴承的承载能力来说非常重要。选择轴承配合时,应综合考虑以下因素。

1. 轴承套圈相对于载荷的状况

对于相对于载荷方向旋转或摆动的套圈,应选择过盈或过渡配合;对于相对于载荷方向固定的套圈,应选择间隙配合。当以不可分离型轴承作为游动支承时,则应以相对于载荷方向固定的套圈作为游动套圈,选择间隙或过渡配合。

2. 载荷的类型和大小

在轴承的载荷作用下,套圈会产生变形,使配合受力不均匀,引起轴承松动。因此,当受冲击载荷和重载荷时,应选择比正常、轻载荷时更紧密的配合。对于向心轴承来说,其载荷的大小用径向当量动载荷 P_r 与径向基本额定动载荷 C_r 的比值区分:$P_r \leqslant 0.06C_r$ 时为轻载荷;$0.06C_r < P_r \leqslant 0.12C_r$ 时为正常载荷;$P_r > 0.12C_r$ 时为重载荷。载荷越大,配合过盈量应越大。

3. 轴承尺寸的大小

随着轴承尺寸的增大,选择的过盈配合越大,间隙配合越小。但是对于重型机械上使用特别大尺寸的轴承,应采用较松的配合。

4. 轴承游隙

游隙过大,会引起转轴较大的径向圆跳动和轴向窜动,轴承产生较大的振动和噪声;游隙过小,尤其是轴承与轴颈或轴承座孔采用过盈配合时,会使轴承滚动体与套圈产生较大的接触应力,引起轴承的摩擦发热,降低使用寿命。因此,轴承游隙的大小应适度。在对轴承游隙有要求的场合,应对安装轴承后的游隙进行检验,以便正确选择配合与轴承游隙。

5. 公差带的选择

对于向心轴承和轴的配合,轴公差带可按表 7-4 进行类比选择;对于向心轴承和轴承座壳的配合,孔公差带可按表 7-5 进行类比选择。

为保证轴承的工作质量和使用寿命,除选定轴和轴承座孔的公差带之外,还应规定相应的几何公差及表面粗糙度,国家标准中推荐的几何公差及表面粗糙度如表 7-6、表 7-7 所示。

除上述因素外,还应考虑轴承的工作环境温度、轴承密封及对摩擦力矩、振动、噪声等的特殊要求。

表 7-4　向心轴承和轴的配合——轴公差带(摘自 GB/T 275—2015)

圆柱孔轴承						
载荷情况		举　例	深沟球轴承、调心球轴承和角接触球轴承	圆柱滚子轴承和圆锥滚子轴承	调心滚子轴承	公差带
			轴承公称内径/mm			
内圈承受旋转载荷或方向不定载荷	轻载荷	输送机、轻载齿轮箱	≤18	—	—	h5
			>18～100	≤40	≤40	j6①
			>100～200	>40～140	>40～100	k6①
			—	>140200	>100～200	m6①
	正常载荷	一般通用机械、电动机、泵、内燃机、正齿轮传动装置	≤18	—	—	j5、js5
			>18～100	≤40	≤40	k5②
			>100～140	>40～100	>40～65	m5②
			>140～200	>100～140	>65～100	m6
			>200～280	>140～200	>100～140	n6
			—	>200～400	>140～280	p6
			—	—	>280～500	r6
	重载荷	铁路机车车辆轴箱、牵引电机、破碎机等	—	>50～140	>50～100	n6③
				>140～200	>100～140	p6③
				>200	>140～200	r6③
				—	>200	r7③
内圈承受固定载荷	所有载荷　内圈需在轴向移动	非旋转轴上的各种轮子	所有尺寸			f6
						g6
	所有载荷　内圈不需在轴向移动	张紧轮、绳轮				h6
						j6
仅有轴向载荷		所有尺寸				j6、js6

圆锥孔轴承				
所有载荷	铁路机车车辆轴箱	装在退卸套上	所有尺寸	h8(IT6)[4,5]
	一般机械传动	装在紧定套上	所有尺寸	h9(IT7)[4,5]

注:①凡精度要求较高的场合,应用 j5、k5 、m5 代替 j6、k6、m6。

②圆锥滚子轴承、角接触球轴承配合对游隙影响不大,可用 k6、m6 代替 k5、m5。

③重载荷下轴承游隙应选大于 N 组。

④凡有较高精度或转速要求较高的场合,应选用 h7(IT5)代替 h8(IT6)等。

⑤IT6、IT7 表示圆柱度公差数值。

表 7-5　向心轴承和轴承座的配合——孔公差带(摘自 GB/T 275—2015)

<table>
<tr><th colspan="2" rowspan="2">载荷状态</th><th rowspan="2">举　例</th><th rowspan="2">其他状况</th><th colspan="2">公差带①</th></tr>
<tr><th>球轴承</th><th>滚子轴承</th></tr>
<tr><td rowspan="2">固定的
外圈载荷</td><td>轻、正常、重</td><td rowspan="2">一般机械、铁路
机车车辆轴箱</td><td>轴向易移动，可采用
剖分式轴承座</td><td colspan="2">H7、G7②</td></tr>
<tr><td>冲击</td><td rowspan="2">轴向能移动，可采用
整体或剖分式轴承座</td><td colspan="2" rowspan="2">J7，JS7</td></tr>
<tr><td rowspan="3">摆动载荷</td><td>轻、正常</td><td rowspan="2">电机、泵、曲轴主轴承</td></tr>
<tr><td>正常、重</td><td rowspan="5">轴向不移动，采用
整体式轴承座</td><td colspan="2">K7</td></tr>
<tr><td>重、冲击</td><td>牵引电机</td><td colspan="2">M7</td></tr>
<tr><td rowspan="3">旋转的
外圈载荷</td><td>轻</td><td>皮带张紧轮</td><td>J7</td><td>K7</td></tr>
<tr><td>正常</td><td rowspan="2">轮毂轴承</td><td>K7，M7</td><td>M7，N7</td></tr>
<tr><td>重</td><td>—</td><td>N7，P7</td></tr>
</table>

注：①并列公差带随尺寸的增大从左至右选择，对旋转精度有较高要求时，可相应提高一个公差等级。

②不适用于剖分式轴承座。

表 7-6　轴和轴承座孔的几何公差(摘自 GB/T 275—2015)

<table>
<tr><th rowspan="5">公称尺寸/mm</th><th colspan="4">圆柱度</th><th colspan="4">端面圆跳动</th></tr>
<tr><th colspan="2">轴颈</th><th colspan="2">轴承座孔</th><th colspan="2">轴肩</th><th colspan="2">轴承座孔肩</th></tr>
<tr><th colspan="8">轴承公差等级</th></tr>
<tr><th>0</th><th>6(6X)</th><th>0</th><th>6(6X)</th><th>0</th><th>6(6X)</th><th>0</th><th>6(6X)</th></tr>
<tr><th colspan="8">公差值/μm</th></tr>
<tr><td>>18～30</td><td>4</td><td>2.5</td><td>6</td><td>4</td><td>10</td><td>6</td><td>15</td><td>10</td></tr>
<tr><td>>30～50</td><td>4</td><td>2.5</td><td>7</td><td>4</td><td>12</td><td>8</td><td>20</td><td>12</td></tr>
<tr><td>>50～80</td><td>5</td><td>3</td><td>8</td><td>5</td><td>15</td><td>10</td><td>25</td><td>15</td></tr>
<tr><td>>80～120</td><td>6</td><td>4</td><td>10</td><td>6</td><td>15</td><td>10</td><td>25</td><td>15</td></tr>
<tr><td>>120～180</td><td>8</td><td>5</td><td>12</td><td>8</td><td>20</td><td>12</td><td>30</td><td>20</td></tr>
</table>

表 7-7　配合表面和端面的表面粗糙度(摘自 GB/T 275—2015)

<table>
<tr><th rowspan="4">轴或轴承座孔
直径/mm</th><th colspan="6">轴或轴承座孔配合表面直径公差等级</th></tr>
<tr><th colspan="2">IT7</th><th colspan="2">IT6</th><th colspan="2">IT5</th></tr>
<tr><th colspan="6">表面粗糙度 $Ra/\mu m$</th></tr>
<tr><th>磨</th><th>车</th><th>磨</th><th>车</th><th>磨</th><th>车</th></tr>
<tr><td>≤80</td><td>1.6</td><td>3.2</td><td>0.8</td><td>1.6</td><td>0.4</td><td>0.8</td></tr>
<tr><td>>80～500</td><td>1.6</td><td>3.2</td><td>1.6</td><td>3.2</td><td>0.8</td><td>1.6</td></tr>
<tr><td>端面</td><td>3.2</td><td>6.3</td><td>3.2</td><td>6.3</td><td>1.6</td><td>3.2</td></tr>
</table>

7.2 键与花键结合的互换性

7.2.1 键连接件的互换性

1. 概述

键和花键常用于轴与轴上的传动件(如齿轮、带轮等)之间的可折连接,用以传递扭矩和运动;当配合件之间要求做轴向移动时,还可以起导向作用。

键连接紧凑、简单、可靠、装拆方便、容易加工,在各种机械中得到广泛应用。

常用的键连接有平键、半圆键、楔键和切向键等几种。平键又可分为普通型平键、薄型平键和导向型平键;半圆键又可分为普通型半圆键和平底型半圆键;楔键又可分为普通型楔键、薄型楔键和钩头型楔键。其中以平键应用最广泛,平键及半圆键的形式及结构如表7-8所示。

表7-8 平键及半圆键的形式及结构

类型		图形	类型		图形
平键	普通型平键	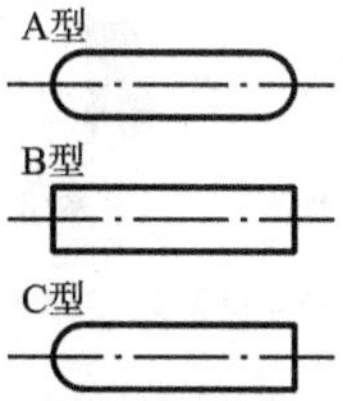 A型 B型 C型	平键	薄型平键	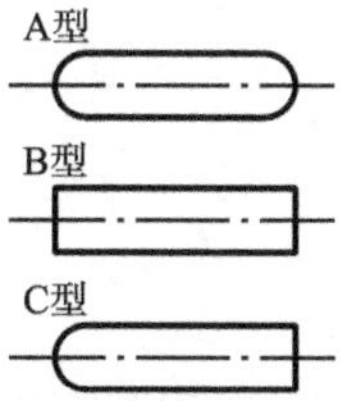 A型 B型 C型
平键	导向型平键	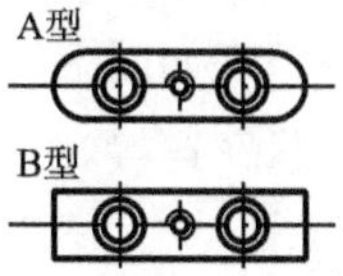 A型 B型	半圆键	普通型半圆键	
			半圆键	平底型半圆键	

我国现行的国家标准有GB/T 1095—2003《平键 键槽的剖面尺寸》、GB/T 1096—2003《普通型 平键》、GB/T 1097—2003《导向型 平键》、GB/T 1566—2003《薄型平键 键槽的剖面尺寸》、GB/T 1098—2003《半圆键 键槽的剖面尺寸》、GB/T 1568—2008《键 技术条件》等。

2. 键连接的公差与配合

键连接的配合尺寸是键和键槽宽，而键连接的配合性质也是以键与键槽宽的配合性质来体现的，如图 7-6 所示。

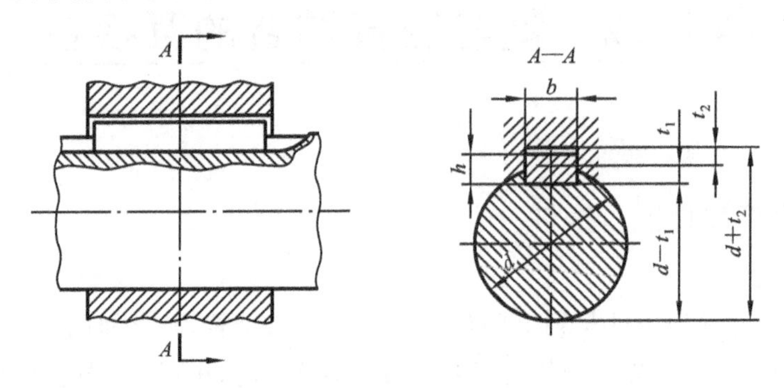

图 7-6　普通平键键槽的剖面尺寸

键连接由于键侧面同时与轴和轮毂键槽侧面连接，且键是标准件，可用标准的精拔钢制造，因此采用基轴制配合，其公差带如图 7-7 所示。

这里重点介绍平键的公差与配合。

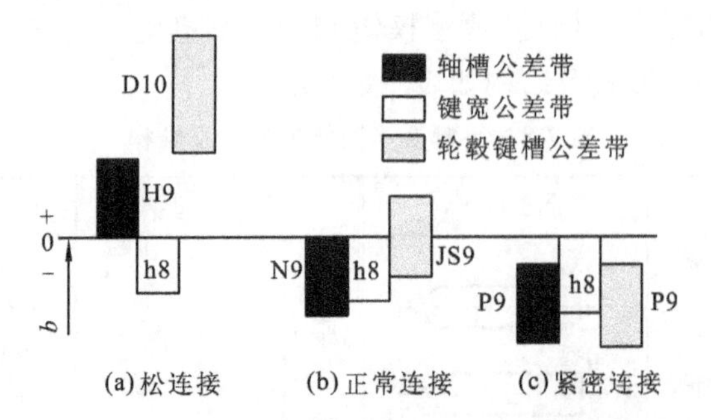

图 7-7　平键宽度和键槽宽度的公差带示意图

国家标准对键的宽度只规定了一种公差带 h8，对轴和轮毂键槽的宽度各规定有三种公差带，以满足不同用途的需要，其公差带如图 7-7 所示。键和键槽宽度公差带形成了三类配合，即松连接、正常连接和紧密连接，它们的应用如表7-9所示。

非配合尺寸公差规定如下：

t_1，t_2——如表 7-10 所示；L（轴槽长）——H14；L（键长）——h14；h——h11。各要素公差如表 7-10 和表 7-11 所示。

表 7-9　键连接的三类配合及其应用

配合种类	宽度 b 的公差带			应用
	键	轴键槽	轮毂键槽	
松连接	h8	H9	D10	主要用于导向平键。轮毂可在轴上作轴向移动
正常连接		N9	JS9	键在轴键槽及轮毂键槽中均固定，用于载荷不大的场合
紧密连接		P9	P9	键在轴键槽及轮毂键槽中均牢固地固定，主要用于载荷较大、载荷具有冲击性以及双向传递扭矩的场合

表 7-10　平键的键槽剖面尺寸及极限偏差（摘自 GB/T 1095—2003）　（mm）

键尺寸 $b\times h$	键槽											
	宽度 b						深度				半径 r	
	基本尺寸	偏差					轴 t_1		毂 t_2			
		正常连接		紧密连接	松连接		基本尺寸	极限偏差	基本尺寸	极限偏差	最小	最大
		轴（N9）	毂（JS9）	轴和毂（P9）	轴（H9）	毂（D10）						
8×7	8	0 −0.036	±0.018	−0.015 −0.051	+0.036 0	+0.098 +0.040	4.0	+0.2 0	3.3	+0.2 0	0.16	0.25
10×8	10						5.0		3.3		0.25	0.40
12×8	12	0 −0.043	±0.0215	−0.018 −0.061	+0.043 0	+0.120 +0.050	5.0		3.3			
14×9	14						5.5		3.8			
16×10	16						6.0		4.3			
18×11	18						7.0		4.4			
20×12	20	0 −0.052	±0.026	−0.022 −0.074	+0.052 0	+0.149 +0.065	7.5		4.9		0.40	0.60
22×14	22						9.0		5.4			
25×14	25						9.0		5.4			
28×16	28						10.0		6.4			

表 7-11　平键公差(摘自 GB/T 1096—2003)　(mm)

宽度 b	公称尺寸	8	10	12	14	16	18	20	22	25	28
	极限偏差 (h8)	0 −0.022		0 −0.027				0 −0.033			
高度 h	公称尺寸	7	8	8	9	10	11	12	14	14	16
	极限偏差 (h11)	0 −0.090					0 −0.110				

为了限制几何误差的影响,减少键与键槽装配困难,避免工作面受力不均等,在国家标准中,对键和键槽的几何公差作了如下规定。

(1) 键槽(轴槽及轮毂槽)的宽度 b 对轴及轮毂轴线的对称度　根据不同的功能要求和键宽基本尺寸 b,一般可按 GB/T 1184—1996《形状和位置公差　未注公差值》中对称度公差 7～9 级选取。

(2) 普通型平键、导向键和薄型平键　当键长 L 与键宽 b 之比大于或等于 8 时,键宽 b 的两侧面在长度方向的平行度应符合 GB/T 1184—1996《形状和位置公差 未注公差值》的规定,当 $b \leqslant 6$ mm 时按 7 级取值,当 $b \geqslant 8 \sim 36$ mm 时按 6 级取值,当 $b \geqslant 40$ mm 时按 5 级取值。

轴槽、轮毂槽的配合表面的表面粗糙度参数 Ra 值推荐为 1.6～3.2 μm,非配合表面的表面粗糙度参数 Ra 值为 6.3 μm。

3. 平键的标记

平键标记为:键型号　宽度×高度×长度。其中,型号分为 A、B、C 型,A 型型号可以省略。具体示例如下:

宽度 b=16 mm、高度 h=10 mm、长度 L=100 mm 的普通 A 型平键的标记为

键 16×10×100　　GB/T 1096—2003

7.2.2　花键连接件的互换性

1. 花键与花键连接

花键连接由内花键(花键孔)和外花键(花键轴)组成,分为固定连接与滑动连接两种。

与键连接相比,花键连接具有下列优点:①定心精度高;②导向性好;③承载能力强;④连接可靠。因而,花键连接在机械中获得了广泛应用。

按齿形的不同，花键分为矩形花键、渐开线花键和三角形花键，其中矩形花键应用最广泛。

2. 矩形花键

1）花键定心方式

GB/T 1144—2001 规定矩形花键的主要尺寸参数有小径 d、大径 D、键宽或键槽宽 B，如图 7-8 所示。

若要求大径 D、小径 d、键（槽）宽 B 这三个尺寸同时起配合定心作用，以保证内、外花键同轴是很困难的，而且也没必要。因此，为了改善其加工工艺性，只需将其中一个参数加工得较准确，使其起配合定心的作用。

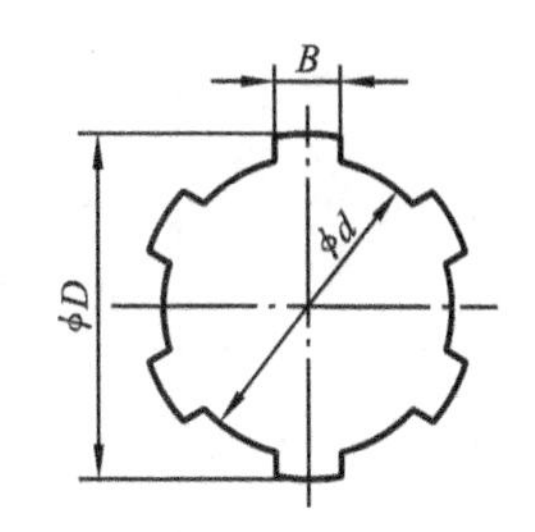

图 7-8 矩形花键的主要尺寸

由于扭矩的传递及导向是通过键和键槽两侧面来实现的，因此键宽和键槽宽不论是否作为定心尺寸，都要求有较高的尺寸精度。

根据定心要素的不同，分为三种定心方式：按大径 D 定心、按小径 d 定心、按键宽 B 定心，如图 7-9 所示。

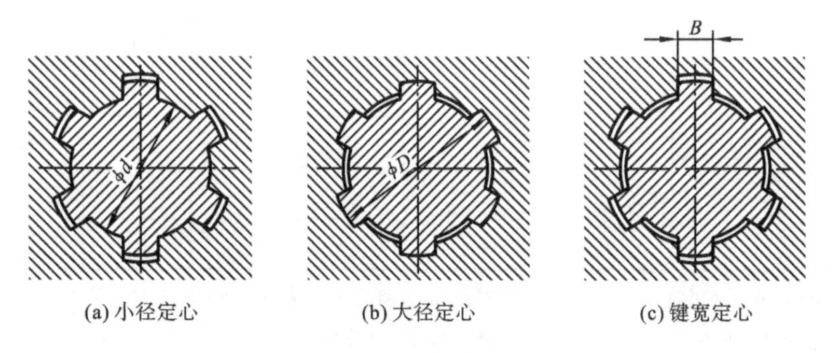

(a) 小径定心 (b) 大径定心 (c) 键宽定心

图 7-9 矩形花键连接的定心方式

国家标准 GB/T 1144—2001 规定，矩形花键用小径定心。这是因为从加工工艺性看，采用小径定心，内花键小径表面热处理后的变形可在内圆磨床上通过磨削修复，外花键小径表面可用成形砂轮磨削，而且磨削可以达到很高的尺寸精度和很低的表面粗糙度。因而，小径定心的定心精度更高，定心稳定性较好，使用寿命长，有利于产品质量的提高。同时，采用小径定心，与国际标准完全一致，便于技术引进，有利于机械产品的进、出口和技术交流。

2）矩形花键的尺寸公差与配合

GB/T 1144—2001 规定：矩形花键按装配形式分为滑动、紧滑动、固定三种。按精度高低，这三种装配形式各分为一般用途和精密传动用两种。内、外花键的定心小径、非定心大径和键宽(键槽宽)的尺寸公差带与装配形式如表 7-12 所示。

表 7-12　矩形花键的尺寸公差带与装配形式(摘自 GB/T 1144—2001)　　(mm)

内花键				外花键			
小径 d	大径 D	键槽宽 B		小径 d	大径 D	键宽 B	装配形式
		拉削后不进行热处理	拉削后热处理				
一般用途							
H7	H10	H9	H11	f7	a11	d10	滑动
				g7		f9	紧滑动
				h7		h10	固定
精密传动用途							
H5	H10	H7、H9		f5	a11	d8	滑动
				g5		f7	紧滑动
				h5		h8	固定
H6				f6		d8	滑动
				g6		f7	紧滑动
				h6		h8	固定

注：① 精密传动用的内花键，当需要控制键侧配合间隙时，槽宽可选 H7，一般情况下可选 H9；

② d 为 H6 和 H7 的内花键，允许与高一级的外花键配合。

为了减少花键拉刀和花键塞规的品种、规格，矩形花键连接采用基孔制配合。由于花键形位误差的影响，三种装配形式指明的配合皆分别比各自的配合代号所表示的配合紧些。此外，大径为非定心直径，所以内、外花键大径表面的配合采用较大间隙的配合。

各尺寸的极限偏差，可按其公差带代号及基本尺寸由公差与配合的国家标准相应给出。

小径的极限尺寸，应遵守 GB/T 4249—2009《产品几何技术规范(GPS) 公差原则》规定的包容要求。

3）矩形花键的形位公差

矩形花键的位置误差包括键和键槽两侧面的中心平面对小径定心表面轴线的对称度误差、键和键槽的等分度误差、键和键槽侧面对小径定心表面轴线的平行度误差、大径表面轴线对小径定心表面轴线的同轴度误差。其中，以对称度误差和等分度误差影响最大。因此，矩形花键的对称度误差和等分度误差通常采用位置度公差予以综合控制。矩形花键的位置度公差及标注如图 7-10 和表 7-13 所示。

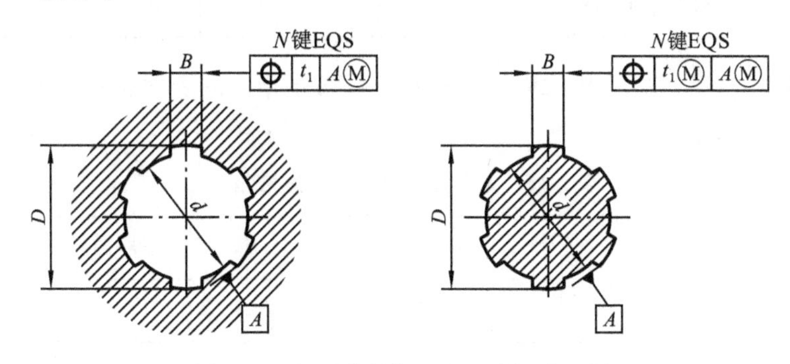

图 7-10　矩形花键位置度公差标注示例

表 7-13　位置度公差(摘自 GB/T 1144—2001)　(mm)

键槽宽或键宽 B			3	3.5～6	7～10	12～18
t_1	键　槽　宽		0.010	0.015	0.020	0.025
	键宽	滑动、固定	0.010	0.015	0.020	0.025
		紧滑动	0.006	0.010	0.013	0.016

当单件小批生产时，采用单项检验法，此时，规定键和键槽两侧面的中心平面对小径定心表面轴线的对称度公差及键和键槽的等分度公差。矩形花键的对称度公差按图 7-11 和表 7-14 的规定标注。键槽宽或键宽的等分度公差值等

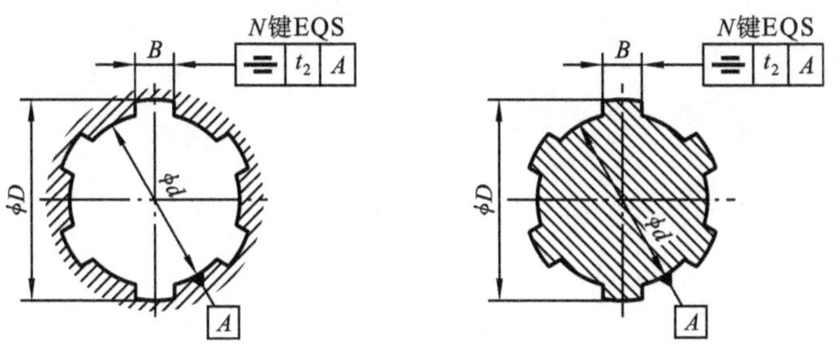

图 7-11　矩形花键对称度公差标注示例

于其对称度公差值,在图样上不必标出。

对较长的花键,可根据产品性能自行规定键槽对花键轴线的平行度公差。

表 7-14 对称度公差(摘自 GB/T 1144—2001) (mm)

键槽宽或键宽 B		3	3.5~6	7~10	12~18
t_2	一般用途	0.010	0.012	0.015	0.018
	精密传动用途	0.006	0.008	0.009	0.011

GB/T 1144—2003 中没有规定矩形花键各结合面的表面粗糙度参数值,可参考表 7-15 选用。

表 7-15 矩形花键表面粗糙度推荐值 (μm)

加工表面	内花键	外花键
	$Ra\leqslant$	
大径	6.3	3.2
小径	0.8	0.8
键侧	3.2	0.8

4) 矩形花键的标记

花键规格:键数×小径×大径×键宽。

其中,花键副应标注配合代号,内花键和外花键需标注尺寸公差带代号。具体示例如下。

花键键数 6,小径 23 $\frac{\text{H7}}{\text{f7}}$,大径 26 $\frac{\text{H10}}{\text{a11}}$,键宽 6 $\frac{\text{H11}}{\text{d10}}$的标记为

花键规格:6×23×26×6;

花键副:$6\times23\frac{\text{H7}}{\text{f7}}\times26\frac{\text{H10}}{\text{a11}}\times6\frac{\text{H11}}{\text{d10}}$ (GB/T 1144—2001);

内花键:6×23H7×26H10×6H11 (GB/T 1144—2001);

外花键:6×23f7×26a11×6d10 (GB/T 1144—2001)。

7.3 螺纹连接的互换性

7.3.1 普通螺纹的分类及使用要求

螺栓、螺柱、螺钉和螺母等专用连接件统称为“螺纹紧固件”。常用的螺纹紧固件的结构形式、尺寸大小和表面质量均有标准规定。表7-16列举了常见螺纹连接的分类，表7-17列举了各种用途螺纹连接的要求。

表7-16 螺纹连接的分类

分类方式	分类
按螺纹牙型	三角形螺纹、梯形螺纹、矩形螺纹、球螺纹
按螺距单位	寸制、米制
按牙型所处位置	内螺纹、外螺纹
按用途	紧固螺纹、密封螺纹、传动螺纹

表7-17 螺纹连接的要求

种类	作用	应用	互换性要求
紧固螺纹	紧固和可拆连接	普通螺纹	可旋合性和连接可靠
传动螺纹	传递动力和位移	丝杠和测微螺纹	传动准确，螺牙接触良好、耐磨
密封螺纹	密封	连接管道	结合紧密、不漏水、不漏气

7.3.2 螺纹几何参数

内、外螺纹旋合时，它们的牙型、直径(大径、中径、小径)、螺距(或导程)、线数和旋向必须一致，这五个要素就是“螺纹五要素”。常见的螺纹几何参数有以下几个。

大径(major diameter)是指与外螺纹牙顶或内螺纹牙底相切的假想圆柱面的直径。外螺纹用 d 表示，内螺纹用 D 表示。

小径(minor diameter)是指与外螺纹牙底或内螺纹牙顶相切的假想圆柱面的直径。外螺纹用 d_1 表示，内螺纹用 D_1 表示。

中径(pitch diameter)是一个假想圆柱的直径，该圆柱的母线通过牙型上沟槽和凸起宽度相等的地方。该假想圆柱称为中径圆柱。外螺纹中径用 d_2 表示，内螺纹中径用 D_2 表示。

螺距(pitch)是指相邻两牙在中径线上对应两点间的轴向距离，用 P 表示。需要注意的是不管是单线还是多线螺纹，螺距均是指相邻两牙同侧牙面轴向距离。

牙型角(thread angle)是指在螺纹牙型上，两相邻牙侧间的夹角。对于普通螺纹来说，其牙型角为 60°。另外在设计计算中常用的是牙型半角(half of thread angle)，所谓牙型半角是指牙型角的一半，对于理想的螺纹牙型，其为牙侧线与螺纹轴线的垂线间的夹角。理想普通螺纹的牙型半角为 30°。

原始三角形(fundamental triangle)是指形成螺纹牙型的三角形，其底边平行于中径圆柱的母线。由原始三角形顶点沿垂直于螺纹轴线方向到其底边的距离称为原始三角形高度(fundamental triangle height)，用 H 表示。

以上这些参数都可以表示在基本牙型(basic profile)上，如图 7-12 所示。所谓"基本牙型"，是指削去原始三角形的顶部和底部所形成的内、外螺纹共有的理论牙型。基本牙型的原始三角形为等边三角形。

在基本牙型上的大径、中径、小径分别称为基本大径(又称螺纹的公称直

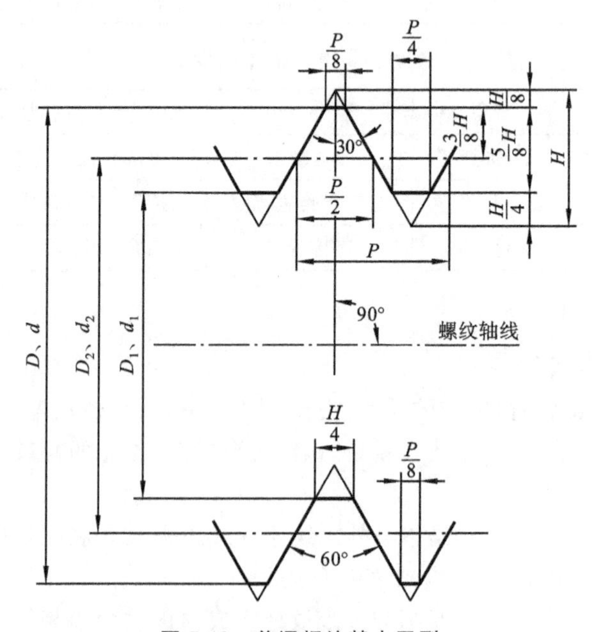

图 7-12　普通螺纹基本牙型

径)、基本中径、基本小径;基本牙型上的尺寸称为基本尺寸。

7.3.3 螺纹几何参数对互换性的影响

影响螺纹连接互换性的主要几何参数误差有大径偏差、小径偏差、中径偏差、牙型半角偏差、螺距偏差。由于螺纹旋合时主要是利用牙侧螺旋面完成功能,所以与之相关的中径、牙型半角和螺距偏差是影响螺纹旋合性的主要因素,分述如下:

1. 大、小径偏差对于螺纹互换性的影响

对用于旋合的一对螺纹来说,假设内螺纹没有误差:如果外螺纹大径或小径过大,会在旋合过程中发生干涉,不能完成连接;如果外螺纹大径或小径过小,会使相互旋合的螺旋面接触面积减小,影响连接强度。

通常,螺纹加工后在内螺纹的大径和外螺纹的小径处均留有一圆弧,这使得实际旋合时内、外螺纹的大径之间或小径之间并不直接接触。因而,内螺纹的大径和外螺纹的小径对旋合的影响可以忽略,需要考虑的是外螺纹的小径和内螺纹的大径,而由于旋合时存在间隙,此类影响较小。

2. 中径偏差对于螺纹互换性的影响

中径偏差是指中径的实际尺寸与中径的基本尺寸之间的代数差。类似于大径或小径偏差,中径偏差直接影响螺纹的可旋合性和连接强度,不同的是中径处螺牙侧面直接接触,对连接互换性的影响较大。

3. 牙型半角误差对于螺纹互换性的影响

牙型半角误差是指牙型半角的实际值与基本牙型半角之间的代数差。常见的情况有两种,实际牙型半角大于基本牙型半角或实际牙型半角小于基本牙型半角,由于两者类似,只需观察其中一种情形。

为使问题简化,假设内螺纹具有基本牙型,没有误差,外螺纹的中径和螺距亦无误差,分别与内螺纹相同,只是外螺纹的牙型半角出现偏差,并且导致牙型角小于基本牙型角,如图 7-13 所示。

显然,此时外螺纹不能顺利旋入。但是如果将中径下移,使位于 AD 处的外螺纹牙侧下降至 BC 处,则旋合正常。

图中,AB 即为中径线需要调整下移量,对于完整螺纹来说,中径需减小两倍 AB 段距离,设为 $f_{\frac{\alpha}{2}}$,$\angle ABC$ 为实际牙型半角,$\angle BAD$ 为理想牙型半角,大小为$\frac{\pi}{12}$,则

$$\angle ACB = \angle DAB - \angle ABC$$

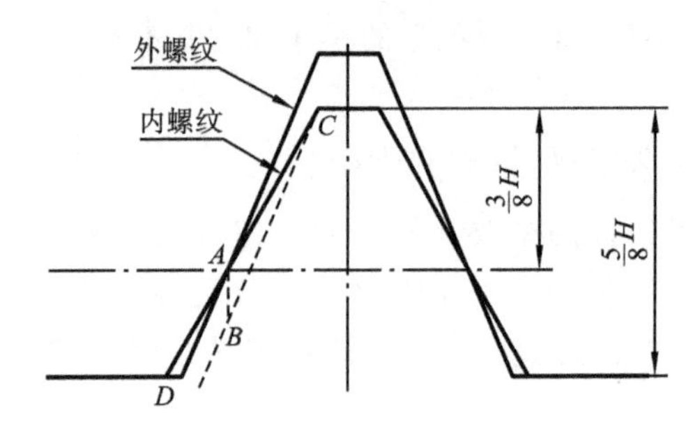

图 7-13 牙型半角偏差

即为牙型半角偏差,设为 $\Delta\frac{\alpha}{2}$。在$\triangle ABC$中,利用正弦定理有

$$\frac{\frac{f_{\frac{\alpha}{2}}}{2}}{\sin\Delta\frac{\alpha}{2}}=\frac{\overline{AC}}{\sin\left(\frac{\alpha}{2}-\Delta\frac{\alpha}{2}\right)}$$

其中

$$\overline{AC}=\frac{3H}{8\cos\left(\frac{\alpha}{2}\right)}$$

考虑到 $\Delta\frac{\alpha}{2}$很小,故

$$\sin\Delta\frac{\alpha}{2}\approx\Delta\frac{\alpha}{2}$$

$$\sin\left(\frac{\alpha}{2}-\Delta\frac{\alpha}{2}\right)\approx\sin\frac{\alpha}{2}$$

所以

$$f_{\frac{\alpha}{2}}=\frac{0.44H}{\sin\alpha}\cdot\left|\Delta\frac{\alpha}{2}\right|$$

类似的,若外螺纹牙型角大于基本牙型角,则中径减小量为

$$f_{\frac{\alpha}{2}}=\frac{0.291H}{\sin\alpha}\cdot\left|\Delta\frac{\alpha}{2}\right|$$

以上各式中,$\Delta\frac{\alpha}{2}$以“分”计,H 以毫米计。

可见牙型半角偏差也和中径偏差相关,通过改变中径的大小即可调整牙型半角偏差。显然,对于外螺纹来说,总是需要通过减小中径(或增大与之旋合的内螺纹的中径)来消除半角偏差带来的旋合干涉;对于内螺纹来说,则总是需要通过增大中径(或减小与之旋合的外螺纹的中径)来消除半角偏差带来的旋合干涉。

对于已加工好的螺距或牙型半角存在偏差的外螺纹，由于它只能与一个中径较大的内螺纹旋合，如果此时内螺纹具有理想的螺距和牙型半角，且在旋合长度内，恰好完全包容外螺纹，则内螺纹的中径即为外螺纹的作用中径。对于螺距或牙型半角存在偏差的内螺纹，情况与外螺纹类似。

4. 螺距误差对于螺纹互换性的影响

螺距误差包括单个螺距偏差和螺距累积误差。单个螺距偏差是指单个螺距的实际尺寸与其在基本牙型上的尺寸的代数差；螺距累积误差是指在规定的螺纹长度内(通常为螺纹的旋合长度[1]内)，任意同名牙侧与中径线交点间的实际轴向距离与其基本值之差的最大绝对值。通常，前者与旋合长度无关，后者与旋合长度有关，单个螺距偏差最终引起螺距累积误差。这类误差会影响螺纹的旋合性和连接强度。

为便于分析，假设内螺纹具有理想的牙型，外螺纹仅存在螺距误差且螺距大于内螺纹的螺距，在几个螺牙长度上，螺距累计误差为 ΔP_{Σ}，这将引起牙侧处的干涉。为避免产生干涉可把外螺纹的实际中径减小 f_{p}或把内螺纹增大 f_{p}。f_{p}称为螺距误差的中径当量。通过图 7-14 中的$\triangle ABC$ 可以计算出 $f_{p}=1.732|\Delta P_{\Sigma}|$。

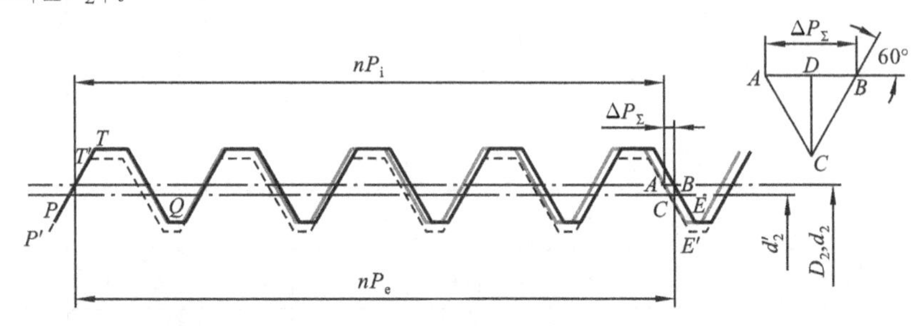

图 7-14 螺距误差

中径偏差是决定内、外螺纹能否顺利旋合的主要因素，螺距偏差与牙型半角偏差可用中径偏差等效。因此，对螺纹中径偏差作出限制——给定中径公差，这是保证螺纹互换性的主要方式。

7.3.4 普通螺纹的公差与配合

与一般孔、轴公差类似，通常使用螺纹公差带示意图来直观地显示对螺纹

[1] 所谓螺纹旋合长度，是指两个相互配合的螺纹沿螺纹轴线方向相互旋合部分的长度。螺纹旋合长度是螺纹连接中真正承载载荷的一段作用长度，其除以螺距就是螺纹旋合的扣数，螺纹每扣的受力情况决定了螺纹连接强度，所以此参数直接和螺纹的连接强度相关。

误差的限定范围。螺纹公差带示意图需要三个基本要素:基本牙型(设计和计算的基准)、公差带的大小(公差值)、公差带的位置(基本偏差)。

国家标准 GB/T 197—2003《普通螺纹　公差》分别对影响螺纹互换性相关参数公差带的大小和位置进行了标准化,使得各参数公差带的大小形成了不同的公差等级,各参数公差带的位置形成了不同的基本偏差系列。

1. 普通螺纹公差等级

GB/T 197—2003 分别对内螺纹的小径,外螺纹的大径,内、外螺纹的中径公差带的大小,规定了不同的公差等级。其中:对内螺纹小径 D_1、内螺纹中径 D_2 各规定了 4、5、6、7、8 五个公差等级;对外螺纹大径 d 规定了 4、6、8 三个公差等级;对外螺纹中径规定了 3、4、5、6、7、8、9 七个公差等级。公差等级数越大则公差值越大,其允许误差也越大。具体各级公差值如表 7-18、表 7-19 所示。由于内螺纹的加工较外螺纹困难,考虑到工艺等价性原则,对同一公差等级,内螺纹中径公差值比外螺纹中径公差值大 32%左右。

表 7-18　常用内螺纹小径、外螺纹大径公差值表(摘自 GB/T 197—2003)　(μm)

螺距 P /mm	内螺纹小径公差等级					外螺纹大径公差等级		
	4	5	6	7	8	4	6	8
0.25	45	56	—	—	—	42	67	—
0.35	63	80	100	—	—	53	85	—
0.4	71	90	112	—	—	60	95	—
0.45	80	100	125	—	—	63	100	—
0.5	90	112	140	180	—	67	106	—
0.75	118	150	190	236	—	90	140	—
0.8	125	160	200	250	315	95	150	236
1	150	190	236	300	375	112	180	280
1.25	170	212	265	335	425	132	212	335
1.5	190	236	300	375	475	150	236	375
1.75	212	265	335	425	530	170	265	425
2	236	300	375	475	600	180	280	450
2.5	280	355	450	560	710	212	335	530

表 7-19　常用普通螺纹中径公差值表(摘自 GB/T 197—2003)　(μm)

基本大径 D /mm		螺距 P /mm	内螺纹中径公差等级					外螺纹中径公差等级						
>	≤		4	5	6	7	8	3	4	5	6	7	8	9
2.8	5.6	0.35	56	71	90	—	—	34	42	53	67	85	—	—
		0.5	63	80	100	125	—	38	48	60	75	95	—	—
		0.75	75	95	118	150	—	45	56	71	90	112	—	—
		0.8	80	100	125	160	200	48	60	75	95	118	150	190
5.6	11.2	0.75	85	106	132	170	—	50	63	80	100	125	—	—
		1	95	118	150	190	236	56	71	90	112	140	180	224
		1.25	100	125	160	200	250	60	75	95	118	150	190	236
		1.5	112	140	180	224	280	67	85	106	132	170	212	265
11.2	22.4	1	100	125	160	200	250	60	75	95	118	150	190	236
		1.25	112	140	180	224	280	67	85	106	132	170	212	265
		1.5	118	150	190	236	300	71	90	112	140	180	224	280
		1.75	125	160	200	250	315	75	95	118	150	190	236	300
		2	132	170	212	265	335	80	100	125	160	200	250	315
		2.5	140	180	224	280	355	85	106	132	170	212	265	335

2. 普通螺纹基本偏差

GB/T 197—2003 对内、外螺纹公差带相对于基本牙型的位置规定了不同的基本偏差，并用字母表示，其中内螺纹使用大写字母，外螺纹使用小写字母。

对内螺纹规定了 G、H 两个基本偏差位置，都为下偏差；对外螺纹规定了 e、f、g、h 四个基本偏差位置，其均为上偏差；其中，H、h 基本偏差为零，G 的基本偏差为正值，e、f、g 的基本偏差为负值，如表7-20所示。

表 7-20　常用普通螺纹基本偏差(摘自 GB/T 197—2003)　(μm)

螺距 P /mm	内螺纹		外螺纹			
	G	H	e	f	g	h
	下偏差(EI)		上偏差(es)			
0.25	+18	0	—	—	−18	0
0.35	+19	0	—	−34	−19	0
0.4	+19	0	—	−34	−19	0

续表

螺距 P /mm	内螺纹		外螺纹			
	G	H	e	f	g	h
	下偏差(EI)		上偏差(es)			
0.45	+20	0	—	−35	−20	0
0.5	+20	0	−50	−36	−20	0
0.75	+22	0	−56	−38	−22	0
0.8	+24	0	−60	−38	−24	0
1	+26	0	−60	−40	−26	0
1.25	+28	0	−63	−42	−28	0
1.5	+32	0	−67	−45	−32	0
1.75	+34	0	−71	−48	−34	0
2	+38	0	−71	−52	−38	0
2.5	+42	0	−80	−58	−42	0

类似于一般的孔、轴公差带,将表示螺纹公差等级的数字和表示螺纹基本偏差的字母组合在一起,就构成了螺纹公差带的符号表示。

7.3.5 普通螺纹公差与配合的选用

由于螺距累积偏差和旋合长度有关,使得旋合长度对螺纹的旋合性也产生了影响,旋合长度越长,螺距累积偏差对旋合的影响越大。所以,国家标准对旋合长度也作了相关规定:将旋合长度分为三组,分别为短旋合长度组(用 S 表示)、中等旋合长度组(用 N 表示)和长旋合长度组(用 L 表示)。各组长度范围如表 7-21 所示。

表 7-21 普通螺纹的旋合长度(摘自 GB/T 197—2003) (mm)

基本大径 D、d		螺距 P	旋合长度			
			S	N		L
>	≤		≤	>	≤	>
2.8	5.6	0.35	1	1	3	3
		0.5	1.5	1.5	4.5	4.5
		0.75	2.2	2.2	6.7	6.7
		0.8	2.5	2.5	7.5	7.5

续表

基本大径 D、d		螺距 P	旋合长度			
			S	N		L
>	≤		≤	>	≤	>
5.6	11.2	0.75	2.4	2.4	7.1	7.1
		1	3	3	9	9
		1.25	4	4	12	12
		1.5	5	5	15	15
11.2	22.4	1	3.8	3.8	11	11
		1.25	4.5	4.5	13	13
		1.5	5.6	5.6	16	16
		1.75	6	6	18	18
		2	8	8	24	24
		2.5	10	10	30	30

正因为旋合长度会对普通螺纹的互换性产生影响，所以在选择螺纹公差带时必须考虑旋合长度。通常，由螺纹公差带和旋合长度共同组成的衡量螺纹质量的综合指标称为螺纹的公差精度(tolerance quality)。对于普通螺纹，国家标准规定了三种公差精度，分别为精密级、中等级和粗糙级。每一种公差精度包含若干公差带和旋合长度组的组合，显然，过多的上述组合必将导致定值刀具和量具的增多，因此，国家标准分别针对内、外螺纹制定了各公差精度中推荐使用的公差等级(见表7-22、表7-23)，表中加框的组合表示第一选择，不加括号或框的组合表示第二选择，加括号的组合表示第三选择。除非特殊情况，最好不要选择表格以外的公差等级。

表7-22　内螺纹的推荐公差带(摘自GB/T 197—2003)

公差精度	公差带位置G			公差带位置H		
	S	N	L	S	N	L
精密	—	—	—	4H	5H	6H
中等	(5G)	6G	(7G)	5H	6H	7H
粗糙	—	(7G)	(8G)	—	7H	8H

表 7-23 外螺纹的推荐公差带(摘自 GB/T 197—2003)

公差精度	公差带位置 e			公差带位置 f			公差带位置 g			公差带位置 h		
	S	N	L	S	N	L	S	N	L	S	N	L
精密	—	—	—	—	—	—	—	(4g)	(5g4g)	(3h4h)	4h	(5h4h)
中等	—	6e	(7e6e)	—	6f	—	(5g6g)	6g	(7g6g)	(5h6h)	6h	(7h6h)
粗糙	—	(8e)	(9e8e)	—	—	—	—	8g	(9g8g)	—	—	—

实际中,通常按照以下原则进行选择。

(1) 三种公差精度中,精密级主要用于精密螺纹,中等级用于一般用途,粗糙级则用于加工比较困难的场合,如较深盲孔上的螺纹等。

(2) 如果旋合长度未知,推荐选用中等旋合长度组(N)。

(3) 两表中,任意一内螺纹都能与一外螺纹形成配合。但为了保证两螺纹间有足够的重叠,应优先选用 H/g、H/h 或 G/h 组合。如果公称直径小于或等于 1.4 mm,则应优先选用 5H/6h、4H/6h 或更精密的组合。

7.3.6 螺纹标记方法

普通螺纹的完整标记有螺纹特征代号(M)、尺寸代号(公称直径 D/d,导程 Ph,螺距 P)、螺纹公差代号、旋合长度代号或数值(S、N、L)和旋向代号(左旋 LH,右旋省略不标)组成。由于普通螺纹通常都是作为标准件直接选型的,除了非标准螺纹需要绘制牙型图之外,一般只需在图样上标注出所选普通螺纹的规格参数即可。

普通螺纹的标记格式如下:

(1)单线螺纹

特征代号公称直径×螺距—公差带代号—旋合长度代号—旋向代号

例如螺纹标记 M10-5g6g 表示粗牙普通外螺纹,公称直径为 10 mm,中径公差带为 5g,大径公差带为 6g。

特别对于细牙螺纹,需要标出公称直径和螺距。例如螺纹标记 M10×1-5g6g 表示细牙普通外螺纹,公称直径为 10 mm,螺距为 1 mm,中径公差带为 5g,大径公差带为 6g。

如需给出配合则使用内螺纹公差带后跟外螺纹公差带,二者中间使用“/”隔开的形式给出。如:M20×2-6H/5g6g。

(2)多线螺纹

特征代号公称直径×Ph 导程+P 螺距—公差带代号—旋合长度代号—旋

向代号

例如螺纹标记 M14×$Ph6P2$-7H-L-LH 表示线数为 3 的多线内螺纹，公称直径为 14 mm，螺距为 2 mm，中、大径公差带均为 7H，长旋合长度，旋向左旋。

本章重点与难点

重点

1. 滚动轴承和座孔、轴颈结合的公差与配合。
2. 平键的公差与配合。
3. 矩形花键的定心方式，内、外花键结合的公差与配合。
4. 普通螺纹的公差带与配合。
5. 普通螺纹的标注。

难点

1. 滚动轴承的公差项目。
2. 螺纹几何参数对其互换性的影响。

思考与练习

1. 按照承受载荷的方向，滚动轴承可分几类？分别具有怎样的形式？

2. 如何理解滚动轴承所具有的两类互换性？

3. 国家标准对于滚动轴承的公差等级是如何规定的？都涉及哪些公差项目？

4. 在装配图上标注滚动轴承所形成的配合与一般意义上的孔、轴配合的标注有何不同？

5. 滚动轴承内、外径公差带有何特点？

6. 一圆柱齿轮减速器，有固定的外圈载荷，小齿轮轴要求较高的旋转精度，装有 0 级单列深沟球轴承（型号为 310），轴承尺寸为 50 mm×110 mm×27 mm，额定动载荷 C=32 000 N，径向载荷 P=4 000 N。试确定与轴承配合的轴和轴承座孔的要求。

7. 平键连接为什么只对键和键槽的宽度规定较严的公差？

8. 对矩形花键连接，国家标准为什么要规定以小径定心？

9. 某矩形花键规格为 6×26 mm×30 mm×6 mm。按一般用途紧配合,试确定:(1)该矩形花键的配合;(2)内、外花键各部分尺寸的极限偏差;(3)几何公差;(4)各个表面的粗糙度;(5)将所确定的各项内容标注在图样上。

10. 国家标准对普通螺纹的公差等级是如何规定的?

11. 国家标准对普通螺纹的基本偏差是如何规定的,与一般的孔、轴基本偏差有何不同?

12. 影响螺纹互换性的主要参数有哪些?各参数的影响是什么?

13. 一对螺纹配合代号为 M20×2-6H/5g6g,试通过查表写出内、外螺纹的公称直径,大、小、中径公差,极限偏差和极限尺寸。

14. 解释下列螺纹标记中各代号的含义:(1)M20-6H;(2)M30×2-6H/5g6g-S。

第8章 渐开线圆柱齿轮的互换性

齿轮传动是传统、典型和重要的机械传动方式之一。合理地设计与选择齿轮精度，不仅是保证齿轮传递运动和动力要求的基础，也是降低齿轮的检测成本和提高使用寿命的重要保证。我国发布了两项渐开线圆柱齿轮精度和四项有关圆柱齿轮精度检验实施规范的指导性技术文件及其检测细则，即 GB/T 10095.1～2—2008《圆柱齿轮 精度制》和 GB/Z 18620.1～4—2008《圆柱齿轮检验实施规范》。

本章要求掌握的基本内容是：①了解和掌握齿轮的国家标准及分类；②了解各种齿轮检测项目的内涵、特点和应用场合；③了解和掌握不同精度组中不同项目之间的互补性和包含性；④根据齿轮传动功能和精度要求，合理设计或选择齿轮的精度指标组及齿侧间隙。

8.1 概　　述

8.1.1 齿轮传动及其使用要求

作为用来传递运动或动力的齿轮，在使用要求方面因用途不同而各有侧重，可归纳为以下四个方面。

1. 传递运动的准确性

齿轮传递运动的准确性要求齿轮在旋转一周范围内传动比的变化尽量小，使得从动件与主动件的运动协调一致，即最大的转角误差（绝对值）不得超过一定的限度。图 8-1 所示为齿轮啮合的转角误差图。

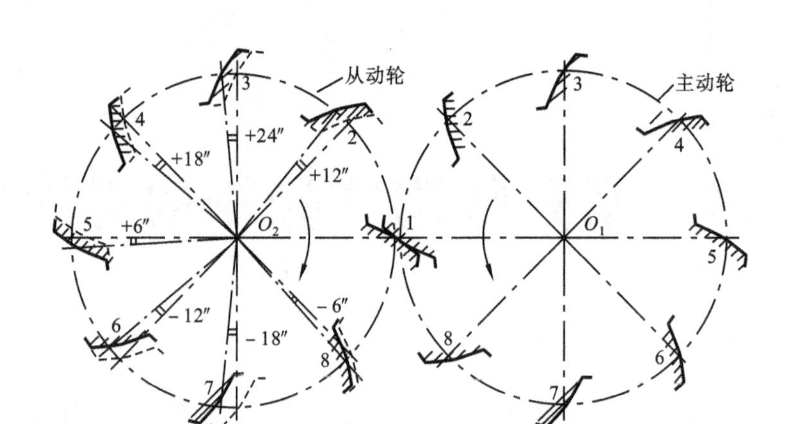

图 8-1　齿轮啮合的转角误差图

2. 传动的平稳性

齿轮传动的平稳性要求齿轮传动的瞬时传动比变化不大，即齿轮在一个较小角度范围内(一般指一个齿距角)转角误差的变化不得超过一定的限度。瞬时传动比的突然变化，会引起冲击、产生振动和噪声，从而影响其传动的平稳性。齿轮传递运动的不准确和不平稳都是由齿轮传动比变化引起的，两者同时存在、相互叠加。

3. 齿面载荷分布的均匀性

齿面载荷分布的均匀性是要求齿轮啮合时，工作齿面接触良好(见图 8-2)，以避免载荷集中于局部齿面，引起接触应力增大，造成齿面局部磨损加剧，影响齿轮的使用寿命，甚至导致轮齿断裂。

4. 合理的齿侧间隙

齿轮副的侧隙(简称侧隙)是指相互啮合的齿轮副的工作齿面接触时，相邻的两个非工作齿面之间具有的间隙(见图 8-3)，是齿轮与轴、轴承、箱体等零部

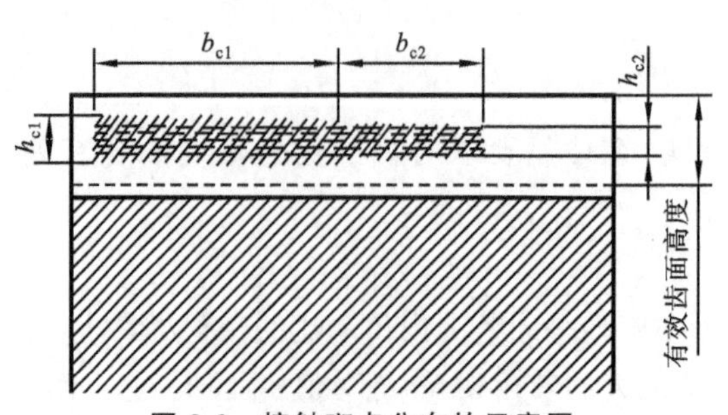

图 8-2　接触斑点分布的示意图

(摘自 GB/Z 18620.4—2008 P15 图 18)

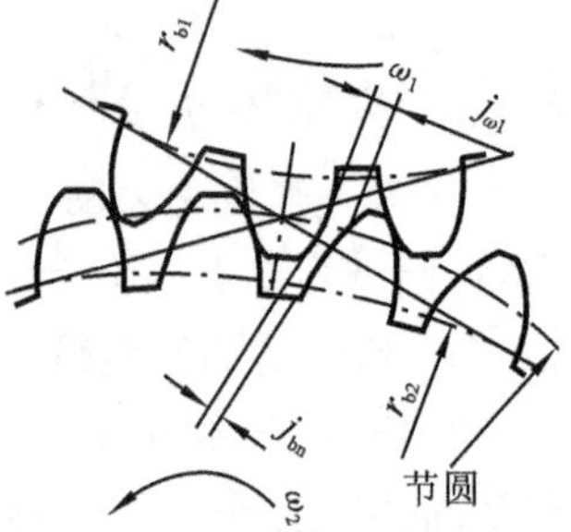

图 8-3　齿轮的传动侧隙

件装配后形成的。齿轮副通常是在单面啮合的状态下工作的，在工作齿面间需要油膜来保证正常的润滑；在非工作齿面间，则需要适当的间隙储藏润滑油，补偿齿轮传动受力后的弹性变形、齿轮和箱体的热变形、齿轮的加工误差以及齿轮副的安装误差等。

8.1.2 齿轮的加工误差

齿轮的各项偏差都是在加工过程中形成的，是由工艺系统中齿轮坯、齿轮机床、刀具三个方面的各个工艺因素决定的。按其方向特征，可分为以下四类(见图 8-4)。

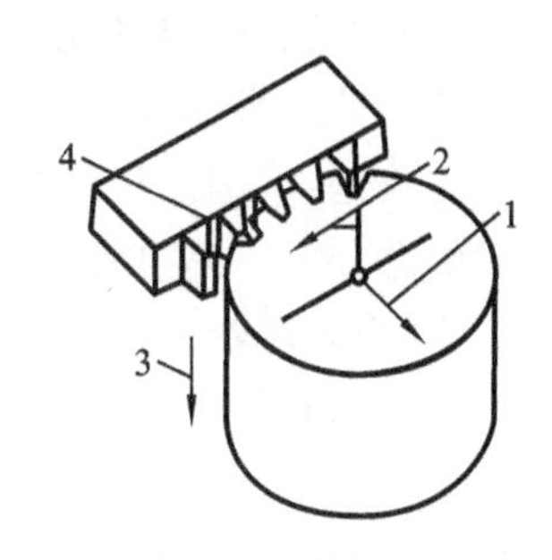

图 8-4 齿轮加工误差

1—径向误差；2—切向误差；
3—轴向误差；4—刀具产形面的误差

1. 径向误差

刀具与被切齿轮之间径向距离的偏差。它是由齿坯在机床上的定位误差、刀具的径向跳动、齿坯轴或刀具轴位置的周期变动引起的。

2. 切向加工误差

刀具与工件的展成运动遭到破坏或分度不准确而产生的加工误差。机床运动链各构件的误差(主要是最终的分度蜗轮副的误差)或机床分度盘和展成运动链中进给丝杠的误差，是产生切向误差的根源。

3. 轴向误差

刀具沿工件轴向移动产生的加工误差。它主要是由于机床导轨的不精确、齿坯轴线的歪斜所造成的，对于斜齿轮，机床运动链也有影响。轴向误差破坏齿的纵向接触，对斜齿轮还破坏齿高接触。

4. 齿轮刀具产形面的误差

齿轮刀具产形面的误差是由于刀具产形面的近似造形，或由于其制造和刃磨误差而产生的。此外由于进给量和刀具切削刃数目有限，切削过程断续也产生齿形误差。刀具产形面偏离精确表面的所有形状误差，使齿轮产生齿形误差，在切削斜齿轮时还会引起接触线误差。刀具产形面和齿形角误差，使工件产生基节偏差和接触线方向误差，从而影响直齿轮的工作平稳性，并破坏直齿轮和斜齿轮的全齿高接触。

8.2 渐开线圆柱齿轮精度的评定指标

渐开线圆柱齿轮精度评定指标包括单个齿轮轮齿的精度指标、与齿轮副侧隙有关的偏差指标和齿轮坯精度指标。在齿轮新标准中，齿轮误差、偏差统称为齿轮偏差，将偏差与公差共用一个符号表示，例如 F_α 既表示齿廓总偏差，又表示齿廓总公差。单项要素测量所用的偏差符号用小写字母(如 f)加上相应的下标组成，而表示若干单项要素偏差组成的"累积"或"总"偏差所用的符号，采用大写字母(如 F)加上相应的下标表示。

8.2.1 轮齿同侧齿面偏差

1. 齿距偏差

(1) 单个齿距偏差(f_{pt})是指在齿轮端平面上，在接近齿高中部一个与齿轮轴线同心的圆上，实际齿距与理论齿距的代数差。单个齿距偏差是评定齿轮几何精度的基本项目，同时也是决定综合误差的主要因素，它直接影响齿轮上齿内的转角误差。在评定该指标时，取测得值中绝对值最大的数值 f_{ptmax} 作为评定值(见图 8-5)。图中虚线代表理论齿廓，实线代表实际齿廓。单个齿距偏差的合格条件是所有测得的单个齿距偏差都在单个齿距偏差 $\pm f_{pt}$ 的范围内，即 $|f_{ptmax}| \leqslant f_{pt}$。

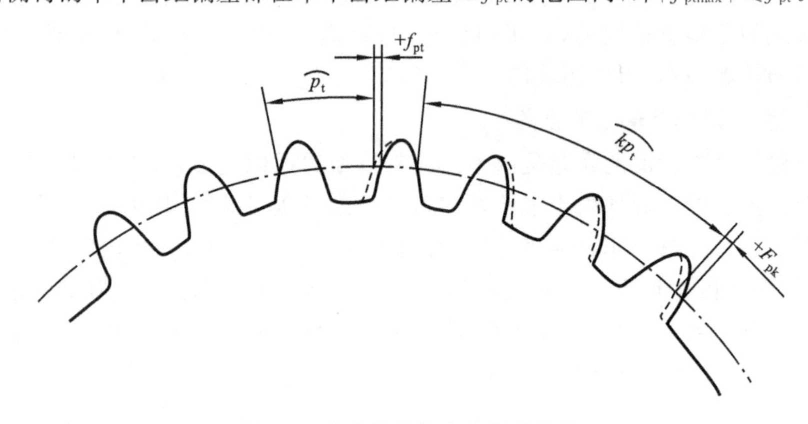

图 8-5 齿距偏差与齿距累积偏差

(摘自 GB/T 10095.1—2008 图 1)

(2) 齿距累积偏差(F_{pk})是指在齿轮端平面上,在接近齿高中部的一个与齿轮基准轴线同心的圆上,任意 k 个齿距的实际弧长与理论弧长的代数差(见图 8-5)。理论上它等于这 k 个齿距的单个齿距偏差的代数和。通常,取其中绝对值最大的数值 F_{pkmax}作为评定值。该偏差主要限制齿距累积偏差在整个圆周上分布的不均匀性,避免齿距累积偏差在局部圆周集中而产生较大的转角误差,影响齿轮工作的准确性以及平稳性。

(3) 齿距累积总偏差(F_p)是指齿轮同侧齿面任意圆弧段($k=1$ 至 $k=z$)内的最大齿距累积偏差,即任意两个同侧齿面间的实际弧长与理论弧长的代数差中的最大绝对值。它表现为齿距累积偏差曲线的总幅值(见图 8-6)。齿距累积总偏差反映了以齿轮一转为周期的转角误差,可以代替切向综合偏差的测量。

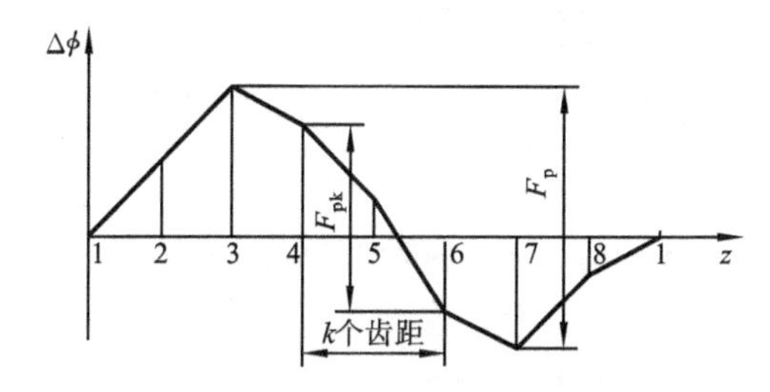

图 8-6 齿距累积总偏差 F_p 与齿距累积偏差 F_{pk}

测量一个齿轮的 F_p 和 F_{pk}时,它们的合格条件是:实际齿距累积总偏差不大于齿距累积总偏差 F_p,所有的 F_{pk} 都在齿距累积偏差 $\pm F_{pk}$ 的范围之内,即 $|F_{pkmax}| \leqslant F_{pk}$。齿距累积偏差反映了一个齿距和一周内任意个齿距的最大变化,直接反映齿轮的转角误差,是几何偏心和运动偏心的综合结果,可以较全面地反映齿轮的传递运动准确要求和平稳要求。

2. 齿廓偏差

齿廓偏差是指实际齿廓偏离设计齿廓的量。它在齿轮端平面内且垂直于渐开线齿廓的方向计值(见图 8-7)。

(1) 齿廓总偏差(F_α)是指在齿廓计值范围 L_α 内,包容实际齿廓迹线的两条设计齿廓迹线之间的距离。

(2) 齿廓形状偏差($f_{f\alpha}$)是在齿廓计值范围内,包容实际齿廓迹线的两条与平均齿廓迹线完全相同的曲线间的距离,且两条曲线与平均齿廓迹线的距离为常数。

(3) 齿廓倾斜偏差($f_{H\alpha}$)是指在计值范围的两端与平均齿廓迹线相交的两条设计齿廓迹线的距离。

齿廓偏差通常用渐开线检查仪来测量。评定齿轮传动平稳性的精度时,应在被测齿轮圆周上测量均匀分布的三个轮齿或更多轮齿左、右齿面的齿廓偏

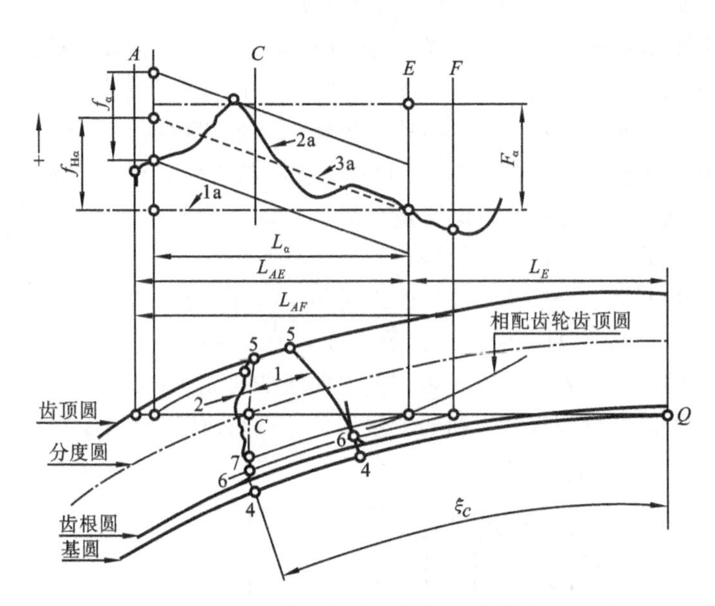

图 8-7　齿轮齿廓图和齿廓偏差示意图

(摘自 GB/Z 18620.1—2008 图 16)

差,取其中的最大值 $F_{\alpha\max}$ 作为评定值。如果 $F_{\alpha\max}$ 不大于齿廓总偏差 F_α,即 $F_{\alpha\max}\leqslant F_\alpha$,则表示齿廓总偏差合格。

3. 切向综合偏差

(1) 切向综合总偏差(F_i')是指被测齿轮与测量齿轮进行单面啮合检验时,被测齿轮一周内,齿轮分度圆上实际圆周位移与理论圆周位移(分度圆弧长)的最大差值(见图 8-8)。

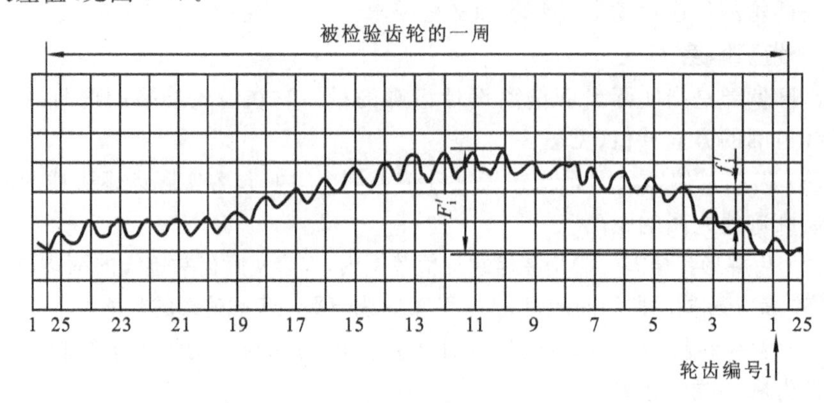

图 8-8　切向综合偏差

(摘自 GB/T 10095.1—2008 图 4)

(2) 一齿切向综合偏差(f'_i)是指一个齿距内的切向综合偏差值。当对被测齿轮做单面啮合检验时,在被测齿轮一个齿距内,齿轮分度圆上实际圆周位移与理论圆周位移(分度圆弧长)的最大差值,如图 8-8 中所示小波纹的幅度值。

切向综合偏差是在单面啮合综合检查仪(简称单啮仪)上进行测量的。切向综合偏差是几何偏心、运动偏心以及各种短周期误差的综合反映。其中,切向综合总偏差反映齿轮传动的准确性,而一齿切向综合偏差则反映齿轮工作时引起振动、冲击和噪声等的高频运动误差的大小,直接与齿轮的工作平稳性相联系。

4. 螺旋线偏差

螺旋线偏差是指在端面基圆切线方向上测得的实际螺旋线偏离设计螺旋线的量。

(1) 螺旋线总偏差(F_β)是指在齿轮齿宽计值范围内,包容实际螺旋线迹线的两条设计螺旋线迹线间的距离(见图 8-9(a))。

(2) 螺旋线形状偏差($f_{f\beta}$)是指在齿轮齿宽计值范围内,包容实际螺旋线迹线的两条与平均螺旋线迹线完全相同的曲线间的距离,且两条曲线与平均螺旋线迹线的距离为常数(见图 8-9(b))。

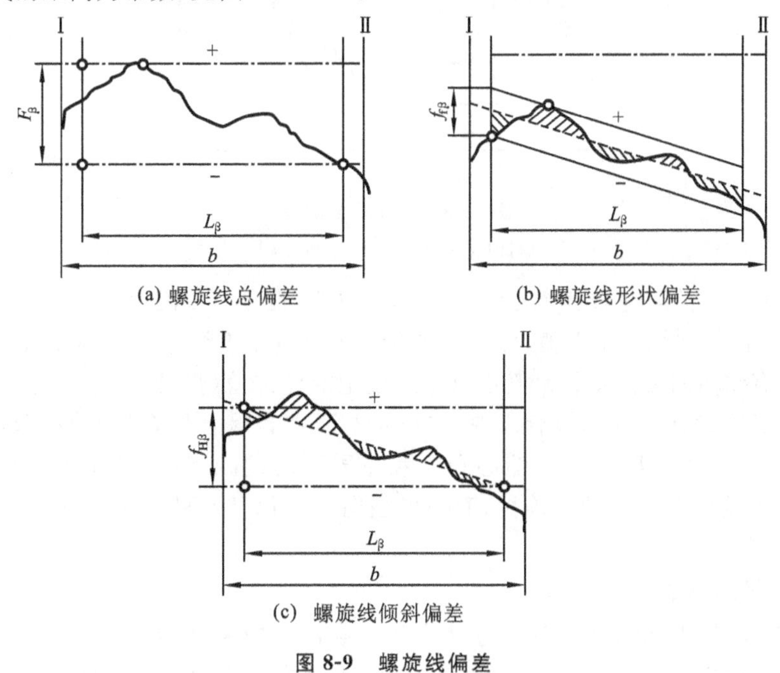

(a) 螺旋线总偏差

(b) 螺旋线形状偏差

(c) 螺旋线倾斜偏差

图 8-9 螺旋线偏差

(摘自 GB/T 10095.1—2008 图 3)

(3) 螺旋线倾斜偏差($f_{H\beta}$)是指在齿宽计值范围内的两端与平均螺旋线迹线相交的设计螺旋线迹线间的距离(见图 8-9(c))。

螺旋线偏差影响齿轮的承载能力和传动质量,其测量方法有展成法和坐标法。展成法的测量仪器有渐开线螺母检查仪、导程仪等,坐标法测量则可以用螺旋线样板检查仪、齿轮测量中心和三坐标测量机等进行测量。评定齿轮载荷分布均匀性精度时,应在被测齿轮圆周上测量均匀分布的三个轮齿或更多轮齿的左、右齿面的螺旋线总偏差,取其中的最大值 $F_{\beta max}$ 作为评定值。如果 $F_{\beta max}$ 不大于螺旋线总偏差 F_β,即 $F_{\beta max} \leqslant F_\beta$,则表示合格。

8.2.2 径向综合偏差与径向跳动

1. 径向综合偏差

(1) 径向综合总偏差(F''_i)是指在径向(双面)综合检验时,被测齿轮的左右齿面同时与测量齿轮接触,并转过完整一周时出现的中心距最大值和最小值之差(见图 8-10)。

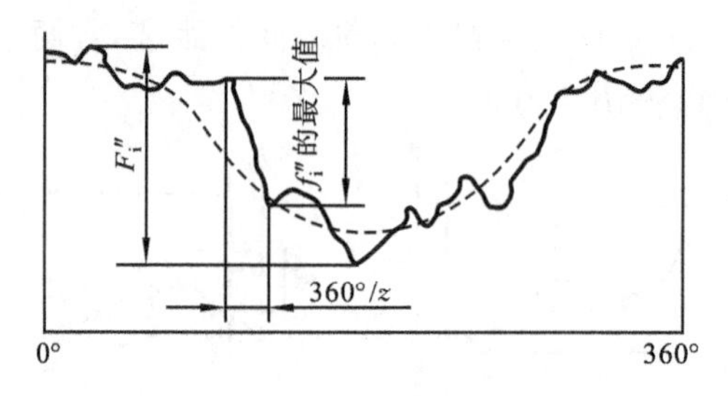

图 8-10 径向综合偏差

(摘自 GB/T 10095. 2—2008 图 1)

(2) 一齿径向综合偏差(f''_i)是当被测齿轮啮合一整圈时,对应一个齿距(360°/z)的径向综合偏差值,即从记录曲线上量得小波纹的最大幅度值。被测齿轮所有轮齿的 $\Delta f''_i$的最大值不应超过规定的允许值(见图 8-10)。径向综合偏差是各类径向误差的综合反映,在齿轮双面啮合综合检查仪(简称双啮仪)上进行测量,主要反映几何偏心和一些短周期误差。其中,径向综合总偏差反映了齿轮传递运动的准确性,而一齿径向综合偏差反映了齿轮传动的平稳性。

2. 径向跳动

在 GB/T 10095. 2—2008 的附录 B 中给出径向跳动(F_r)的定义为:测头(球形、圆柱形、砧形)相继置于每个齿槽内时,从它到齿轮轴线的最大和最小径向距离之差(见图 8-11)。

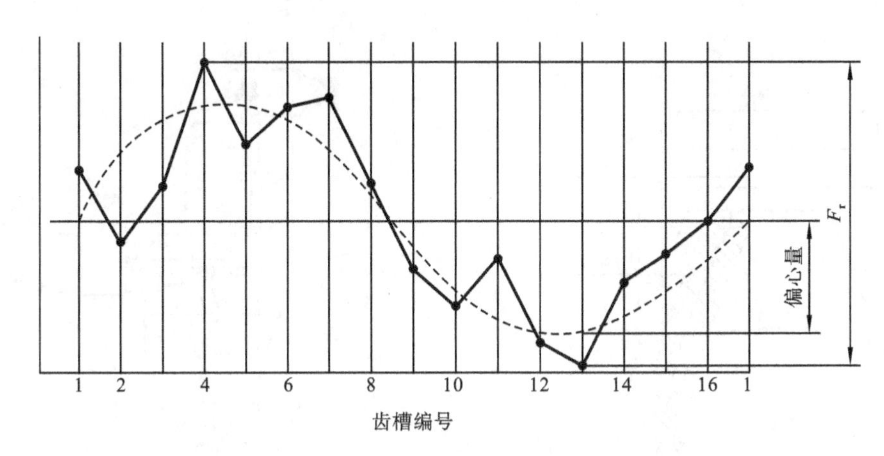

图 8-11　齿轮的径向跳动

(摘自 GB/T 10095.2—2008 图 B.1)

径向跳动(F_r)反映了齿轮传递运动的准确性,是由几何偏心引起的,当几何偏心为 e_1 时,$F_r \approx 2e_1$,可以用齿轮径向跳动测量仪来测量。

8.2.3　齿厚偏差及齿侧间隙

齿轮传动侧隙的大小与齿轮齿厚减薄量有着密切的关系,而齿厚减薄量可以用齿厚偏差或公法线长度偏差来控制。

1. 齿厚偏差

齿厚(端面齿厚)是指在圆柱齿轮的端平面上,一个齿的两侧端面齿廓之间的分度圆弧长。法向齿厚是指在斜齿轮上,其齿线的法向螺旋线介于一个齿的两侧齿面之间的弧长。齿厚偏差(齿厚实际偏差)是指分度圆柱面上齿厚实际值与公称值之差(见图 8-12)。

在图 8-12 中,s_n 为法向齿厚,s_{ns} 为齿厚的最大极限,s_{ni} 为齿厚的最小极限,s_{na} 为实际齿厚。f_{sn} 则为齿厚偏差。E_{sns} 和 E_{sni} 分别为齿厚允许的上偏差和下偏差,统称齿厚的极限偏差,即

$$\begin{aligned} E_{sns} &= s_{ns} - s_n \\ E_{sni} &= s_{ni} - s_n \end{aligned} \tag{8-1}$$

T_{sn} 为齿厚公差,它是齿厚上下偏差之差,即

$$T_{sn} = E_{sns} - E_{sni}$$

弦齿厚通常用游标测齿卡尺或光学测齿卡尺,实际测量时,以分度圆上的弦齿高定位,由图 8-13 可推导出直齿轮分度圆上的公称弦齿厚 s_{nc} 与弦齿高 h_c 的计算公式为

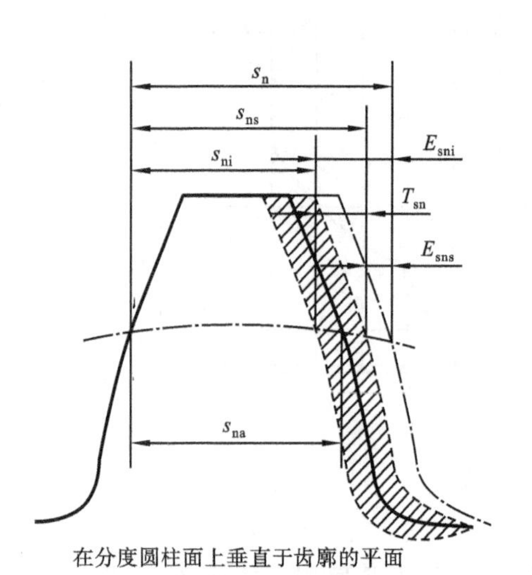

图 8-12　齿厚的允许偏差

(摘自 GB/Z 18620.2—2008 图 1)

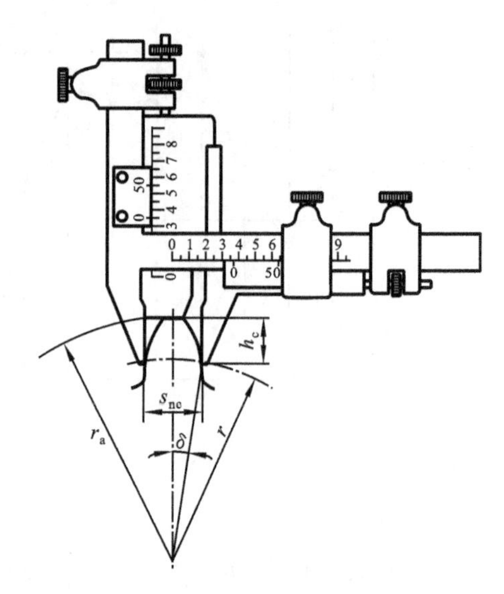

图 8-13　用齿厚游标卡尺测量齿厚

$$\left.\begin{aligned} s_{nc} &= 2r\sin\delta = mz\sin\delta \\ h_c &= r_a - \frac{mz}{2}\cos\delta \end{aligned}\right\} \tag{8-2}$$

式中：δ——分度圆弦齿厚之半所对应的中心角，$\delta=\frac{\pi}{2z}+\frac{2x}{z}\tan\alpha$；

r_a——齿顶圆半径的公称值；

m、z、α、x——齿轮的模数、齿数、标准压力角和变位系数。

在图样上一般标注公称弦齿高 h_c 和弦齿厚 s_{nc} 及其上、下偏差(E_{sns} 和 E_{sni})，即 $s_{nc}{}^{+E_{sns}}_{+E_{sni}}$。齿厚偏差 f_{sn} 的合格条件是它在齿厚的极限偏差范围内($E_{sni} \leqslant f_{sn} \leqslant E_{sns}$)。

2. 公法线长度偏差

公法线长度 W_n 是指在基圆柱切平面上跨 n 个齿(外齿轮)或 n 个齿槽(内齿轮)，接触一个齿的右齿面和另一个齿的左齿面的两个平行平面之间测得的距离。公法线长度偏差是指实际公法线长度与公称公法线长度之差(见图 8-14)。

直齿轮的公法线公称值 W_k 为

$$W_k = m_n\cos\alpha_n[\pi(k-0.5)+z\,\mathrm{inv}\alpha_t+2\tan\alpha_n x] \tag{8-3}$$

式中：m_n、z、α_n、x——齿轮的法向模数、齿数、法向标准压力角和变位系数；

$\mathrm{inv}\alpha_t$——渐开线函数，$\mathrm{inv}20°=0.014904$；

k——测量时的跨齿数(整数)，对于标准直齿轮，$k=\frac{\alpha}{180°}z+0.5$。

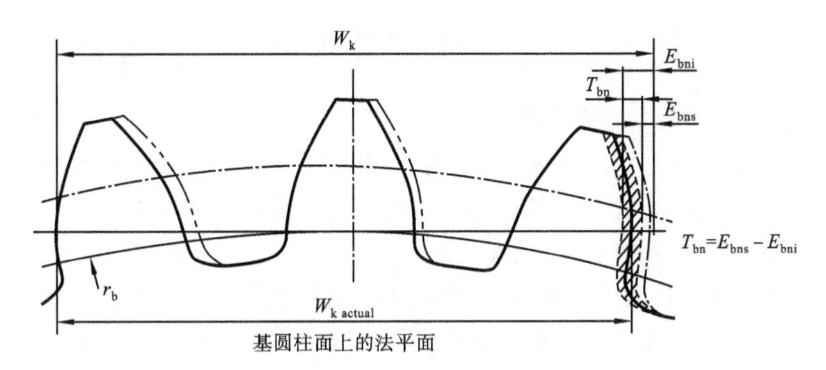

图 8-14 公法线长度和允许偏差

(摘自 GB/Z 18620.2—2008 图 1)

对于变位齿轮，$k=\frac{\alpha_m}{180^\circ}+0.5$，其中，$\alpha_m=\arccos\left(\frac{d_b}{d+2xm}\right)$，这里，$d_b$ 和 d 分别为被测齿轮的基圆直径和分度圆直径。

图样上要标注跨齿数 k、公称公法线长度 W_k（有时为法向长度 W_{kn}）及公法线长度上、下偏差 E_{bns} 和 E_{bni}，即 $W_{k+E_{bni}}^{+E_{bns}}$ 或者 $W_{kn+E_{bni}}^{+E_{bns}}$。也可以标注公法线平均长度上、下偏差 E_{ws} 和 E_{wi}，即 $W_{k+E_{wi}}^{+E_{ws}}$。公法线长度偏差的合格条件是它在其极限偏差范围内，即

对于外齿轮，有 $W_k+E_{bni}\leqslant W_{k\ actual}\leqslant W_k+E_{bns}$。

对于内齿轮，有 $W_k-E_{bni}\leqslant W_{k\ actual}\leqslant W_k-E_{bns}$。

3. 齿侧间隙

为保证齿轮润滑、补偿齿轮的制造误差、安装误差以及热变形等造成的误差，必须在齿轮非工作面留有侧隙。相互啮合的轮齿的侧隙是由一对齿轮运行时的中心距以及每个齿轮的实际齿厚所控制的。齿厚上偏差可以根据齿轮副所需要的最小侧隙通过计算法或类比法确定，而齿厚下偏差则按齿轮精度等级和加工齿轮时的径向进刀公差和几何偏心确定。当齿轮精度等级和齿厚极限偏差确定后，齿轮副的最大侧隙就自然形成。

1) 最小法向侧隙

GB/Z 18620.2—2008 指出，圆周侧隙（j_{wt}）是指当固定两相啮合齿轮中的一个齿轮时，另一个齿轮所能转过的节圆弧长的最大值。法向侧隙（j_{bn}）是指在一对装配好的齿轮副中，当两个齿轮工作齿面互相接触时，在两个相邻非工作齿面间的最短距离，可用塞尺或压铅丝方法进行测量。法向侧隙与圆周侧隙的关系可由下式进行计算：

$$j_{bn} = j_{wt}\cos\alpha_{wt}\cos\beta_b \tag{8-4}$$

式中:α_{wt}——分度圆齿形角;

β_b——斜齿轮基圆螺旋角。

最小法向侧隙(j_{bnmin},简称最小侧隙)是指当一个齿轮的齿以最大允许实效齿厚与一个具有最大允许实效齿厚的相配齿轮在最紧的允许中心距下相啮合时,在静态条件下存在的最小允许侧隙。

其中,最大允许实效齿厚是指齿轮的最大允许齿厚加上轮齿各要素偏差及安装所产生的综合影响的量值。最小法向侧隙可以根据传动时所允许的工作温度、润滑方法及齿轮的圆周速度等工作条件确定。

表 8-1 列出了 GB/Z 18620.2—2008 对工业传动装置推荐的最小法向侧隙。它适用于黑色金属齿轮和黑色金属箱体构成的传动装置,且工作时节圆线速度小于 15 m/s,箱体、轴和轴承都采用常用的制造公差。表中的数值也可用下式计算:

$$j_{bnmin} = \frac{2}{3}(0.06 + 0.0005\,|a_i| + 0.03m_n) \tag{8-5}$$

式中:a_i——中心距(mm);

m_n——齿轮法向模数。

表 8-1　对于中、大模数齿轮最小侧隙 j_{bnmin} 的推荐值(摘自 GB/Z 18620.2—2008)(mm)

m_n	最小中心距 a_i					
	50	100	200	400	500	1600
1.5	0.09	0.11	—	—	—	—
2	0.10	0.12	0.15	—	—	—
3	0.12	0.14	0.17	0.24	—	—
5	—	0.18	0.21	0.28	—	—
8	—	0.24	0.27	0.34	0.47	—
12	—	—	0.35	0.42	0.55	—
18	—	—	—	0.54	0.67	0.94

2) 齿厚极限偏差的确定

(1) 齿厚上偏差的确定　齿厚上偏差(E_{sns})受最小侧隙、齿轮和齿轮副的加

工、安装误差的影响，两个齿轮啮合后的齿厚上偏差之和为

$$E_{sns1}+E_{sns2}=-\frac{j_{bnmin}}{\cos\alpha_n} \tag{8-6}$$

令 $E_{sns1}=E_{sns2}=E_{sns}$，齿厚上偏差为

$$E_{sns}=-\frac{j_{bnmin}}{2\cos\alpha_n} \tag{8-7}$$

（2）法向齿厚公差的选择　齿厚公差 T_{sn} 的大小主要取决于切齿时的径向进刀公差 b_r 和齿轮径向跳动公差 F_r（考虑切齿时几何偏心的影响，它使被切齿轮的各个轮齿的齿厚不同）。b_r 和 F_r 按独立随机变量合成，并把它们从径向计算到齿厚偏差方向（乘以 $2\tan\alpha_n$），则得

$$T_{sn}=2\tan\alpha_n\sqrt{b_r^2+F_r^2} \tag{8-8}$$

推荐式中的 b_r 按表 8-2 选取，F_r 按齿轮传递运动准确性的精度等级、分度圆直径和法向模数确定（见表 8-15）。

表 8-2　切齿时的径向进刀公差 b_r

齿轮传递运动准确性的精度等级	4	5	6	7	8	9
b_r	1.26IT7	IT8	1.26IT8	IT9	1.26IT9	IT10

注：标准公差值 IT 按齿轮分度圆直径查标准公差值表。

（3）齿厚下偏差的确定　齿厚下偏差 E_{sni} 由齿厚 E_{sns} 和齿厚公差 T_{sn} 求得

$$E_{sni}=E_{sns}-T_{sn}$$

3）公法线长度极限偏差的确定

公法线长度同样可以控制齿侧间隙，因此在实际工程实践中，对于大模数齿轮通常测量齿厚，对于中小模数齿轮则测量公法线长度。公法线长度的上、下偏差（E_{bns} 和 E_{bni}）与齿厚上、下偏差（E_{sns} 和 E_{sni}）有如下关系：

对外齿轮

$$\left.\begin{aligned}E_{bns}&=E_{sns}\cos\alpha_n-0.72F_r\sin\alpha_n\\E_{bni}&=E_{sni}\cos\alpha_n+0.72F_r\sin\alpha_n\end{aligned}\right\} \tag{8-9}$$

对内齿轮

$$\left.\begin{aligned}E_{bns}&=-E_{sns}\cos\alpha_n-0.72F_r\sin\alpha_n\\E_{bni}&=-E_{sni}\cos\alpha_n+0.72F_r\sin\alpha_n\end{aligned}\right\} \tag{8-10}$$

8.3 齿轮坯精度、齿轮副精度的评定指标

8.3.1 齿轮坯精度

齿坯是保证齿轮轮齿加工精度的基础。在齿轮工作图上，除了要明确地表示齿轮的基准轴线和标注齿轮公差外，还必须标注齿坯公差。由于加工齿坯比加工轮齿要容易，因此在现有设备条件下应该尽量提高齿坯的制造精度，使齿轮轮齿加工时具有良好的工艺基准。

齿轮的基准轴线是齿轮加工、检测和安装的基准，通常由基准面中心确定。工作轴线是齿轮在工作时绕其旋转的轴线，它由工作安装面确定。理想情况是基准轴线与工作轴线重合，所以应该以安装面作为基准面。当基准轴线与工作轴线不重合时，工作轴线与基准需要用适当的公差联系起来。表 8-3、表 8-4 和表 8-5 是标准推荐的基准面的公差要求。

表 8-3 基准面与安装面的形位公差(摘自 GB/Z 18620.3—2008)

确定轴线的基准面	图　　例	公差项目及公差值
用两个“短的”圆柱或圆锥形基准面上的两个圆的圆心来确定轴线上的两点	A B ○ t_1 ○ t_2	圆度公差取 0.04 $(L/b)F_\beta$ 或 $0.1F_p$ 两者中的较小值
用一个“长的”圆柱或圆锥形基准面来同时确定轴线的位置和方向。孔的轴线可以用与之相匹配并正确装配的工作芯轴的轴线来代表	A ⌭ t	圆柱度公差取 0.04 $(L/b)F_\beta$ 或 $0.1F_p$ 两者中的较小值

续表

确定轴线的基准面	图　例	公差项目及公差值
轴线位置用一个“短的”圆柱形基准面上的一个圆的圆心来确定，其方向则用垂直于此轴线的一个基准端面来确定		平面度公差按 $0.06(D_d/b)F_\beta$ 选取，圆度公差按 $0.06F_p$ 选取

表 8-4　安装面的跳动公差（摘自 GB/Z 18620.3—2008）

确定轴线的基准面	跳动量（总的指示幅度）	
	径　向	轴　向
仅指圆柱或圆锥形基准面	取 $0.15(L/b)F_\beta$ 或 $0.3F_p$ 两者中的较大值	—
一个圆柱基准面和一个端面基准面	$0.3F_p$	$0.2(D_d/b)F_\beta$

表 8-5　齿轮孔、轴颈和顶圆柱面的尺寸公差

齿轮精度等级	6	7	8	9
孔	IT6	IT7	IT7	IT8
轴颈	IT5	IT6	IT6	IT7
顶圆柱面	IT8	IT8	IT8	IT9

8.3.2　齿轮副精度评定指标

在齿轮精度设计中，齿轮副中心距和轴线的平行度两项偏差应选择适当的公差。公差值的选择应按其使用要求能保证相啮合轮齿间的侧隙和齿长方向正确接触。

1. 中心距允许偏差

中心距偏差是实际中心距与公称中心距之差。中心距公差是设计者规定的允许偏差。公称中心距是在考虑了最小侧隙及两齿轮齿顶和其相啮合的非

渐开线齿廓齿根部分的干涉后确定的,可参考表 8-6。

表 8-6　齿轮副的中心距极限偏差 $\pm f_a$ 值 (μm)

齿轮精度等级	5～6	7～8	9～10
f_a	$\frac{1}{2}$IT7	$\frac{1}{2}$IT8	$\frac{1}{2}$IT9

2. 轴线平行度偏差

由于轴线平行度偏差的影响与其向量的方向有关,对"轴线平面内的偏差" $f_{\Sigma\delta}$和"垂直平面内的偏差" $f_{\Sigma\beta}$作了不同的规定(见图 8-15)。轴线平面内的偏差 $f_{\Sigma\delta}$是在两轴线的公共平面上测量的。垂直平面内的偏差 $f_{\Sigma\beta}$是在与轴线公共平面相垂直的交错轴平面上测量的。

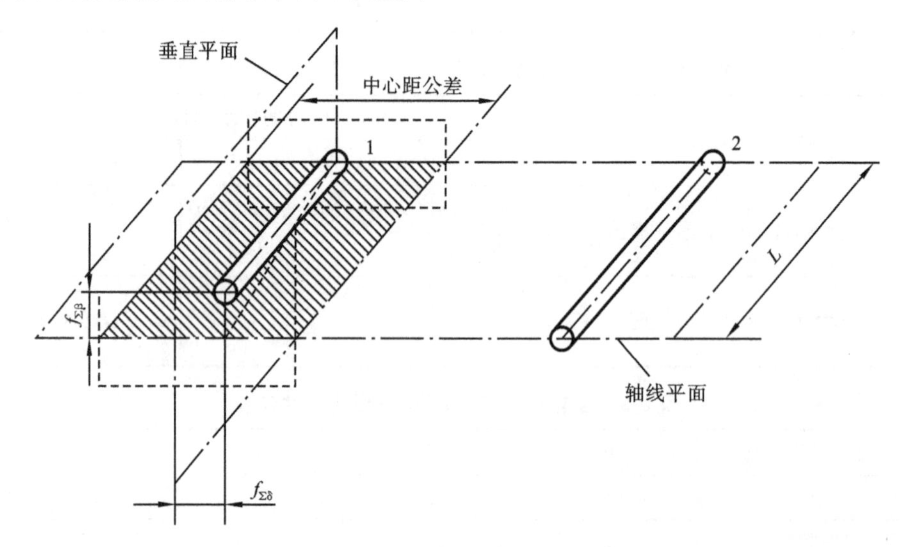

图 8-15　齿轮副轴线平行度误差

(摘自 GB/Z 18620.3—2008 图 6)

在垂直平面上偏差的推荐最大值为

$$f_{\Sigma\beta} = 0.5 \frac{L}{b} F_\beta \tag{8-11}$$

在轴线平面内偏差的推荐最大值为

$$f_{\Sigma\delta} = 2 f_{\Sigma\beta} \tag{8-12}$$

3. 轮齿接触斑点

轮齿的接触斑点是指装配好的齿轮副在轻微制动下,运转后齿面上分布的接触擦亮痕迹,如图 8-2 所示。

接触斑点按照齿面展开图上的擦亮痕迹在齿长与齿高方向上所占的百分比来评定。接触斑点综合反映了齿轮的加工误差和安装误差，检测齿轮副所产生的接触斑点可以有助于对轮齿间载荷分布进行评估。接触痕迹所占百分比越大，载荷分布越均匀。

表 8-7 给出了各级精度的直齿轮和斜齿轮装配后的齿轮副接触斑点的最低要求。

表 8-7 直齿轮装配后的接触斑点的最低要求（摘自 GB/Z 18620.4—2008） （%）

精度等级按 GB/T 10095	b_{c1} 占齿宽的百分比		h_{c1} 占有效齿面高度的百分比		b_{c2} 占齿宽的百分比		h_{c2} 占有效齿面高度的百分比	
齿轮类别	直齿轮	斜齿轮	直齿轮	斜齿轮	直齿轮	斜齿轮	直齿轮	斜齿轮
4 级及更高	50	50	70	50	40	40	50	30
5 级和 6 级	45	45	50	40	35	35	30	20
7 级和 8 级	35	35	50	40	35	35	30	20
9 级至 12 级	25	25	50	40	25	25	30	20

8.3.3 轮齿齿面及其他表面的表面粗糙度

齿面的表面粗糙度对齿轮的传动精度（噪声和振动）、表面承载能力（如点蚀、胶合和磨损）和弯曲强度等都会产生很大的影响，因此应规定相应的表面粗糙度。

表 8-8 是标准给定的齿面的表面粗糙度 *Ra* 的推荐值。除此以外，齿坯其他表面的表面粗糙度可参照表 8-9 选取。

表 8-8 齿面的表面粗糙度 *Ra* 的推荐值（摘自 GB/T 18620.4—2008） （μm）

等　级	*Ra*		
	模数 m/mm		
	$m<6$	$6\leqslant m\leqslant 25$	$m>25$
4		0.32	
5	0.5	0.63	0.8
6	0.8	1	1.25
7	1.25	1.6	25.0
8	2.0	2.5	3.2
9	3.2	4	5.0

表 8-9 齿坯其他表面粗糙度 Ra 的推荐值 (μm)

齿轮精度等级	6	7	8	9
基准孔	1.6	1.6～3.2		6.3
基准轴颈	0.8	1.25	3.2	
基准端面	3.2～6.3		6.3	
顶圆柱面	6.3			

注:①当齿轮各参数精度等级不同时,按最高的精度等级确定公差值;

②当顶圆不作齿厚测量基准时,尺寸公差等级可按 IT11 给定,但不大于 0.1 mm。

8.4 圆柱齿轮的精度设计

齿轮精度是指用制造公差加以区别的齿轮制造精确程度,GB/T 10095.1—2008 或 GB/T 10095.2—2008 规定了单个渐开线圆柱齿轮的精度。

8.4.1 轮齿精度等级及其选择

1. 轮齿的精度等级

对渐开线圆柱齿轮轮齿的精度作了如下规定。

(1) 轮齿同侧齿面偏差规定了 0,1,2,…,12 共 13 个精度等级。其中 0 级最高,12 级最低。5 级精度是各级精度中的基础级,也是确定齿轮各项偏差的公差计算式的精度等级。

(2) 径向综合偏差规定了 4,5,…,12 共 9 个精度等级。其中 4 级最高,12 级最低。5 级精度是各级精度中的基础级。

(3) 对于径向跳动,GB/T 10095.2—2008 在附录 B 中推荐了 0,1,2,…,12 共 13 个精度等级。其中 0 级最高,12 级最低。5 级精度是各级精度中的基础级。

2. 各项偏差的计算公式及标准值

GB/T 10095.1—2008 和 GB/T 10095.2—2008 规定:公差表格中的数值为等比数列,公比等于$\sqrt{2}$,5 级精度规定的公式为基本计算公式,即 5 级精度未圆整的计算公差值乘以$\sqrt{2}^{Q-5}$,可得任一精度等级的公差值,Q 为待求值的精度等级。表 8-10 是各级精度齿轮轮齿偏差、径向综合偏差和径向跳动标准值的计算公式。表中的 m_n、d、b 和 k 分别表示齿轮的法向模数、分度圆直径、齿宽(单位均为 mm)和测量 F_{pk} 时的跨齿距数。

表 8-10 齿轮轮齿同侧齿面偏差、径向综合偏差、径向跳动允许值的计算公式

项目代号	允许值计算公式
$\pm f_{pt}$	$[0.3(m_n+0.4d^{0.5})+4]\times 2^{0.5(Q-5)}$
$\pm F_{pk}$	$\{f_p+1.6[(k-1)m_n]^{0.5}\}\times 2^{0.5(Q-5)}$
F_p	$(0.3m_n+1.25d^{0.5}+7)\times 2^{0.5(Q-5)}$
F_α	$(3.2m_n{}^{0.5}+0.22d^{0.5}+0.7)\times 2^{0.5(Q-5)}$
$f_{f\alpha}$	$(2.5m_n{}^{0.5}+0.17d^{0.5}+0.5)\times 2^{0.5(Q-5)}$
$\pm f_{H\alpha}$	$(2m_n{}^{0.5}+0.14d^{0.5}+0.5)\times 2^{0.5(Q-5)}$
F_β	$(0.1d^{0.5}+0.63b^{0.5}+4.2)\times 2^{0.5(Q-5)}$
$f_{f\beta}$, $\pm f_{H\beta}$	$(0.07d^{0.5}+0.45b^{0.5}+3)\times 2^{0.5(Q-5)}$
F_i'	$(F_p+f_i')\times 2^{0.5(Q-5)}$
f_i'	$K(4.3+f_{pt}+F_\alpha)\times 2^{0.5(Q-5)}=K(9+0.3m_n+3.2m_n{}^{0.5}+0.34d^{0.5})\times 2^{0.5(Q-5)}$
f_i''	$[2.96m_n+0.01d^{0.5}+0.8]\times 2^{0.5(Q-5)}$
F_i''	$(F_r+f_i'')\times 2^{0.5(Q-5)}=(3.2m_n+1.01d^{0.5}+6.4)\times 2^{0.5(Q-5)}$
F_r	$(0.8F_p)\times 2^{0.5(Q-5)}=(0.24m_n+1.0d^{0.5}+5.6)\times 2^{0.5(Q-5)}$

注:本表摘自 GB/T 10095.1、GB/T 10095.2—2008。

国家标准中各公差或偏差数值是用表 8-10 中的公式计算出 5 级公差,根据下式计算并按标准中的圆整规则进行圆整得到。

$$T_Q = T_5 2^{0.5(Q-5)} \tag{8-13}$$

式中:T_Q——Q 级精度的公差计算值;

T_5——5 级精度的公差计算值;

Q——Q 级精度的阿拉伯数字。

轮齿同侧齿面偏差的公差值或偏差如表 8-11、表 8-12 和表 8-13 所示,径向综合偏差的允许值如表 8-14 所示,径向跳动公差值如表 8-15 所示。对于国家标准中没有提供数值表的项目,用表 8-10 中的公式进行计算求取。当齿轮参数不在给定的范围内时,可以在计算公式中代入实际齿轮参数计算,而无须取分段界限的几何平均值。

表 8-11　单个齿距偏差 $\pm f_{pt}$ 与齿距累积总偏差 F_p(摘自 GB/T 10095.1—2008) (μm)

分度圆直径 d/mm	法向模数 m_n/mm	精度等级											
		4		5		6		7		8		9	
		$\pm f_{pt}$	F_p	$\pm f_{pt}$	F_p	$\pm f_{pt}$	F_p	$\pm f_{pt}$	F_p	$\pm f_{pt}$	F_p	$\pm f_{pt}$	F_p
$20<d\leqslant50$	$2<m_n\leqslant3.5$	3.9	10.0	5.5	15.0	7.5	21.0	11.0	30.0	15.0	42.0	22.0	59.0
	$3.5<m_n\leqslant6$	4.3	11.0	6.0	15.0	8.5	22.0	12.0	31.0	17.0	44.0	24.0	62.0
	$6<m_n\leqslant10$	4.9	12.0	7.0	16.0	10.0	23.0	14.0	33.0	20.0	46.0	28.0	65.0
$50<d\leqslant125$	$2<m_n\leqslant3.5$	4.1	13.0	6.0	19.0	8.5	27.0	12.0	38.0	17.0	53.0	23.0	76.0
	$3.5<m_n\leqslant6$	4.6	14.0	6.5	19.0	9.0	28.0	13.0	39.0	18.0	55.0	26.0	78.0
	$6<m_n\leqslant10$	5.0	14.0	7.5	20.0	10.0	29.0	15.0	41.0	21.0	58.0	30.0	82.0

表 8-12　齿廓形状偏差 $f_{f\alpha}$ 的允许值与齿廓总偏差 F_α(摘自 GB/T 10095.1—2008)

(μm)

分度圆直径 d/mm	法向模数 m_n/mm	精度等级											
		4		5		6		7		8		9	
		$f_{f\alpha}$	F_α	$f_{f\alpha}$	F_α	$f_{f\alpha}$	F_α	$f_{f\alpha}$	F_α	$f_{f\alpha}$	F_α	$f_{f\alpha}$	$F\alpha_\alpha$
$20<d\leqslant50$	$2<m_n\leqslant3.5$	3.9	5.0	5.5	7.0	8.0	10.0	11.0	14.0	16.0	20.0	22.0	29.0
	$3.5<m_n\leqslant6$	4.8	6.0	7.0	9.0	9.5	12.0	14.0	18.0	19.0	25.0	27.0	35.0
	$6<m_n\leqslant10$	6.0	7.5	8.5	11.0	12.0	15.0	17.0	22.0	24.0	31.0	34.0	43.0
$50<d\leqslant125$	$2<m_n\leqslant3.5$	4.3	5.5	6.0	8.0	8.5	11.0	12.0	16.0	17.0	22.0	24.0	31.0
	$3.5<m_n\leqslant6$	5.0	6.5	7.5	9.5	10.0	13.0	15.0	19.0	21.0	27.0	29.0	38.0
	$6<m_n\leqslant10$	6.5	8.0	9.0	12.0	13.0	16.0	18.0	23.0	25.0	33.0	36.0	46.0

表 8-13　螺旋线总偏差 F_β(摘自 GB/T 10095.1—2008) (μm)

分度圆直径 d/mm	齿宽 b/mm	精度等级					
		4	5	6	7	8	9
$20<d\leqslant50$	$4\leqslant b\leqslant10$	4.5	6.5	9.0	13.0	18.0	25.0
	$10<b\leqslant20$	5.0	7.0	10.0	14.0	20.0	29.0
	$20<b\leqslant40$	5.5	8.0	11.0	16.0	23.0	32.0
	$40<b\leqslant80$	6.5	9.5	13.0	19.0	27.0	33.0
	$80<b\leqslant160$	8.0	11.0	16.0	23.0	32.0	46.0

续表

分度圆直径 d/mm	齿宽 b/mm	精度等级					
		4	5	6	7	8	9
$50<d\leqslant125$	$4\leqslant b\leqslant10$	4.7	6.5	9.5	13.0	19.0	27.0
	$10<b\leqslant20$	5.5	7.5	11.0	15.0	21.0	30.0
	$20<b\leqslant40$	6.0	8.5	12.0	17.0	24.0	34.0
	$40<b\leqslant80$	7.0	10.0	14.0	20.0	28.0	39.0
	$80<b\leqslant160$	8.5	12.0	17.0	24.0	33.0	47.0

表 8-14 径向综合总偏差 F_i'' 与一齿径向综合公差 f_i''（摘自 GB/T 10095.2—2008）

(μm)

分度圆直径 d/mm	法向模数 m_n/mm	精度等级											
		4		5		6		7		8		9	
		F_i''	f_i''	F_i''	f_i''	F_i''	f_i''	F_i''	f_i''	F_i''	f_i''	F_i''	f_i''
$20<d\leqslant50$	$1.0<m_n\leqslant1.5$	11	3.0	16	4.5	23	6.5	32	6.5	45	13	64	18
	$1.5<m_n\leqslant2.5$	13	4.5	18	6.5	26	9.5	37	9.5	52	19	73	26
$50<d\leqslant125$	$1.0<m_n\leqslant1.5$	14	3.0	19	4.5	27	6.5	39	6.5	55	13	77	18
	$1.5<m_n\leqslant2.5$	15	4.5	22	6.5	31	9.5	43	9.5	61	19	86	26
	$2.5<m_n\leqslant4.0$	18	7.0	25	10	36	14	51	14	72	29	102	41

表 8-15 径向跳动公差 F_r（摘自 GB/T 10095.2—2008） (μm)

分度圆直径 d/mm	法向模数 m_n/mm	精度等级					
		4	5	6	7	8	9
$20<d\leqslant50$	$2.0<m_n\leqslant3.5$	8.5	12	17	24	34	47
	$3.5<m_n\leqslant6.0$	8.5	12	17	25	35	49
	$6.0<m_n\leqslant10$	9.5	13	19	26	37	52
$50<d\leqslant125$	$2.0<m_n\leqslant3.5$	11	15	21	30	43	61
	$3.5<m_n\leqslant6.0$	11	16	22	31	44	62
	$6.0<m_n\leqslant10$	12	16	23	33	46	65

3. 齿轮精度等级的选择

表 8-16 列出了某些精度的齿轮的应用范围。

表 8-16　某些精度的齿轮的应用范围

工作条件	圆周速度(m/s)		应用情况	精度等级
	直齿	斜齿		
机床	>30	>50	高精度和精密的分度链末端的齿轮	4
	>15～30	>30～50	一般精度分度链末端齿轮、高精度和精密的分度链的中间齿轮	5
	>10～15	>15～30	Ⅴ级机床主传动的齿轮、一般精度分度链的中间齿轮、Ⅲ级和Ⅲ级以上精度机床的进给齿轮、油泵齿轮	6
	>6～10	>8～15	Ⅳ级和Ⅳ级以上精度机床的进给齿轮	7
	<6	<8	一般精度机床的齿轮	8
动力传动装置		>70	用于很高速度的透平传动齿轮	4
		>30	用于高速度的透平传动齿轮、重型机械进给机构、高速重载齿轮	5
		<30	高速传动齿轮、有高可靠性要求的工业机器齿轮、重型机械的功率传动齿轮、作业率很高的起重运输机械齿轮	6
	<15	<25	高速和适度功率或大功率和适度速度条件下的齿轮；冶金、矿山、林业、石油、轻工、工程机械和小型工业齿轮箱有可靠性要求的齿轮	7
	<10	<15	中等速度较平稳传动的齿轮、冶金、矿山、林业、石油、轻工、工程机械和小型工业齿轮箱(通用减速器)的齿轮	8
	4	6	一般性工作和噪声要求不高的齿轮、受载低于计算载荷的齿轮、速度大于 1 m/s 的开式齿轮传动和转盘的齿轮	9
飞机、船舶和车辆	>35	>70	需要很高的平稳性、低噪声的飞机和船舶的齿轮	4
	>20	>35	需要高的平稳性、低噪声的飞机和船舶的齿轮	5
	20	35	用于高速传动有平稳性、低噪声要求的机车、飞机、船舶和轿车的齿轮	6
	15	25	用于有平稳性和噪声要求的飞机、船舶和轿车的齿轮	7
	10	15	用于中等速度、传动较平稳的载重汽车和拖拉机的齿轮	8
	4	6	用于较低速和噪声要求不高的载重汽车第一挡与倒挡拖拉机和联合收割机的齿轮	9

续表

工作条件	圆周速度(m/s)		应用情况	精度等级
	直齿	斜齿		
其他	—	—	检验7级精度齿轮的测量齿轮	4
			检验8～9级精度齿轮的测量齿轮、印刷机印刷辊子用的齿轮	5
			读数装置中特别精密的传动齿轮	6
			读数装置的传动及具有非直尺的速度传动齿轮、印刷机的传动齿轮	7
			普通印刷机的传动齿轮	8

8.4.2 齿轮检验项目的确定

在选择检验项目时，应根据齿轮的规格、用途、生产规模、精度等级、加工方式、计量仪器等因素综合分析、合理选择。若齿轮精度要求低，机床精度可足够保证，因此可不检验。若齿轮精度要求高，则可选用综合性检验项目。对于直径小于或等于400 mm的齿轮可放在仪器上进行检验，而大尺寸齿轮一般将量具放在齿轮上进行单项检验。

齿轮精度标准GB/T 10095—2008和检验实施规范GB/Z 18620—2008中给出的偏差项目虽然很多，但作为评价齿轮质量的客观标准，齿轮质量的检验项目应该主要是齿距偏差(F_p、$\pm f_{pt}$、F_{pk})、齿廓总偏差F_α、螺旋线总偏差F_β。标准中给出的其他参数，一般不是必检项目，而是由供需双方根据具体要求协商确定的。在进行齿轮检验时，还应注意以下几点。

(1) 若已检验切向综合偏差F_i'和f_i'，则可以考虑不检验单个齿距偏差f_{pt}和齿距累积总偏差F_p。

(2) 测量全部轮齿要素的偏差既不经济也没有必要，因为其中有些要素对于特定齿轮的功能并没有明显的影响。

(3) 有些测量项目可以互相代替，比如切向综合偏差检验能代替齿距偏差检验，径向综合偏差检验能代替径向跳动检验等。

(4) 对于单个齿轮还需检验齿厚偏差，作为侧隙评定指标，齿厚极限偏差由设计者按齿轮副侧隙计算确定。

(5) GB/T 13924—2008中规定了GB/T 10095.1和GB/T 10095.2中定义的齿距偏差、齿廓偏差、螺旋线偏差等项目的检验细则，在齿轮质量的评定

中，应该执行其中的相关规定。

8.4.3 齿轮精度等级的标注

在工程图上，指出齿轮精度要求时，应注明 GB/T 10095.1—2008 或 GB/T 10095.2—2008，具体标注方法如下。

(1) 若齿轮所有的检验项目精度为同一等级时，可以只标注精度等级和标准号。例如，齿轮检验项目同为 8 级，则可标注为 8 GB/T 10095—2008。

(2) 若齿轮的各个检验项目的精度不同时，应在各精度等级后标出相应的检验项目。例如，当齿距累积总偏差 F_p、单个齿距偏差 f_{pt} 和齿廓总偏差 F_α 均为 8 级，而螺旋线总偏差 F_β 为 7 级时，则应标注为 8(F_p、f_{pt}、F_α)、7(F_β)GB/T 10095—2008。

若要标注齿厚偏差，则应在齿轮工作图右上角的参数表中给出其公称值和极限偏差。

8.4.4 典型案例及其精度选择

渐开线圆柱齿轮的精度设计一般包括下列内容：①确定齿轮的精度等级；②确定齿轮的应检项目及其公差或偏差；③确定齿轮的侧隙指标及其极限偏差；④确定齿轮坯公差；⑤确定齿轮副中心距的极限偏差和两轴线的平行度公差。

例 8-1 某减速器传动轴上的一对直齿圆柱齿轮，模数 $m_n=3$ mm，齿形角 $\alpha_n=20°$，齿数 $z_1=35$，$z_2=70$，齿宽 $b_1=28$，$b_2=24$，其中，传递功率为 7.5 kW，主动齿轮 z_1 的最高转速 $n_1=1\ 450$ r/min。箱体上安装小齿轮的两轴承孔距 $L=90$ mm；小齿轮基准孔的基本尺寸为 $\phi 40$ mm，且为单件小批生产。试确定小齿轮 z_1 的精度等级、齿轮副的侧隙指标、齿坯公差和表面粗糙度，并绘制该齿轮的工作图。

解 (1) 确定齿轮的精度等级。

齿轮 z_1 的分度圆直径为

$$d_1 = m_n z_1 = 3 \times 35 \text{ mm} = 105 \text{ mm}$$

该齿轮的圆周速度为

$$v_1 = \frac{\pi d_1 n}{1000 \times 60} = \frac{3.14 \times 105 \times 1450}{1000 \times 60} \text{ m/s} = 7.97 \text{ m/s}$$

查表 8-16 可以确定小齿轮 z_1 的精度等级为 8 级，即动力齿轮的传动平稳性要求定为 8 级；由于一般减速器对传动准确性要求不很严格，选用 9 级；而对齿轮的接触精度，即载荷分布有一定要求，选用与平稳性要求同级(即 8 级)即可。

(2) 确定齿轮的应检项目及其公差或偏差。

①确定应检项目　因本齿轮为中等精度齿轮，尺寸不大且生产批量也不大，故确定其应检项目为：齿距累积总偏差 F_p(影响传动准确性)、单个齿距偏差 f_{pt} 和齿廓总偏差 F_α(影响传动平稳性)以及螺旋线总偏差 ΔF_β(影响载荷分布均匀性)。

②确定应检项目的公差或偏差　查表 8-11 可得齿距累积总偏差 $F_p=76\ \mu m$、单个齿距偏差 $\pm f_{pt}=\pm 17\ \mu m$；查表 8-12 可得齿廓总偏差 $F_\alpha=22\ \mu m$；查表 8-14 可得螺旋线总偏差 $F_\beta=24\ \mu m$。

(3) 确定齿轮的侧隙指标及其极限偏差。

①确定法向齿厚及其极限偏差　确定齿厚极限偏差时，首先要确定齿轮副所需的最小法向侧隙 j_{bnmin}。由于齿轮副的中心距为

$$a=\frac{m_n(z_1+z_2)}{2}=\frac{3\times(35+70)}{2}\ mm=157.5\ mm$$

根据式(8-5)计算

$$j_{bnmin}=\frac{2}{3}(0.06+0.0005\times 157.5+0.03\times 3)\ mm=0.153\ mm$$

令大、小齿轮的齿厚上偏差相同，按式(8-7)计算

$$E_{sn}=-\frac{j_{bnmin}}{2\cos\alpha_n}=-\frac{153}{2\cos 20^\circ}\ \mu m=-81\ \mu m$$

查表 8-15 得，齿轮径向跳动公差 $F_r=61\ \mu m$；查表 8-2 得，切齿时的径向进刀公差 $b_r=IT10=140\ \mu m$；由式(8-1)可得齿厚公差为

$$T_{sn}=2\tan\alpha_n\sqrt{b_r^2+F_r^2}=\left[2\times\tan 20^\circ\times\sqrt{140^2+61^2}\right]\ \mu m=111\ \mu m$$

齿厚下偏差为

$$E_{sni}=E_{sns}-T_{sn}=(-81-111)\ \mu m=-192\ \mu m$$

②确定公法线长度及其极限偏差　由于测量公法线长度较为方便，且测量精度高，因此采用公法线长度作为侧隙指标。

测量公法线时，对于标准直齿轮的跨齿数为

$$k=\frac{z_1}{9}+0.5=\frac{35}{9}+0.5=3.9+0.5=4.4\approx 4$$

由式(8-3)得

$$\begin{aligned}W_k&=m_n\cos\alpha_n[\pi(k-0.5)+z\,\mathrm{inv}\alpha_t+2\tan\alpha_n x]\\&=3\times\cos 20^\circ\times[3.14\times(4-0.5)+35\times 0.014904+0]\ mm\end{aligned}$$

$=32.452\ \text{mm}$

按式(8-9)确定公法线长度上、下偏差为

$$E_{\text{bns}}=E_{\text{sns}}\cos\alpha_{\text{n}}-0.72F_{\text{r}}\sin\alpha_{\text{n}}=(-81\times\cos20^{\circ})-0.72\times61\times\sin20^{\circ}=-91\ \mu\text{m}$$

$$E_{\text{bni}}=E_{\text{sni}}\cos\alpha_{\text{n}}+0.72F_{\text{r}}\sin\alpha_{\text{n}}=(-192\times\cos20^{\circ})+0.72\times61\times\sin20^{\circ}=-165\ \mu\text{m}$$

根据计算结果，在齿轮图样上标注：$32.452_{-0.165}^{-0.091}$ mm。

(4)确定齿轮坯精度及齿坯公差

①根据齿轮结构，选择齿轮孔作为基准，由表 8-3 可知，由于 $0.04(L/B)F_{\beta}=\frac{0.04\times90\times0.024}{28}=0.0031<0.1F_{\beta}=0.1\times0.076=0.0076$，故齿轮孔的圆柱度公差约为 0.003 mm。由表 4-5，孔的圆柱度公差取 0.004 mm。查表 8-5 得，齿轮孔的尺寸公差取 7 级，即为 $\phi40\text{H}7=\phi40_{0}^{+0.025}$ mm。

②齿轮两端面在加工和安装时作为安装面，应提出其对基准轴线的跳动公差。参表 8-4 跳动公差为 $f=0.2\frac{D_{\text{d}}}{b_{1}}F_{\beta}=0.2\times\frac{70}{28}\times0.024\ \text{mm}=0.012\ \text{mm}$。相当于 5 级，精度较高。考虑到经济加工精度，适当放宽，取 $f=0.015$ mm(即 6 级精度)。

③若将齿顶圆作为检测齿厚的基准，应提出尺寸和跳动公差要求。参见表 8-4 和表 8-5，齿顶圆的径向跳动公差为 $f=0.3F_{\text{p}}=0.3\times0.076\ \text{mm}\approx0.023$ mm，取 7 级，公差值为 0.025 mm；尺寸公差取 8 级，即 $\phi111\text{h}8=\phi111_{-0.054}^{0}$ mm。

④根据表 8-8 和表 8-9 选择齿面和其他表面的表面粗糙度，如图 8-16 所示。

(5) 确定齿轮副中心距的极限偏差和两轴线的平行度公差

由表 8-6 可得，齿轮副中心距的极限偏差 $\pm f_{\text{a}}=\pm\frac{1}{2}\text{IT}8=\pm31.5\ \mu\text{m}$，因此，齿轮副中心距为 157.5 ± 0.032 mm。假设箱体上两对轴承孔的跨距相等，皆为 90 mm，因此可以选齿轮副两轴线中任一条轴线作为基准轴线。垂直平面上的平行度公差和轴线平面上的平行度公差分别按式(8-11)和式(8-12)确定：

$$f_{\Sigma\beta}=0.5\frac{L}{b_{1}}F_{\beta}=0.5f_{\Sigma\delta}\approx0.039\ \text{mm}$$

$$f_{\Sigma\delta}=\frac{L}{b_{1}}F_{\beta}=\frac{90}{28}\times0.024\ \text{mm}=0.077\ \text{mm}$$

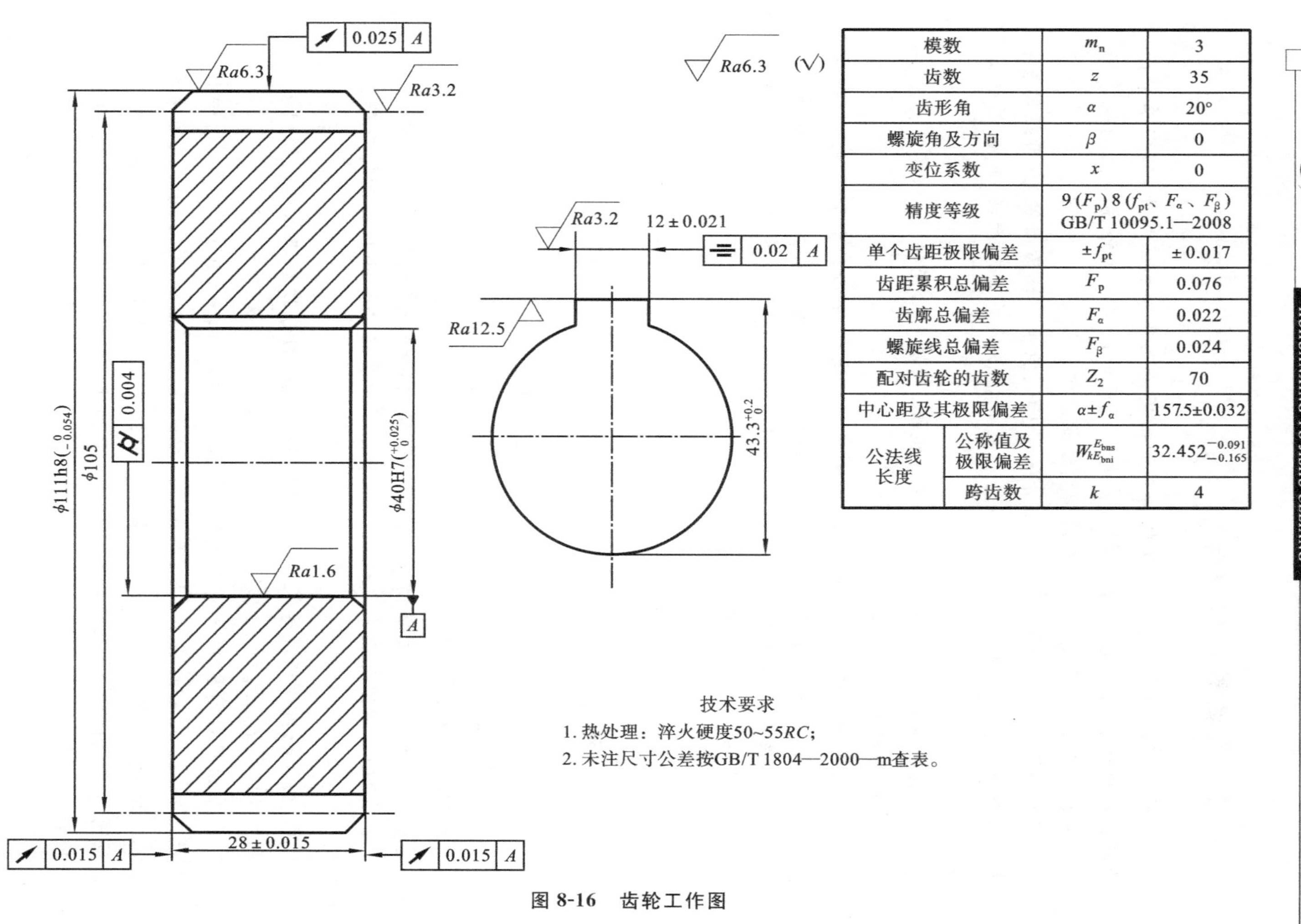

模数		m_n	3
齿数		z	35
齿形角		α	20°
螺旋角及方向		β	0
变位系数		x	0
精度等级		9 (F_p) 8 (f_{pt}、F_α、F_β) GB/T 10095.1—2008	
单个齿距极限偏差		$\pm f_{pt}$	±0.017
齿距累积总偏差		F_p	0.076
齿廓总偏差		F_α	0.022
螺旋线总偏差		F_β	0.024
配对齿轮的齿数		Z_2	70
中心距及其极限偏差		$\alpha \pm f_\alpha$	157.5±0.032
公法线长度	公称值及极限偏差	$W_{kE_{bni}}^{E_{bns}}$	$32.452^{-0.091}_{-0.165}$
	跨齿数	k	4

图 8-16　齿轮工作图

本章重点与难点

本章学习的重点是在理解齿轮传动的四项使用要求的基础上，掌握单个齿轮与齿轮副的各项评定指标、掌握齿轮的精度设计以及在齿轮图样上的规范标注。难点是齿轮的精度设计及齿轮精度检验组的选择。

(1) 渐开线圆柱齿轮精度的评定指标，包括：轮齿同侧齿面偏差(齿距偏差、齿廓偏差、切向综合偏差、螺旋线偏差)、径向综合偏差与径向跳动、齿厚偏差等。

(2) 齿轮坯精度、齿轮副精度的评定指标，包括中心距偏差、轴线平行度偏差、齿侧侧隙以及轮齿接触斑点等。

(3) 齿轮的精度的设计步骤为：根据齿轮的模数、齿数、材料、转速、功率及使用场合等条件，确定齿轮的精度等级；选择侧隙和齿厚偏差；选定检验项目，查标准得各选定的检验指标的公差值；确定齿轮副精度；确定齿坯精度和表面粗糙度要求；完成齿轮零件图的标注。

思考与练习

1. 齿轮传动的四项使用要求具体内容是什么？

2. 单个齿轮评定有哪些评定指标？

3. 齿轮副精度的评定指标有哪些？

4. 为什么要规定齿坯精度？齿坯一般要检验哪些项目？

5. 齿轮侧隙用什么参数评定？对于大模数齿轮与中小模数齿轮有什么不同？

6. 齿轮轮齿的精度等级有多少个？不同的项目精度等级数目是否相同？

7. 8(F_p、f_{pt}、F_α)、7(F_β)GB/T 10095—2008 的含义是什么？

8. 某通用减速器有一对孔直齿圆柱齿轮，模数 m_n=3 mm，齿形角 α_n=20°，齿数 z_1=32，z_2=96，齿宽 b=20 mm，轴承跨度为 85 mm，传递的最大功率为 5 kW，转速 n_1=1280 r/min。生产条件为小批生产。齿轮结构以圆柱孔和一个端面为基准，齿轮基准孔的基本尺寸为 ϕ40 mm。试设计小齿轮精度，并绘制该齿轮的工作图。

第9章 尺寸链及计算机辅助公差设计

任何一台机器或一个部件，甚至一个零件的结构都涉及由不同零部件或不同特征构成的相关尺寸及其公差间的内在联系。如何根据具有内在联系的相关尺寸空间形态进行尺寸链的分类、构造与转换？如何根据机器或零部件的功能要求，设计具有内在联系的一组公差配合(封闭环公差)并进行相关精度分配(组成环公差)？其中应该遵守什么原则？采用什么方法？

合理的尺寸链公差设计不仅是保证机器、部件和零件使用精度、使用寿命的基础，也是机器及其零部件高效率、低成本制造的基础。但复杂的空间尺寸链公差设计必须依靠三维 CAD 模型和计算机辅助公差设计软件。

本章要掌握的基本内容是：①了解和明确尺寸链的基本概念；②掌握构造尺寸链的基本原则与方法；③掌握尺寸链的不同计算方法及其应用特点。

9.1 尺寸链的基本概念

在机器装配或零件加工过程中，具有相互关联、相互影响的一组尺寸，称为尺寸链。如图 9-1 所示的圆柱孔与轴的装配尺寸链，孔径尺寸 A_1 和轴径尺寸 A_2 决定了它们的装配间隙 A_0，其关系式为 $A_0 = A_1 - A_2$。再如图 9-2 所示的小轴加工工艺尺寸链，小轴磨削后的直径为 B_1，之后进行表面镀铬，其厚度为 B_2，从而形成镀铬后的小轴直径 B_0，其关系式为 $B_0 = B_1 + 2B_2$。

在尺寸链中，任一尺寸与其他尺寸相互关联、相互影响，它们的公差及上、下偏差也将相互影响，因此，必须进行相应的公差设计或分配，即尺寸链的分析和计算。

尺寸链具有如下两个特性。

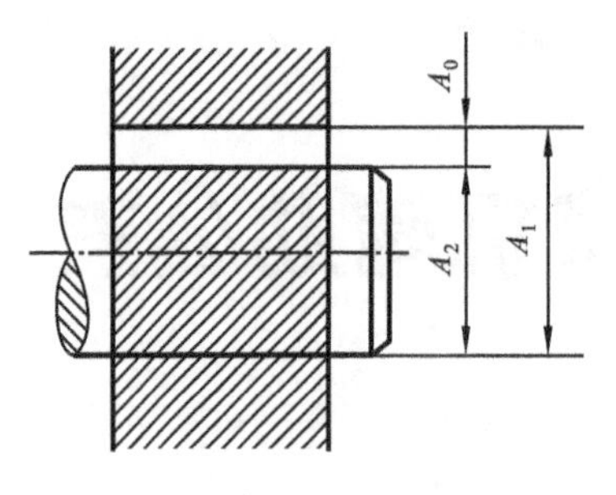

图 9-1　圆柱孔与轴的装配尺寸链

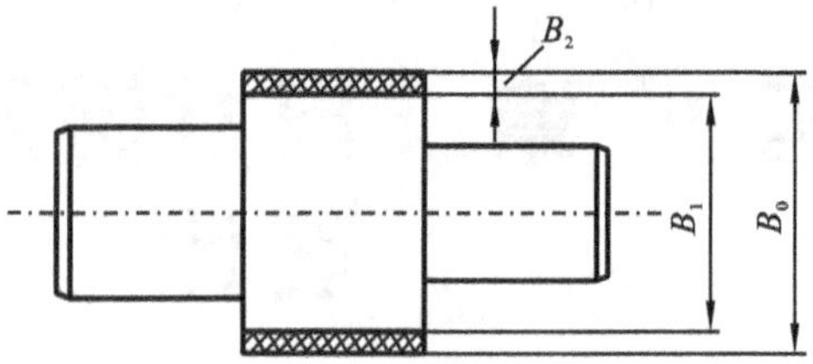

图 9-2　小轴加工工艺尺寸链

(1) 封闭性　组成尺寸链的全部尺寸顺序连接成一个封闭的尺寸回路。

(2) 相关性　其中一个尺寸变化将影响其他尺寸的变化,彼此之间具有一定的函数关系。

9.1.1 尺寸链的有关术语

1. 环

尺寸链中,每一个尺寸简称为环,环可分为封闭环和组成环。

2. 封闭环

封闭环是加工或装配过程中自然形成(非直接获得)的尺寸,如图 9-1、图9-2所示尺寸 A_0、B_0。

3. 组成环

尺寸链中除封闭环之外的全部环,如图 9-1 中的 A_1、A_2,图 9-2 中的 B_1、B_2。组成环可分为增环和减环。

4. 增环

若某一组成环的尺寸变大(而其他组成环不变),封闭环的尺寸也变大,反之亦然,则该组成环称为增环,如图 9-1 中的尺寸 A_1 和图 9-2 中的尺寸 B_1 和 B_2。

5. 减环

在其他组成环不变的条件下,若某一组成环的尺寸增大,封闭环的尺寸随之减小,该环尺寸减小,封闭环的尺寸随之增大,则该组成环称为减环,如图 9-1 中的尺寸 A_2。

9.1.2 尺寸链的分类

1. 按各环尺寸的几何特征分类

(1) 长度尺寸链　长度尺寸链中的各环均为长度尺寸,如图 9-1 和图 9-2 所示。

(2) 角度尺寸链　尺寸链中各环均为角度尺寸，如图 9-3(a)所示。其中，设计要求为滑动轴承座孔端面与孔轴线 A 的垂直度 a_1、孔轴线与支承底面 B 的平行度 a_2，由此自然形成或间接控制了轴承座孔端面与支承底面 B 的垂直度 a_0，a_1、a_2 和 a_0 构成了角度尺寸链，如图 9-3(b)所示。角度尺寸链常用于描述和分析计算零件相关要素的位置精度，如平行度、垂直度、同轴度等。

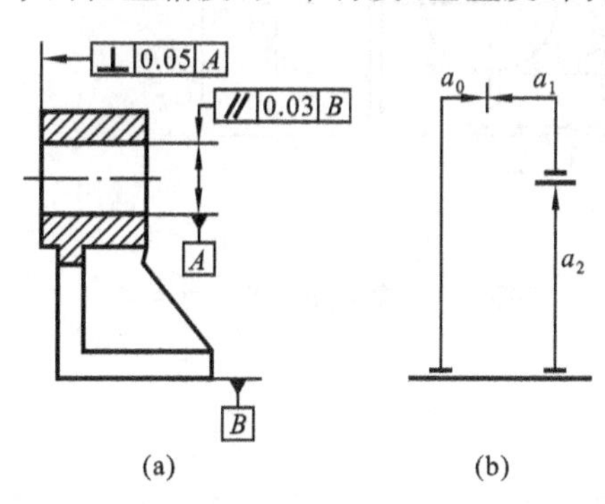

图 9-3　滑动轴承座位置公差及尺寸链

2. 按尺寸链应用场合分类

(1) 工艺尺寸链　全部组成环为同一零件的工艺尺寸所形成的尺寸链，如图 9-2 所示。

(2) 装配尺寸链　全部组成环为不同零件的设计尺寸所形成的尺寸链，如图 9-1 所示。

(3) 零件尺寸链　全部组成环为同一零件设计尺寸形成的尺寸链。

9.1.3 尺寸链图的绘制与增、减环的判别

1. 绘制封闭的尺寸线连接图

根据装配图或零件图，从任一尺寸开始逐次画出各尺寸线的连接图(暂不绘制尺寸线箭头)，最后要形成一个封闭的图形。

2. 绘制单向箭头

从任一尺寸线开始朝任一方向画出第一个单向箭头，然后按箭头连箭尾的规则依次画出其余尺寸线的单向箭头，如图 9-1 和图9-4(b)所示。

3. 标出封闭环

根据定义找出封闭环，并用不同颜色或不同粗细的线标出。

4. 判断增、减环

对于直线尺寸链，按照以上规则绘制的尺寸链图，可以很方便地从图上判

断增环和减环,即与封闭环反向者为增环,与封闭环同向者为减环。如图9-1和图 9-4(b)所示,A_1 为增环,A_2 为减环。

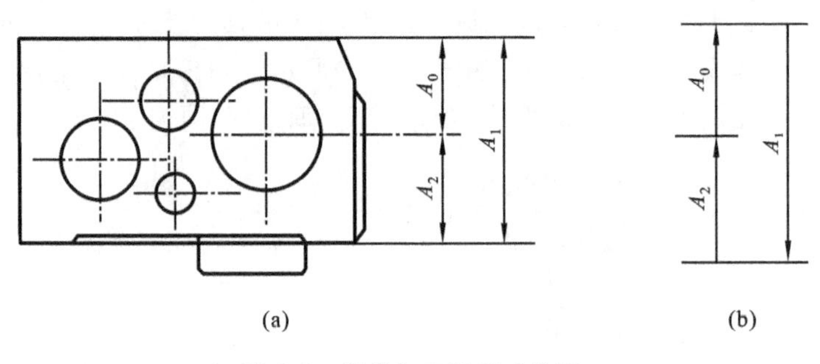

图 9-4 零件加工的尺寸关系

9.1.4 尺寸链的计算

尺寸链计算是指根据结构或工艺上的要求,确定尺寸链中各环的基本尺寸及公差或偏差。在机械设计与制造中,尺寸链的分析计算包括如下内容。

1. 设计计算

根据装配技术要求设计计算各组成环的公差和极限偏差。部分文献将其称为公差分配或公差综合。设计计算的结果是不唯一的,它取决于设计方法,如等公差法、等公差级法及成本优化法等。有时还应根据其他专业课程的知识或实践经验对计算结果进行适当的调整。

2. 校核计算

已知各组成环的基本尺寸、极限偏差和公差,求封闭环的基本尺寸、极限偏差和公差。部分文献将其称为公差分析或公差验证。校核计算用于检查所设计的各组成环尺寸是否满足封闭环的要求。

3. 中间计算

已知封闭环和某些组成环的基本尺寸、极限偏差和公差,求另外一些组成环的基本尺寸、极限偏差和公差。有些文献将其称为部分公差分配或部分公差综合。中间计算多用于解零件尺寸链和工艺尺寸链。

尺寸链的计算方法有两种:一种是极值法(也称完全互换法),它是以各组成环的最大值和最小值为基础,求出封闭环的最大值和最小值;另一种是概率法,它是以概率理论为基础来计算尺寸链。

9.2 极值法及其应用

9.2.1 计算公式

1. 封闭环基本尺寸计算

图 9-5 尺寸链中，A_0 为封闭环，A_1、A_2、A_5 为增环，A_3、A_4 为减环。各环的基本尺寸分别以 $A_1, A_2, \cdots, A_i$ 表示。

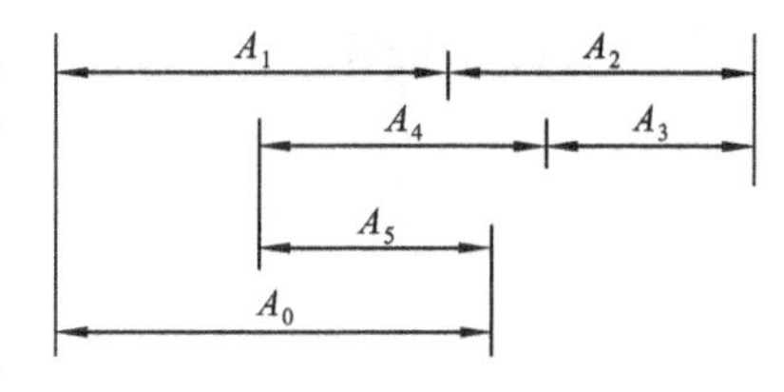

图 9-5 尺寸链计算

由图 9-5 可知：

$$A_0 = A_1 + A_2 + A_5 - A_3 - A_4 \tag{9-1}$$

写成普遍公式为

$$A_0 = \sum_{i=1}^{n} A_{iz} - \sum_{i=n+1}^{m} A_{ij} \tag{9-2}$$

式中：m——组成环环数；

A_{iz}——第 i 个增环的基本尺寸；

A_{ij}——第 i 个减环的基本尺寸。

即：尺寸链封闭环的基本尺寸，等于各个增环的基本尺寸之和减去各个减环基本尺寸之和。也可写成为

$$A_0 = \sum_{i=1}^{m} \xi_i A_i$$

式中：A_i——第 i 个环的基本尺寸；

ξ_i——第 i 个环的传递系数。

2. 封闭环极限尺寸计算

由式(9-2)可知：当尺寸链中所有增环取最大值，所有减环取最小值时，封闭环有最大值；反之，当尺寸链中所有增环取最小值，所有减环取最大值时，封闭环有最小值。写成普遍公式为

$$A_{0\max} = \sum_{i=1}^{n} A_{iz\max} - \sum_{i=n+1}^{m} A_{ij\min} \tag{9-3}$$

$$A_{0\min} = \sum_{i=1}^{n} A_{iz\min} - \sum_{i=n+1}^{m} A_{ij\max} \tag{9-4}$$

式中：$A_{0\max}$——封闭环的最大极限尺寸；

$A_{0\min}$——封闭环的最小极限尺寸；

$A_{iz\max}$——增环的最大极限尺寸；

$A_{ij\min}$——减环的最小极限尺寸；

$A_{iz\min}$——增环的最小极限尺寸；

$A_{ij\max}$——减环的最大极限尺寸。

即：封闭环的最大值等于所有增环的最大值之和减去所有减环的最小值之和；封闭环的最小值等于所有增环的最小值之和减去所有减环的最大值之和。

3. 封闭环极限偏差的计算

由式(9-3)减式(9-2)，式(9-4)减式(9-2)，得

$$\mathrm{ES}_0 = \sum_{i=1}^{n} \mathrm{ES}_{iz} - \sum_{i=n+1}^{m} \mathrm{EI}_{ij} \tag{9-5}$$

$$\mathrm{EI}_0 = \sum_{i=1}^{n} \mathrm{EI}_{iz} - \sum_{i=n+1}^{m} \mathrm{ES}_{ij} \tag{9-6}$$

式中：ES_0——封闭环的上偏差；

EI_0——封闭环的下偏差；

ES_{iz}——增环的上偏差；

EI_{iz}——增环的下偏差；

ES_{ij}——减环的上偏差；

EI_{ij}——减环的下偏差。

即：封闭环的上偏差等于所有增环的上偏差之和减去所有减环的下偏差之和；封闭环的下偏差等于所有增环的下偏差之和减去所有减环的上偏差之和。

4. 封闭环公差的计算

由式(9-3)减去式(9-4)，或由式(9-5)减去式(9-6)，取绝对值，得封闭环的公差为

$$T_0 = \sum_{i=1}^{m} T_i \tag{9-7}$$

式中：T_0——封闭环的公差；

T_i——第 i 个组成环的公差。

即：封闭环公差等于各组成环公差之和。

5. 封闭环中间偏差的计算

中间偏差是指尺寸公差带中点的偏差值，它是上、下偏差的平均值。如图 9-6 所示，对于组成环，其中间偏差为

$$\Delta_i = \frac{ES_i + EI_i}{2} \tag{9-8}$$

对于封闭环，其中间偏差为

$$\Delta_0 = \frac{ES_0 + EI_0}{2} = \sum_{i=1}^{n} \Delta_{iz} - \sum_{i=n+1}^{m} \Delta_{ij} \tag{9-9}$$

式中：Δ_{iz}——增环的中间偏差；

Δ_{ij}——减环的中间偏差。

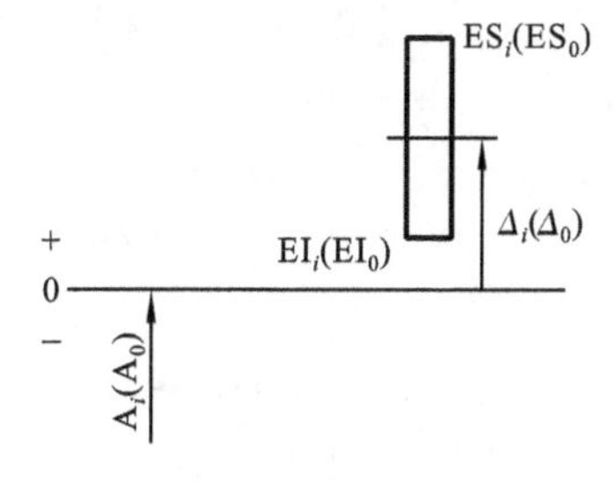

图 9-6　中间偏差

若已知 Δ_0 和 T_0，由图 9-6 可知，封闭环极限偏差的另一计算式为

$$ES_0 = \Delta_0 + \frac{T_0}{2} \tag{9-10}$$

$$EI_0 = \Delta_0 - \frac{T_0}{2} \tag{9-11}$$

9.2.2　校核计算

校核计算的步骤是：①根据装配要求确定封闭环；②寻找组成环；③画尺寸链线图；④判断增环和减环；⑤由各组成环的基本尺寸和极限偏差验算封闭环的基本尺寸和极限偏差。

例 9-1　如图 9-7(a)所示的结构，已知零件的尺寸：$A_1 = 30_{-0.13}^{\ 0}$ mm，$A_2 = A_5 = 5_{-0.075}^{\ 0}$ mm，$A_3 = 43_{+0.02}^{+0.18}$ mm，$A_4 = 3_{-0.04}^{\ 0}$ mm，设计要求间隙 A_0 为 0.1～0.45 mm，试做校验计算。

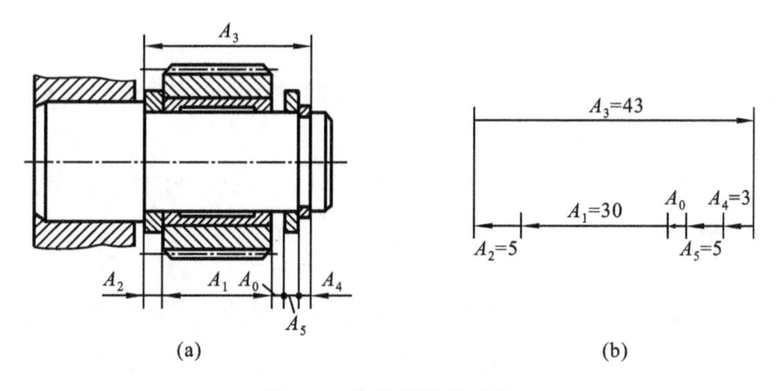

图 9-7　齿轮部件尺寸链

解　(1) 确定封闭环。

为求得间隙 A_0，寻找组成环并画尺寸链线图(见图 9-7(b))，判断 A_3 为增环，A_1、A_2、A_4 和 A_5 为减环。

(2) 按式(9-2)计算封闭环的基本尺寸。

$$A_0=A_3-(A_1+A_2+A_4+A_5)=43\ \text{mm}-(30+5+3+5)\ \text{mm}=0$$

即所要求的封闭环的尺寸为 $0^{+0.45}_{+0.10}$ mm。

(3) 按式(9-5)、式(9-6)计算封闭环的极限偏差

$$\begin{aligned}ES_0&=ES_3-(EI_1+EI_2+EI_4+EI_5)\\&=+0.18\ \text{mm}-(-0.13-0.075-0.04-0.075)\ \text{mm}=+0.50\ \text{mm}\end{aligned}$$

$$\begin{aligned}EI_0&=EI_3-(ES_1+ES_2+ES_4+ES_5)\\&=+0.02\ \text{mm}-(0+0+0+0)\ \text{mm}=+0.02\ \text{mm}\end{aligned}$$

(4) 按式(9-7)计算封闭环的公差。

$$\begin{aligned}T_0&=T_1+T_2+T_3+T_4+T_5\\&=(0.13+0.075+0.16+0.04+0.075)\ \text{mm}=0.48\ \text{mm}\end{aligned}$$

校核结果表明,封闭环的上偏差及公差均已超过规定范围,必须调整组成环的极限偏差。

9.2.3 设计计算

设计计算时要求根据封闭环的极限尺寸和组成环的基本尺寸确定各组成环的公差和极限偏差,最后再进行校核计算。

在具体分配各组成环的公差时,可采用等公差法或等精度法。

当各组成环的基本尺寸相差不大时,可将封闭环的公差平均分配给各组成环。如果需要,可在此基础上进行必要的调整。称这种方法为等公差法,即

$$T_i=\frac{T_0}{m} \tag{9-12}$$

实际工作中,各组成环的基本尺寸一般相差较大,按等公差法分配公差,从加工工艺上讲不合理。为此,可采用等精度法。

所谓等精度法,就是各组成环公差等级相同,即各环公差等级系数相等,设其值均为 α,则

$$\alpha_1=\alpha_2=\cdots=\alpha_m=\alpha \tag{9-13}$$

按 GB/T 1800.3—1998 规定,在 IT5～IT18 公差等级内,标准公差的计算式为 $T=\alpha i$,其中 i 为公差因子,当基本尺寸小于 500 mm 时,$i=0.45\sqrt[3]{D}+0.001D$。为应用方便,将公差等级系数 α 和公差因子 i 的数值列于表 9-1、表 9-2 中。

表 9-1 公差等级系数 α 的数值

公差等级	IT8	IT9	IT10	IT11	IT12	IT13	IT14	IT15	IT16	IT17	IT18
系数 α	25	40	64	100	160	250	400	640	1 000	1 600	2 500

表 9-2　公差因子 i 的数值

尺寸段 D/mm	1～3	>3～6	>6～10	>10～18	>18～30	>30～50	>50～80	>80～120	>120～180	>180～250	>250～315	>315～400	>400～500
公差单位 i/μm	0.54	0.73	0.90	1.08	1.31	1.56	1.86	2.17	2.52	2.90	3.23	3.54	3.89

由式(9-7)可得

$$\alpha=\frac{T_0}{\sum_{i=1}^{m} i_i} \tag{9-14}$$

计算出 α 后，按标准查取与之相近的公差等级系数，进而查表确定各组成环的公差。

各组成环的极限偏差确定方法是先留一个组成环作为调整环，其余各组成环的极限偏差按“入体原则”确定，即包容尺寸的基本偏差为 H，被包容尺寸的基本偏差为 h，一般长度尺寸用 js。

进行公差设计计算时，最后必须进行校核，以保证设计的正确性。

例 9-2　如图 9-8(a)所示齿轮箱，根据使用要求，应保证间隙 A_0 在 1～1.75 mm 之间。已知各零件的基本尺寸(单位为 mm)为：$A_1=140$ mm，$A_2=A_5=5$ mm，$A_3=101$ mm，$A_4=50$ mm。用等精度法求各环的极限偏差。

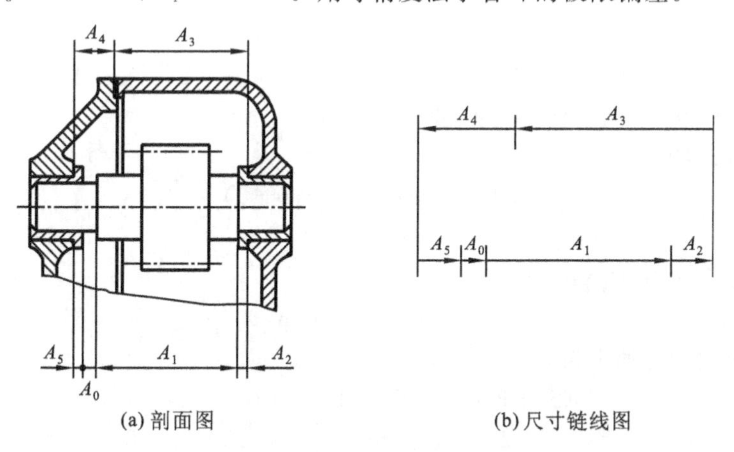

(a) 剖面图　　(b) 尺寸链线图

图 9-8　齿轮箱部件尺寸链

解　(1) 由于间隙 A_0 是装配后得到的，故为封闭环。尺寸链线图如图9-8(b)所示，其中 A_3 、A_4 为增环，A_1 、A_2 和 A_5 为减环。

(2) 计算封闭环的基本尺寸。

$$A_0=(A_3+A_4)-(A_1+A_2+A_5)$$

$$=(101+50)\ \text{mm}-(140+5+5)\ \text{mm}=1\ \text{mm}$$

故封闭环的基本尺寸为 $1^{+0.75}_{0}$ mm，$T_0=0.75$ mm。

(3) 计算各环的公差。

由表 9-2 可查得各组成环的公差单位：$i_1=2.52$，$i_2=i_5=0.73$，$i_3=2.17$，$i_4=1.56$。

按式(9-14)得各组成环相同的公差等级系数

$$\alpha=\frac{T_0}{i_1+i_2+i_3+i_4+i_5}=\frac{750\ \mu\text{m}}{(2.52+0.73+2.17+1.56+0.73)\ \mu\text{m}}=97$$

查表 9-1 可知，$\alpha=97$ 在 IT10 级和 IT11 级之间。

根据实际情况，箱体零件尺寸大，难加工，衬套尺寸易控制，故选 A_1、A_3 和 A_4 为 IT11 级，A_2 和 A_5 为 IT10 级。

查标准公差表得组成环的公差：$T_1=0.25$，$T_2=T_5=0.048$，$T_3=0.22$，$T_4=0.16$(单位均为 mm)。

校核封闭环公差

$$\begin{aligned}T_0&=\sum_{i=1}^{5}T_i=(0.25+0.048+0.22+0.16+0.048)\ \text{mm}\\&=0.726\ \text{mm}<0.75\ \text{mm}\end{aligned}$$

故封闭环的尺寸为 $1^{+0.726}_{0}$ mm。

(4) 确定各组成环的极限偏差。

根据入体原则，由于 A_1、A_2 和 A_5 相当于被包容尺寸，故取其上偏差为零，即 $A_1=140^{0}_{-0.25}$ mm，$A_2=A_5=5^{0}_{-0.048}$ mm。A_3 和 A_4 均为同向平面间距离，留 A_4 作调整，取 A_3 的下偏差为零，即 $A_3=101^{+0.22}_{0}$ mm。

根据式(9-6)有

$$0=(0+EI_4)-(0+0+0)$$

解得

$$EI_4=0$$

由于 $T_4=0.16$ mm，故

$$A_4=50^{+0.16}_{0}\ \text{mm}$$

校核封闭环的上偏差

$$\begin{aligned}ES_0&=(ES_3+ES_4)-(EI_1+EI_2+EI_5)\\&=(+0.22+0.16)\ \text{mm}-(-0.25-0.048-0.048)\ \text{mm}\\&=+0.726\ \text{mm}\end{aligned}$$

校核结果符合要求。

最后结果为(单位均为 mm)

$$A_1=140^{0}_{-0.25}\quad A_2=5^{0}_{-0.048}\quad A_3=101^{+0.22}_{0}\quad A_4=50^{+0.16}_{0}$$

$$A_5=140^{0}_{-0.048}\quad A_0=140^{+0.726}_{0}$$

9.3 计算机辅助公差设计

计算机辅助公差设计(computer aided tolerancing,CAT)是在产品零部件三维模型基础上,利用计算机对产品及其零部件的尺寸公差进行并行优化和控制,用最低的成本,设计制造出满足用户精度要求的产品的过程。计算机辅助公差设计是CAD/CAM集成技术中的关键技术之一,不仅影响着产品的质量,而且对制造成本起着决定性的作用,它可以使我们在设计阶段就及时了解零部件的精度设计要求是否能够满足,从而避免以往直到样品生产阶段才发现设计不足的情况,造成材料的浪费和成本的增加。

9.3.1 工作流程及方法

1. 工作流程

计算机辅助公差设计的基本流程如图9-9所示,主要包括以下几个方面。

(1) 初步确定研究对象　在产品的精度设计中,每个零件的公差对尺寸分析的影响都是不同的,所以应该选择对装配结果影响较大的零部件作为研究的对象。

(2) 三维装配模型的建立　利用三维CAD软件建立三维装配模型时,为了避免巨量模型可能带来的交互能力差、仿真速度慢等问题,需要对设计模型的一些细节及结构进行一些简化,比如去掉圆角、倒角等。

(3) 公差仿真模型的建立　在三维装配模型建立之后,需要对零件添加公差信息,来定义零部件的公差特征、公差的分布类型、装配约束关系等,进而建立公差仿真模型。比如在公差设计软件中需要对数学模型添加几何公差和尺寸公差等信息。

(4) 公差仿真分析及优化公差分配方案　借助于生成的公差仿真模型,可以模拟各零部件的装配过程,根据公差分析报告来判断产生偏差的大小和原因,进而优化公差分配方案。其中公差优化是一个反复修改和仿真分析的过程,经过多次迭代,最终可以获得趋于经济合理的产品公差分配方案。

2. 公差分配方法

目前计算机辅助公差分配方法主要有传统的公差分配方法和基于优化设计的公差分配方法。传统的公差分配方法主要有等公差法、等精度法、概率法、

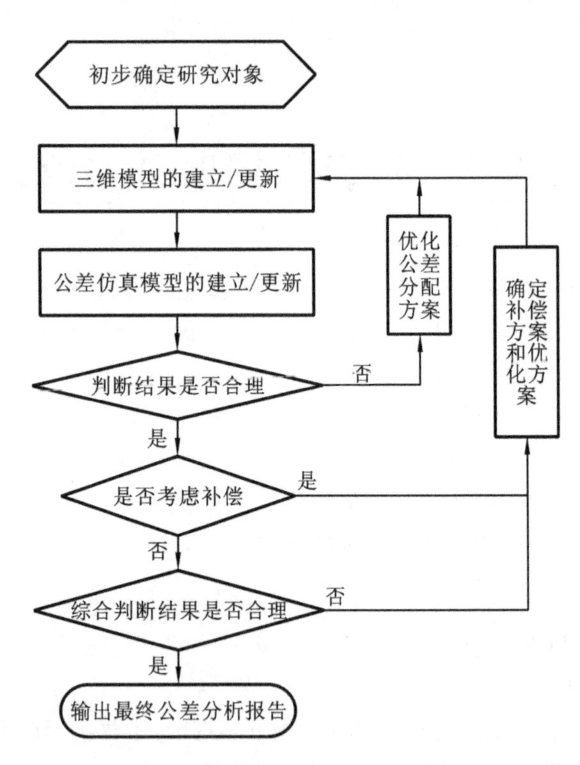

图 9-9　计算机辅助公差设计的基本流程

最小成本法等。

(1) 等公差法　等公差法是指对所有的组成环分配相等的公差值。它只用来评估尺寸链中各环公差的平均等级,只在零件尺寸大小和结构相近、工艺方法相似的情况下使用。

(2) 等精度法　等精度法是指对所有的组成环用相同的公差等级,根据标准查出各组成环的公差因子,再确定各组成环的公差。

(3) 概率法　各组成环公差按照零件的平方和的开方形式均分,即

$$\text{封闭环公差} = \sqrt{(A.part)^2 + (B.part)^2 + \cdots + (N.part)^2}$$

(4) 最小成本法　以制造成本最小为目标函数的公差优化分配方案称为最小成本法。这种分配方法以最小成本为目标函数,以产品质量要求为约束条件进行公差优化分配。

3. 计算机辅助公差分析方法

公差分析是公差设计中重要的环节。常见的公差分析方法包括极值法、统计公差分析法和 Monte Carlo(蒙特卡洛)模拟法。

(1) 极值法　该法原理简单、计算量小、应用范围广泛，应用时无须考虑零件尺寸在公差带内的分布情况，且能100%地保证零件互换性和装配成功率。但实际零件加工尺寸同时为极值的概率很低，故此法过于保守，而导致加工成本增加。

(2) 统计公差法　以统计分布的形式描述零件尺寸的变化，并通过计算得出零件的制造能力和装配函数的统计分布。其中实际中应用比较多的是分算法，它适用于单件或总成的公差基准。统计法考虑零件实际加工尺寸的统计分布，所构建的公差分配模型更符合实际装配公差估计，同时其允许零件有更宽松的公差带，以满足同样的预期装配要求，从而降低生产成本。但在统计公差分析中假定各零件的公差服从正态分布，且装配公差与零件公差之间呈线性关系，这一假设，将导致估计的预期结果与实际结果有所偏差。

(3) Monte Carlo 模拟法　Monte Carlo 方法即随机抽样技术或统计实验方法，是一种通过随机变量的统计实验、随机模拟来求解数学物理、工程技术难题近似解的数值方法。它可用于解决一般等式或者实验分析方法解决不了的复杂问题，被广泛应用于三维商业软件中。

9.3.2 计算机辅助公差分析软件简介

目前主流的 CAT 软件有 VSA、CETOL 和 3DCS 三种。3DCS 作为公差分析软件，将先进的公差分析和可视化技术整合到 CATIAV 5 环境中。这样，在投入加工之前，设计人员和工程师就能够在 V5 数字环境中定义、测试及修改产品尺寸和工艺。

作为公差分析软件工具，3DCS 可以在许多不同的系统平台上使用，不仅可以进行公差分析，而且能够对尺寸分析结果进行优化。3DCS 的分析对象是由许多零件组成的装配体，分析的目标是零件或者装配体尺寸的变化。基于三维数据模型，输入公差及定位信息，借助于 3DCS 公差分析软件，根据工艺路线进行虚拟的装配、定位，运用 Monte Carlo 的公差分析方法，进行一定样本量的虚拟装配，在虚拟装配过程中，寻找公差的累积情况以及影响公差累积的因素，并且评估各个因素在整个公差累积中所占的比重，并以此为依据对工艺方案和结构设计提出优化方案。

1. 3DCS 公差建模与分析

(1) 几何模型　在进行 3DCS 公差建模之前，需要输入零件的几何模型，一个零件的尺寸变化将会从一个层级装配体传递到另一个层级，而零件的形状对变化如何传递有直接的影响。在尺寸变化叠加分析中，必须考虑零件之间的间

隙设置以及配合关系等因素。且在零件设计未完成之前就必须启动公差分析模型的建立，这样可以对几何模型进行优化。在3DCS中，可以用点或者向量来表示几何模型。

(2) 零件公差设计　零件的公差对制订零件的制造工艺方案有着重要的影响，在允许的公差范围内，用户可以选择最具有成本效率的工艺方案。如果公差设计没有考虑加工成本，那么尺寸管理计划便不能成功。在3DCS中，可以直接给零件添加公差信息，同时也可以采用FT&A模块自动读入在三维设计软件CATIA中创建的公差信息。

(3) 装配方法　产品的装配过程对产品的最终尺寸变化有非常大的影响。在公差分析过程中，零件的装配顺序、工装夹具的使用以及紧固件的类型对分析结果都会产生影响，3DCS按照创建的Moves来装配零件，这些Moves控制了不同位置上零件的空间位置关系。

(4) 产品装配精度要求　在3DCS中通常使用Measure来表达产品装配精度要求。产品的要求可以修改，比如客户关注的目标变化导致设计变更，从而使产品要求也发生相应变化，质量要求的满足可以通过重新加工或者舍弃不合格的零件来实现。

3DCS模型需要以上四个组成部分才能得到分析结果，这四个部分可以按照任意次序添加到模型中。对任意组成部分的改变，都意味着尺寸管理计划的变化。

2. 3DCS的公差分析方法

3DCS的公差分析方法是基于Monte Carlo的模拟仿真法，模拟零件的装配，从而得到更趋于实际的分析结果。对于每一次模拟来说，每一个零件被虚拟地加工出来，并添加一个随机的波动(波动范围由公差限制)，然后随机抽取零件模拟装配，装配完成后一个测量数据产生。执行装配的次数越多，得到的结果越接近于实际。

在尺寸链中，由于各组成环的尺寸是在零件加工过程中得到的，所以其数值是在其公差范围内并符合一定的分布规律的随机变量。尺寸链方程决定了封闭环的尺寸，是组成封闭环尺寸的随机变量函数，所以是一个随机变量。利用Monte Carlo方法进行公差分析就是把封闭环尺寸及公差的问题转换成一个随机变量的统计问题，并用统计学的知识加以处理，用这种方法得到的结果，比较符合实际生产的情况。

用Monte Carlo方法进行公差分析的一般步骤如下：

(1) 各组成环尺寸分布规律的确定；

（2）按照计算精度的要求来确定随机变量的模拟次数 N；

（3）根据各个组成环尺寸的分布范围和分布规律，对其进行随机抽样，得到组成环尺寸的随机抽样（$X_1, X_2, X_3, \cdots, X_n$）；

（4）将得到的随机抽样（$X_1, X_2, X_3, \cdots, X_n$）代入公差函数中，计算封闭环的尺寸，并得到该尺寸的一个子样；

（5）重复步骤（3）、（4）N 次，即可以得到封闭环尺寸的 N 份子样，从而构成一个样本。

将上面得到的封闭环尺寸样本，进行统计处理，进而确定该封闭环尺寸的公差、平均值等。

3. 3DCS 输出结果的处理

零件的几何模型、零件公差设计、装配方法及产品装配精度要求，可以将它们按照任意次序添加到模型中，对于任意组成部分的改变，都意味着尺寸管理计划的改变。在输入信息满足的情况下，DCS 进行模拟分析，输出结果。

（1）仿真结果　每个零件被指定极限偏差值，且这些具有偏差的零件按照装配计划被组装起来，在模拟分析中，产品的变化量被记录下来，因此用户可以比较期望输出的和模拟输出的结果，同时也可以比较在不同的尺寸管理计划下的模拟结果。

（2）敏感度分析　零件的公差依据指定的级别（高、中、低）产生具有不同精度的公差数值，这会产生不同的分析结果。在分析结果中，会根据零件公差对结果的影响的大小对公差进行排序，这样用户可以比较容易地找到对问题影响最大的区域。

（3）几何影响因子　几何影响因子为公差和测量的比值，它和其他因素结合起来，被用来排名公差对测量结果的影响。该分析分离了公差范围和几何因素对测量各自的影响，以帮助设计者发现对目标公差影响最大的几何因素。

本章重点与难点

通过本章的学习，掌握尺寸链的基本概念和尺寸链的计算方法。

1. 尺寸链的基本概念

（1）掌握尺寸链的定义和特征　在机器装配或者零件加工过程中，由相互连接的尺寸所形成的封闭尺寸组即为尺寸链。尺寸链具有如下两个特性：封闭性和相关性。

(2) 掌握封闭环，组成环，增、减环的概念，重点掌握封闭环，增、减环的判别方法　封闭环是加工或装配过程中最后自然形成的那个尺寸。组成环是尺寸链中除封闭环外的其他环。在其他组成环不变的条件下，若某一组成环的尺寸增大，封闭环的尺寸也随之增大；若该环尺寸减小，封闭环的尺寸也随之减小，则该组成环称为增环。在其他组成环不变的条件下，若某一组成环的尺寸增大，封闭环的尺寸随之减小；若该环尺寸减小，封闭环的尺寸随之增大，则该组成环称为减环。

(3) 了解尺寸链的分类。

2. 尺寸链的计算方法

掌握极值法求尺寸链的计算方法。

思考与练习

1. 什么叫尺寸链？如何确定尺寸链的封闭环、增环和减环？

2. 图 9-10 所示齿轮的端面与垫圈之间的间隙应保证在 0.04～0.15 mm 范围内，试用极值法确定有关零件尺寸的极限偏差。

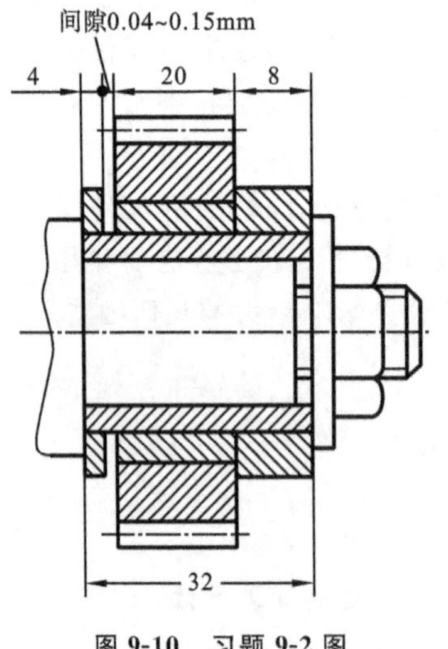

图 9-10　习题 9-2 图

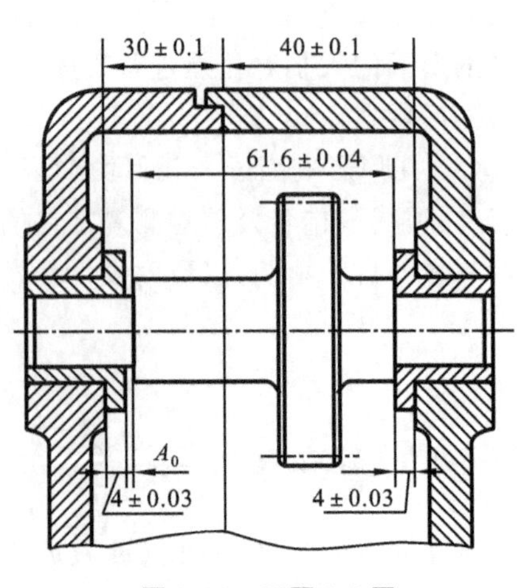

图 9-11　习题 9-3 图

3. 如图 9-11 所示的部件，A_0 为装配间隙，用完全互换法计算装配间隙 A_0 的变动范围。

附录　新旧国标对照表

新　标　准	所代替的旧标准	采用ISO情况
GB/T 321—2005	GB/T 321—1980	ISO 286-1:1988
GB/T 6093—2001	GB 6093—1985	ISO 3650:1998
GB/T 1800.1—2009	GB/T 1800.1—1997, GB/T 1800.2—1998, GB/T 1800.3—1998	ISO 286-1:1988
GB/T 1800.2—2009	GB/T 1800.4—1999	ISO 286-2:1988
GB/T 1801—2009	GB/T 1801—1999	ISO 1829:1975
GB/T 1182—2008	GB/T 1182—1996	ISO 1101:2004
GB/T 16671—2009	GB/T 16671—1996	ISO 2692:2006
GB/T 4249—2009	GB/T 4249—1996	ISO 8015:1985
GB/T 1958—2004	GB 1958—1980	—
GB/T 321—2005	GB/T 321—1980	ISO 286-1:1988
GB/T 6093—2001	GB 6093—1985	ISO 3650:1998
GB/T 3505—2009	GB/T 3505—2000	ISO 4287:1997
GB/T 1031—2009	GB/T 1031—1995	—
GB/T 131—2006	GB/T 131—1993	ISO 1302:2002
GB/T 3177—2009	GB/T 3177—1997	—
GB/T 1957—2006	GB/T 1957—1980	—
GB/T 10920—2008	GB/T 10920—2003, GB/T 8125—2004, GB/T 6322—1986	—
GB/T 8069—1998	GB 8069—1987	—

续表

新 标 准	所代替的旧标准	采用 ISO 情况
GB/T 4199—2003	GB/T 4199—1984	ISO 1132-1:2000
GB/T 307.1—2005	GB/T 307.1—1994	ISO 492:2002
GB/T 307.2—2005	GB/T 307.2—1995	ISO 1132-2:2001
GB/T 307.3—2005	GB/T 307.3—1996	—
GB/T 307.4—2012	GB/T 307.4—2002	ISO 199:1997
GB/T 275—2015	GB 275—1993	—
GB/T 1095—2003	GB/T 1095—1979	—
GB/T 1096—2003	GB/T 1096—1979	—
GB/T 1097—2003	GB/T 1097—1979	—
GB/T 1566—2003	GB/T 1566—1979	—
GB/T 1098—2003	GB/T 1098—1979	—
GB/T 1144—2001	GB/T 1144—1987	ISO 14:1982
GB/T 1568—2008	GB/T 1568—1979	—
GB/T 14791—2013	GB 14791—1993	—
GB/T 192—2003	GB/T 192—1981	—
GB/T 197—2003	GB/T 197—1987	ISO 965-1:1998
GB/T 10095.1—2008	GB/T 10095.1—2001	ISO 1328-1:1995
GB/T 10095.2—2008	GB/T 10095.2—2001	ISO 1328-2:1997
GB/Z 18620.1—2008	GB/Z 18620.1—2002	ISO/TR 10064-1:1992
GB/Z 18620.2—2008	GB/Z 18620.2—2002	ISO/TR 10064-2:1996
GB/Z 18620.3—2008	GB/Z 18620.3—2002	ISO/TR 10064-3:1996
GB/Z 18620.4—2008	GB/Z 18620.4—2002	ISO/TR 10064-4:1998
GB/T 13924—2008	GB/T 13924—1992	—
GB/T 5847—2004	GB/T 5847—1986	—

参考文献

[1] 王伯平. 互换性与技术测量基础[M]. 北京:机械工业出版社,2008.

[2] 邢闽芳. 互换性与技术测量[M]. 北京:清华大学出版社,2007.

[3] 高晓康,陈于萍. 互换性与技术测量[M]. 修订版. 北京:高等教育出版社,2009.

[4] 周玉凤. 互换性与技术测量[M]. 北京:清华大学出版社,2008.

[5] 胡凤兰. 互换性与技术测量基础[M]. 北京:高等教育出版社,2005.

[6] 胡凤兰. 看图学形位精度设计与形位误差检测[M]. 北京:国防工业出版社,2007.

[7] 徐茂功. 公差配合与技术测量[M]. 北京:机械工业出版社,2009.

[8] 廖念钊等. 互换性与技术测量[M]. 5 版. 北京:中国计量出版社,2007.

[9] 李柱等. 互换性与测量技术[M]. 北京:高等教育出版社,2004.

[10] 甘永立,吕林森. 新编公差原则与几何精度设计[M]. 北京:国防工业出版社,2006.

[11] 考试与命题研究所. 互换性与技术测量习题与学习指导[M]. 北京:北京理工大学出版社,2009.

[12] 全国产品尺寸和几何技术规范标准化技术委员会. 优先数和优先数系(GB/T 321—2005)[S]. 北京:中国标准出版社,2005.

[13] 全国产品尺寸和几何技术规范标准化技术委员会. 几何量技术规范(GPS) 长度标准 量块(GB/T 6093—2001)[S]. 北京:中国标准出版社,2002.

[14] 全国产品尺寸和几何技术规范标准化技术委员会. 产品几何技术规范(GPS) 极限与配合/第 1 部分:公差、偏差和配合的基础(GB/T 1800.1—2009)[S]. 北京:中国标准出版社,2009.

[15] 全国产品尺寸和几何技术规范标准化技术委员会. 产品几何技术规范(GPS) 极限与配合/第 2 部分:标准公差等级和孔轴极限偏差表(GB/T 1800.2—2009)[S]. 北京:中国标准出版社,2009.

[16] 全国产品尺寸和几何技术规范标准化技术委员会. 产品几何技术规范(GPS) 极限与配合/公差带与配合的选择(GB/T 1801—2009)[S]. 北京:

中国标准出版社,2009.

[17] 全国产品尺寸和几何技术规范标准化技术委员会.产品几何技术规范(GPS)几何公差/形状、方向、位置和跳动公差标注(GB/T 1182—2008)[S].北京:中国标准出版社,2008.

[18] 全国产品尺寸和几何技术规范标准化技术委员会.产品几何技术规范(GPS)几何公差/最大实体要求、最小实体要求和可逆要求(GB/T 16671—2009)[S].北京:中国标准出版社,2009.

[19] 全国产品尺寸和几何技术规范标准化技术委员会.产品几何技术规范(GPS)公差原则(GB/T 4249—2009)[S].北京:中国标准出版社,2009.

[20] 全国产品尺寸和几何技术规范标准化技术委员会.产品几何量技术规范(GPS)形状和位置公差/检测规定(GB/T 1958—2004)[S].北京:中国标准出版社,2005.

[21] 全国产品尺寸和几何技术规范标准化技术委员会.产品几何技术规范 表面结构轮廓法 术语、定义及表面结构参数(GB/T 3505—2009)[S].北京:中国标准出版社.2009.

[22] 全国产品尺寸和几何技术规范标准化技术委员会.产品几何量技术规范(GPS)表面结构 轮廓法 表面粗糙度参数及其数值(GB/T 1031—2009)[S].北京:中国标准出版社,2009.

[23] 全国产品尺寸和几何技术规范标准化技术委员会.产品几何技术规范 光滑工件尺寸的检验(GB/T 3177—2009)[S].北京:中国标准出版社.2009.

[24] 全国产品尺寸和几何技术规范标准化技术委员会.光滑极限量规 技术要求(GB/T 1957—2006)[S].北京:中国标准出版社,2006.

[25] 全国产品尺寸和几何技术规范标准化技术委员会.螺纹量规和光滑极限量规 型式与尺寸(GB/T 10920—2008)[S].北京:中国标准出版社.2008.

[26] 全国产品尺寸和几何技术规范标准化技术委员会.功能量规(GB/T 8069—1998)[S].北京:中国标准出版社.1998.

[27] 全国产品尺寸和几何技术规范标准化技术委员会.产品几何技术规范 技术产品文件中表面结构的表示法(GB/T 131—2006)[S].北京:中国标准出版社.2006.

[28] 全国产品尺寸和几何技术规范标准化技术委员会.滚动轴承 向心轴承 公差(GB/T 307.1—2005)[S].北京:中国标准出版社,2005.

[29] 全国产品尺寸和几何技术规范标准化技术委员会.滚动轴承 测量与检验的原则及方法(GB/T 307.2—2005)[S].北京:中国标准出版社,2005.

[30] 全国产品尺寸和几何技术规范标准化技术委员会.滚动轴承通用技术规则

(GB/T 307.3—2005)[S]. 北京:中国标准出版社,2005.

[31] 全国产品尺寸和几何技术规范标准化技术委员会. 平键 键槽的剖面尺寸(GB/T 1095—2003)[S]. 北京:中国标准出版社,2003.

[32] 全国产品尺寸和几何技术规范标准化技术委员会. 矩形花键尺寸、公差和检验(GB/T 1144—2001)[S]. 北京:中国标准出版社,2001.

[33] 全国产品尺寸和几何技术规范标准化技术委员会. 普通螺纹 基本牙型(GB/T 192—2003)[S]. 北京:中国标准出版社,2003.

[34] 全国产品尺寸和几何技术规范标准化技术委员会. 普通螺纹 公差(GB/T 197—2003)[S]. 北京:中国标准出版社,2003.

[35] 全国产品尺寸和几何技术规范标准化技术委员会. 渐开线圆柱齿轮(GB/T 10095—2008)[S]. 北京:中国标准出版社,2008.

[36] 全国产品尺寸和几何技术规范标准化技术委员会. 尺寸链计算方法(GB/T 5847—2004)[S]. 北京:中国标准出版社,2004.